一流学科教材
地球物理学

地球物理基础实验

FUNDAMENTAL EXPERIMENTS IN GEOPHYSICS

文 健 编著

中国科学技术大学出版社

内 容 简 介

本书是在中国科学技术大学"地球物理基础实验"课程讲义基础上整理而成的，主要介绍地球物理专业学习中几个常用软件的使用方法，包括GMT、Python、SAC、fk、gCAP等。通过学习，学生可以快速掌握地球物理专业常用的基础软件的使用，为后续的科学研究打下基础。

本书可作为地球物理专业高年级本科生教材，也可作为相关研究人员的参考书。

图书在版编目(CIP)数据

地球物理基础实验 / 文健编著. -- 合肥 : 中国科学技术大学出版社, 2024.8. -- ISBN 978-7-312-05781-6

Ⅰ. P3-33

中国国家版本馆CIP数据核字第2024LG7384号

地球物理基础实验

DIQIU WULI JICHU SHIYAN

出版 中国科学技术大学出版社
安徽省合肥市金寨路96号，230026
http://press.ustc.edu.cn
https://zgkxjsdxcbs.tmall.com

印刷 合肥市宏基印刷有限公司

发行 中国科学技术大学出版社

开本 787 mm×1092 mm 1/16

印张 15.25

插页 4

字数 362千

版次 2024年8月第1版

印次 2024年8月第1次印刷

定价 55.00元

前言

地球物理是一门计算科学,熟练掌握各种地球物理软件对地球物理专业学生非常重要。地球物理软件是地球物理学领域不可或缺的工具,可以帮助学生在数据处理、结果分析和可视化等方面进行高效且准确的计算和分析。熟练掌握地球物理软件的使用方法可以提高学生的学习兴趣、提高其在研究和工作中的效率,进而促进其学术和职业发展。同时,地球物理软件的学习和实践还可以帮助学生更好地理解地球物理学的基本原理和概念,从而更好地掌握和应用这些知识。

本书旨在为地球物理专业学生或其他地球物理领域工作者提供一本实用的地球物理软件教材,帮助读者掌握地球物理数据的处理和分析技能,并能够更好地理解和开发地球物理软件。本书共分7章。前5章介绍地球物理中常用的一些基础软件,在掌握这些基础软件后就能够实现地球物理数据的简单处理和可视化。后2章以震源机制反演为例,在学习新软件的同时进一步深入学习基础软件的综合应用,最终实现读者可以独立完成一个地震事件的震源机制求解的目的。各章节内容概要如下:

第1章主要介绍Linux系统的基础知识。Linux系统是地球物理领域最常用的操作系统,其稳定性和安全性为地球物理学领域研究者提供了可靠的工作环境。本章内容主要包括Linux系统的基本架构、文件系统、命令行等基础知识。

第2章主要介绍GMT绘图方法。GMT(Generic Mapping Tools)是一种常用的地球物理学绘图软件。本章内容主要为GMT的基本原理和使用方法,包括数据读入、数据处理、数据可视化等。

第3章主要介绍Python语言基础。Python是一种强大的编程语言,如今被广泛用于地球物理学领域。本章介绍Python的基本语法及其在地球物理学中的应用,包括数据类型、控制结构、函数、地球物理常用的模块等。通过学习Python,读者将能够更好地理解和开发地球物理软件。

第4章主要介绍地震资料的获取方法。地震学是地球物理学的重要分支。地震资料的获取是地球物理学领域研究者的关键任务之一。本章主要介绍各种地震资料获取方法,包括地震目录、震源机制、波形记录等。

第5章主要介绍SAC软件的使用方法。SAC软件是地震学领域研究者广泛使用的软件之一,它是一个用于地震数据处理和可视化的强大工具。本章主要介绍SAC软件的基本用法和功能,帮助读者掌握SAC软件的使用。

第6章主要介绍层状介质中理论地震图计算。层状介质中理论地震图计算是地震学领域中的一个重要问题。本章主要介绍水平层状介质中理论地震图计算的原理和计算方法。

通过学习水平层状介质中理论地震图计算软件(fk),读者能够更好地理解和认识地震波的传播特点和规律,加深对地震学知识的理解。

第7章主要介绍震源机制的反演。震源机制反演是地球物理学中的一个重要问题。本章介绍震源机制反演的基本原理和计算方法,以及如何使用gCAP软件进行震源机制反演。

地球物理学领域中的新方法不断涌现,本书仅涉及了比较基础和经典的地球物理软件。本书所使用的GMT、SAC、fk、gCAP等软件都是地球物理学领域著名的且被广泛使用的开源软件,在此向这些软件的开发者致以诚挚的敬意。此外,本书编写得到中国科学技术大学本科教材出版专项经费的支持。书中内容若有疏漏或不当之处,敬请读者批评指正。

作　者

2023年7月

目　　录

第1章 Linux系统基础知识介绍

Linux系统在服务器、云计算和大数据领域都有很好的发展。据权威部门统计,目前Linux在服务器开发领域已经占据75%的市场份额。地球物理领域在用的服务器基本都是Linux系统。此外,因为有大量的基于Linux系统的开源软件和函数库可以在科学研究中使用,所以大部分地球物理领域的科研软件都是基于Linux系统开发的。因此,在具体学习地球物理软件使用之前有必要对Linux系统的基础知识进行了解。

现有的Linux系统版本众多。对地球物理专业的学生而言,Ubuntu和CentOS是比较好的选择。Ubuntu是一个以桌面应用为主的Linux操作系统,可以为一般用户提供一个主要由自由软件构建而成的、最新、稳定的系统。此外,用户可以方便地从Ubuntu社区中获取帮助。因此,个人用户多选择Ubuntu。CentOS全名为"社区企业操作系统"(Community Enterprise Operating System),广泛用于服务器或大型机群(cluster)。

Linux系统安装方式灵活多样,且安装过程简单,根据提示就能完成。和Windows类似,该系统可以以光盘或者U盘的形式进行安装,用户也可以从各个开源网站,例如,从http://mirrors.ustc.edu.cn/下载最新的Ubuntu和CentOS版本,然后制作安装盘。当然,也可以采用网络安装的方式进行安装。

1.1 Linux 基 础

1.1.1 目录结构

Linux将所有内容都以文件的形式展现出来,通过典型的树形结构(图1.1)来统一管理和组织这些文件。整个文件系统从"根"(root用"/"表示)开始,然后分出很多"树枝"(对应各种目录),而每个"树枝"又会分出新的"树枝"或长出"叶子"(可以创建和保存文件),"树枝"或"叶子"用"/"分割。

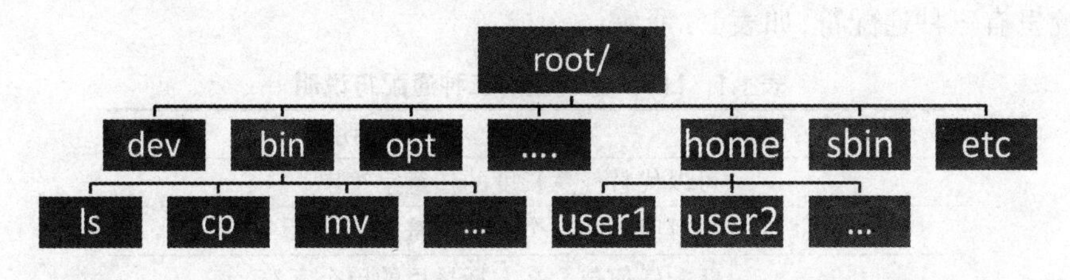

图1.1 Linux典型的树形目录结构

其中/bin和/sbin目录一般用来存放可执行的二进制文件。bin是"binary"的缩写。后续会学到一些Linux常用命令,例如,文件操作命令ls、cp,文本编辑命令vi等,都保存在bin目录中。/home目录一般用来存放每个用户的工作目录。在Linux系统中,每个用户都有一个以其用户名命名的目录。例如,如果有一个用户user,那么它的默认目录即用户目录就是"/home/user"。开机登陆后进入的一般也是用户目录。

1.1.2 路径

了解了Linux的目录结构后就比较容易理解Linux路径的概念。所谓路径,就是告诉计算机系统你要用到的文件、软件或文件夹所在的位置。所有的计算机系统都有两种路径:绝对路径和相对路径。所谓绝对路径,就是从树的主干开始,到某个枝干或枝叶的完整的路径。所以绝对路径的写法一定是从根目录"/"开始,例如:"/usr/local/mysql"就是绝对路径。而相对路径就是从某个枝干开始描述文件的路径。对应的路径写法一般都不是由根目录"/"写起,而是相对某个目录开始写。例如:用户user的用户目录下有一个test目录,其相对user的用户目录,test就是其相对路径;而其绝对路径是"/home/user/test"。

1.1.3 一般命令格式

我们经常会在Linux终端下运行各种Linux命令。Linux命令的一般格式如下:

```
Command × [option] × [arguments]
```

Command表示命令的名称;"[ ]"中的内容一般是可选内容;option表示命令选项;而arguments表示命令的参数。此外需要注意的是,命令、选项和参数之间要用空格(×)隔开,初学者经常会在使用过程中忘记输入空格。一个命令可能会用多个选项,在命令执行时,这些选项在没有参数的情况下可以选择分开写,也可以合在一起写。例如:"ls -a -l"和"ls -al"这两条命令是等效的。

1.1.4 特殊符号

Linux中常用的特殊符号有三种:通配符、重定向符号和管道符。

1.1.4.1 通配符

所谓通配符,就是利用特定的字符来代替一个或多个字符,以达到模糊查找的目的。在Linux系统里有三种通配符,如表1.1所示。

表1.1 Linux系统里的三种通配符说明

符号	说　　明
*	可以代替任意长度的任意字符串
?	只可以代替一个任意字符
[ ]	匹配任何包含在方括号里的单个字符

例如，查看当前目录下的文件和文件夹，可以使用如下操作：

```
$ ls
1.STN01.HHZ.renSAC    1.STN11.HHZ.renSAC    1.STN20.HHZ.renSAC
1.STN03.HHZ.renSAC    1.STN12.HHZ.renSAC    1.STN21.HHZ.renSAC
1.STN04.HHZ.renSAC    1.STN13.HHZ.renSAC    1.STN22.HHZ.renSAC
1.STN05.HHZ.renSAC    1.STN14.HHZ.renSAC    1.STN23.HHZ.renSAC
1.STN06.HHZ.renSAC    1.STN15.HHZ.renSAC    1.STN24.HHZ.renSAC
1.STN07.HHZ.renSAC    1.STN16.HHZ.renSAC    1.STN31.HHZ.renSAC
1.STN08.HHZ.renSAC    1.STN17.HHZ.renSAC    1.STN32.HHZ.renSAC
1.STN09.HHZ.renSAC    1.STN18.HHZ.renSAC    1.STN33.HHZ.renSAC
1.STN10.HHZ.renSAC    1.STN19.HHZ.renSAC    1.STN34.HHZ.renSAC
```

如果只想查看以“HHZ.renSAC”结尾的文件信息用户可以使用通配符，通过以下几种方式都可以实现：

```
ls 1.STN*.HHZ.renSAC
ls 1.STN??.HHZ.renSAC
ls 1.STN[0-3][0-9].HHZ.renSAC
ls 1.STN?[0-9].HHZ.renSAC
```

1.1.4.2　重定向符号

在Linux系统中一般以键盘输入作为默认的标准输入，而屏幕输出则作为标准输出。通过重定向符号可以将一个文件、命令、程序、脚本等的输出作为输入发送到另一个文件、命令、程序或脚本。Linux中的重定向符号有两对，“>”和“>>”是输出重定向符号，即改变原本默认的输出位置，将结果输出到用户指定的位置。二者差别在于，“>”是单纯的输出重定向，会清除文件里原有的数据，然后写入新的数据，如果文件不存在会新建一个文件。“>>”是追加输出重定向，会在文件的结尾加入内容，不会删除已有文件中的数据。例如：ls 1.STN*.HHZ.renSAC默认是输出到屏幕终端显示，使用输出重定向符号就可以将结果输出到某个文件中。在这个例子里，由于test.txt事先不存在，所以会新建一个test.txt文件然后将ls命令的输出写入到这个文件中。

```
$ ls 1.STN*.HHZ.renSAC > test.txt
$ cat test.txt
1.STN01.HHZ.renSAC
1.STN03.HHZ.renSAC
1.STN04.HHZ.renSAC
1.STN05.HHZ.renSAC
1.STN06.HHZ.renSAC
```

```
1.STN07.HHZ.renSAC
1.STN08.HHZ.renSAC
1.STN09.HHZ.renSAC
1.STN10.HHZ.renSAC
1.STN11.HHZ.renSAC
1.STN12.HHZ.renSAC
1.STN13.HHZ.renSAC
1.STN14.HHZ.renSAC
1.STN15.HHZ.renSAC
1.STN16.HHZ.renSAC
1.STN17.HHZ.renSAC
1.STN18.HHZ.renSAC
1.STN19.HHZ.renSAC
1.STN20.HHZ.renSAC
1.STN21.HHZ.renSAC
1.STN22.HHZ.renSAC
1.STN23.HHZ.renSAC
1.STN24.HHZ.renSAC
1.STN31.HHZ.renSAC
1.STN32.HHZ.renSAC
1.STN33.HHZ.renSAC
1.STN34.HHZ.renSAC
1.STN35.HHZ.renSAC
```

而“<”和“<<”是输入重定向符号，其功能和“>”“>>”正好相反，输入重定向符号在后续我们要学习的命令中会经常用到，特别是一些需要参数设置的命令。例如：将上一例子的test.txt以多列方式进行显示就可以采用输入重定向符号加上xargs命令的方式将其输出到屏幕。

```
$ xargs -n 4 < test.txt
1.STN01.HHZ.renSAC 1.STN03.HHZ.renSAC 1.STN04.HHZ.renSAC 1.STN05.HHZ.renSAC
1.STN06.HHZ.renSAC 1.STN07.HHZ.renSAC 1.STN08.HHZ.renSAC 1.STN09.HHZ.renSAC
1.STN10.HHZ.renSAC 1.STN11.HHZ.renSAC 1.STN12.HHZ.renSAC 1.STN13.HHZ.renSAC
1.STN14.HHZ.renSAC 1.STN15.HHZ.renSAC 1.STN16.HHZ.renSAC 1.STN17.HHZ.renSAC
1.STN18.HHZ.renSAC 1.STN19.HHZ.renSAC 1.STN20.HHZ.renSAC 1.STN21.HHZ.renSAC
1.STN22.HHZ.renSAC 1.STN23.HHZ.renSAC 1.STN24.HHZ.renSAC 1.STN31.HHZ.renSAC
1.STN32.HHZ.renSAC 1.STN33.HHZ.renSAC 1.STN34.HHZ.renSAC 1.STN35.HHZ.renSAC
```

1.1.4.3　管道符

一般情况下，在Linux中一个命令就是一行。但有时需要把多个命令连接起来，比如，将命令1的输出作为命令2的输入。管道符号"|"就是将不同命令连接起来在同一行内执行的工具。例如，如果要统计当前目录下以renSAC为后缀的文件的数目，我们可以使用ls命令列出所有*.renSAC的文件，然后将ls命令的输出结果作为输入，利用wc命令来进行统计：

```
ls 1.STN*.HHZ.renSAC | wc -l
```

1.2　Linux系统常用命令

在后续的学习中，我们还会经常使用到Linux系统中的一些常用命令。这些命令一般都放在/bin目录中，按照功能划分可以大致分为：系统管理与维护、文件管理与编辑和其他命令。

1.2.1　系统管理与维护

(1) ls命令

ls命令可以用于查看某个目录的内容或文件的状态，是"list"的简写。该命令的语法如下：

```
ls [选项] [路径或文件]
```

ls命令的众多选项中，表1.2中的选项是以后常用并需要掌握的。

表1.2　ls命令常用的选项说明

选项	说　　明
-a	显示指定目录下的所有文件和目录，包含隐藏文件和目录(在Linux系统中以"."开头的都是隐藏文档)
-d	只显示目录列表，不显示文件
-l	显示目录下所有文件和目录的详细信息，包括文档的权限、使用者、文件大小等信息
-t	以时间方式排序显示

例如：要显示当前目录下*.txt文件的详细信息可以使用：

```
$ ls -l *.txt
-rw-r--r-- 1 wenj users     82 Jul 15 04:21 log.txt
-rw-r--r-- 1 wenj users     216 May 14  2018 momentresult.txt
-rw-r--r-- 1 wenj users     110 Jul 15 04:07 score.txt
-rw-r--r-- 1 wenj users     816 Jul  8 22:36 sd.txt
```

```
-rw-r--r-- 1 wenj users      111863 May 14  2018 sig_comp.txt
-rw-r--r-- 1 wenj users         532 Sep 17  2019 test.txt
```

其中第一列显示的是不同用户组对文件具有的权限，可用十个特定字符构成的字符串表示，如表1.3所示。

表1.3　文件权限字符串构成说明

文件类型	属主权限	属组权限	其他用户权限
0	1 2 3	4 5 6	7 8 9
d	rwx	r-x	r-x
目录文件	读写执行	读写执行	读写执行

其中，0号字符表示文件类型，可以为如下五个字符：

- [d]表示目录；
- [-]表示文件；
- [l]表示链接文档(link file)；
- [b]表示装置文件里面的可供储存的接口设备(可随机存取装置)；
- [c]表示装置文件里面的串行端口设备，例如键盘、鼠标。

剩下九个字符三个为一组，分别表示属主权限、属组权限和其他用户权限。构成权限的字符串为三个字符，依次分别是："r"表示读权限；"w"表示写权限；"x"表示可执行权限；"-"表示无相应权限。

第三列和第四列分别表示文件的所有者和所属用户组，第五列为文件的大小，第六、七、八列为文件的最近一次修改时间，第九列为文件名。

通过这个例子可以看到，如果不加"-d"选项，ls命令就会显示"./1"目录下所有文件和目录，而加上"-d"选项后就只列出了"./1"目录本身。

```
$ ls -d ./1
./1
$ ls ./1
1.STN01.HHZ.renSAC  1.STN11.HHZ.renSAC  1.STN20.HHZ.renSAC  1.STN35.HHZ.renSAC
1.STN03.HHZ.renSAC  1.STN12.HHZ.renSAC  1.STN21.HHZ.renSAC  bak
1.STN04.HHZ.renSAC  1.STN13.HHZ.renSAC  1.STN22.HHZ.renSAC  data        outcr
1.STN05.HHZ.renSAC  1.STN14.HHZ.renSAC  1.STN23.HHZ.renSAC  err.eps     score.txt
1.STN06.HHZ.renSAC  1.STN15.HHZ.renSAC  1.STN24.HHZ.renSAC  gfun        sd.txt
1.STN07.HHZ.renSAC  1.STN16.HHZ.renSAC  1.STN31.HHZ.renSAC  gmt.csh     sig_comp.eps
1.STN08.HHZ.renSAC  1.STN17.HHZ.renSAC  1.STN32.HHZ.renSAC  gmt.ps      sig_comp.txt
1.STN09.HHZ.renSAC  1.STN18.HHZ.renSAC  1.STN33.HHZ.renSAC  layered_model.dat
1.STN10.HHZ.renSAC  1.STN19.HHZ.renSAC  1.STN34.HHZ.renSAC  log.txt     test2.sh
```

(2) pwd命令

pwd(print working directory)显示当前工作目录。执行pwd命令就可以获得当前工作目录的绝对路径。对初学者而言，经常会忘记当前工作目录的路径，从而导致一些命令执行失败。使用该命令就可以避免这一问题。该命令使用方法如下：

```
$ pwd
/public/home/wenj/tmpsoft/OK/green
```

(3) cd命令

cd命令是“change directory”的缩写，顾名思义就是改变当前工作目录。该命令的语法如下：

```
cd [路径]
```

Linux中有三个特殊的路径：“~”表示用户默认工作目录，一般是指“/home/用户名”；“.”表示当前工作目录；“..”表示当前工作目录的上一级目录(也叫父目录)。例如：

```
$ cd ~
$ pwd
/public/home/wenj
```

(4) date命令

date命令可以更改和显示系统时间，默认显示当前系统时间。其用法如下：

```
date [选项]... [+格式]
```

其中比较常用的选项有：“-d〈字符串〉”选项用于显示字符串所指的日期和时间；“-s〈字符串〉”选项用于根据字符串来设置日期与时间；“--help”选项用于查看date命令的帮助文件。[+格式]可以用来自定义时间的显示格式。常用的格式字符如表1.4所示。

表1.4　date命令常用格式字符说明

格式	功　能
%m	月份(01-12)
%d	按月计的日期(例如：01)
%y	年份最后两位数字 (00-99)
%Y	年份
%D	按月计的日期；等于%m/%d/%y
%j	按年计的日期(001-366)，即儒略日(Julian Day)
%H	小时(00-23)
%M	分(00-59)
%S	秒(00-60)
%T	时间，等于%H:%M:%S
%u	星期，1代表星期一
%Z	按字母表排序的时区缩写 (例如，EDT)

不同的格式字符之间通常用“-”(短线)、“/”(斜杠)和“:”(冒号)等符号连接。

例如：系统默认的时间显示格式为

```
$ date
```

```
2022年 02月 22日 星期二 19:15:23 CST
```

用户可以通过使用不同的格式字符来构建自己喜欢的输出形式，例如：

```
$ date +%c%Z
2022年02月22日 星期二 19时12分19秒CST
```

此外，一般常用的日期格式是"年-月-日"，但在地震学中，经常使用的是儒略日(Julian day)的计日方式，也就是从每年的1月1日开始计算，逐日累加直至每年结束，所以其格式是"年－日"。利用date命令可以轻松实现两种格式的相互转换。例如：要知道2018年10月1日的儒略日是多少就可以使用以下命令：

```
$ date +%j -d2018-10-01
274
```

反之，可以用以下命令获得2018年第274天对应的年月日是多少。这里需要注意的是，第274天是1月1日之后第273天，所以"-d"选项的字符串应该是"2018-01-01 273 days"而不是"2018-01-01 274 days"。

```
$ date -d"2018-01-01 273 days" +"%Y-%m-%d"
2018-10-01
```

(5) clear命令

clear命令顾名思义就是清屏。当屏幕输出内容过多影响使用时就可以使用clear命令。

(6) top命令

top命令用于实时显示系统进程动态，功能类似于Windows系统中的资源管理器。示例如下：

```
top - 14:50:52 up 8 days, 15:48,  1 user,  load average: 0.01, 0.03, 0.05
Tasks: 606 total,   1 running, 605 sleeping,   0 stopped,   0 zombie
%Cpu(s):  0.0 us,  0.0 sy,  0.0 ni,100.0 id,  0.0 wa,  0.0 hi,  0.0 si,  0.0 st
KiB Mem : 98322928 total, 89664960 free,  3467620 used,  5190344 buff/cache
KiB Swap:  4194300 total,  4194300 free,        0 used. 94100144 avail Mem
  PID USER    PR  NI    VIRT    RES    SHR S %CPU %MEM     TIME+ COMMAND
16676 wenj    20   0  162636   2824   1584 R  0.7  0.0   0:00.68 top
    9 root    20   0       0      0      0 S  0.3  0.0  20:01.24 rcu_sched
 1562 root    20   0   55684   2780   2320 S  0.3  0.0  33:07.00 oray_rundaemon
    1 root    20   0  193992   7044   4192 S  0.0  0.0   2:58.79 systemd
    2 root    20   0       0      0      0 S  0.0  0.0   0:00.33 kthreadd
    4 root     0 -20       0      0      0 S  0.0  0.0   0:00.00 kworker/0:0H
    5 root    20   0       0      0      0 S  0.0  0.0   0:01.01 kworker/u576:0
    6 root    20   0       0      0      0 S  0.0  0.0   0:10.47 ksoftirqd/0
```

```
7 root   rt   0     0   0   0 S   0.0 0.0 0:00.46  migration/0
8 root   20   0     0   0   0 S   0.0 0.0 0:00.00  rcu_bh
10 root  0    －20  0   0   0 S   0.0 0.0 0:00.00  lru－add－drain
11 root  rt   0     0   0   0 S   0.0 0.0 0:02.68  watchdog/0
12 root  rt   0     0   0   0 S   0.0 0.0 0:02.37  watchdog/1
13 root  rt   0     0   0   0 S   0.0 0.0 0:00.45  migration/1
14 root  20   0     0   0   0 S   0.0 0.0 0:00.17  ksoftirqd/1
15 root  20   0     0   0   0 S   0.0 0.0 0:01.13  kworker/1:0
16 root  0    －20  0   0   0 S   0.0 0.0 0:00.00  kworker/1:0H
18 root  rt   0     0   0   0 S   0.0 0.0 0:02.38  watchdog/2
19 root  rt   0     0   0   0 S   0.0 0.0 0:00.45  migration/2
20 root  20   0     0   0   0 S   0.0 0.0 0:00.09  ksoftirqd/2
21 root  20   0     0   0   0 S   0.0 0.0 0:00.00  kworker/2:0
22 root  0    －20  0   0   0 S   0.0 0.0 0:00.00  kworker/2:0H
23 root  rt   0     0   0   0 S   0.0 0.0 0:02.33  watchdog/3
24 root  rt   0     0   0   0 S   0.0 0.0 0:00.45  migration/3
25 root  20   0     0   0   0 S   0.0 0.0 0:00.09  ksoftirqd/3
27 root  0    －20  0   0   0 S   0.0 0.0 0:00.00  kworker/3:0H
28 root  rt   0     0   0   0 S   0.0 0.0 0:02.39  watchdog/4
29 root  rt   0     0   0   0 S   0.0 0.0 0:00.45  migration/4
30 root  20   0     0   0   0 S   0.0 0.0 0:00.10  ksoftirqd/4
32 root  0    －20  0   0   0 S   0.0 0.0 0:00.00  kworker/4:0H
33 root  rt   0     0   0   0 S   0.0 0.0 0:02.39  watchdog/5
34 root  rt   0     0   0   0 S   0.0 0.0 0:00.45  migration/5
35 root  20   0     0   0   0 S   0.0 0.0 0:00.03  ksoftirqd/5
37 root  0    －20  0   0   0 S   0.0 0.0 0:00.00  kworker/5:0H
```

其中有两个令后常用的命令：

(1) k命令

终止一个进程。系统将提示用户输入需要终止的进程的PID,以及需要发送给该进程什么样的信号。注意,在安全模式下此命令会被屏蔽。

(2) q命令

退出top命令。

1.2.2　文件管理与编辑

(1) cat命令

cat命令的功能是查看一个文件的内容并将文件所有内容一次性显示在屏幕上。

(2) more命令

more命令的功能和cat命令类似,但如果文件内容太多,当前屏幕一次无法全部显示时,cat命令不会分页显示,而more命令可以分页显示,并可以使用“Ctrl+d”和“Ctrl+u”来进行下翻页和上翻页的操作。如果需要退出more命令只需按“q”就可以退出。

(3) head/tail命令

head和tail命令是一对相似的命令,head命令用于查看文件中从第一行开始到第n行的内容,而tail命令用于查看文件中从最后开始倒数n行的内容。如果不加“-n”选项,默认显示前十行或后十行内容。命令格式如下:

```
head/tail [-n 要查看的行数] 文件名
```

例如,要查看“sd.txt”文件前五行内容可以使用如下命令:

```
$ head -n 5 sd.txt
STN01 -45.709910  12.710852   0.000000
STN03 -3.293981   22.946580   0.000000
STN05 45.575600   14.285759   0.000000
STN06 60.671044   35.403170   0.000000
```

(4) touch命令

touch命令用于修改文件或者目录的时间属性,包括存取时间和更改时间。如果文件不存在,则会创建一个新的空文件。

例如,要修改“sd.txt”文件的更改时间,可以使用如下命令:

```
$ ls -l sd.txt
-rw-r--r-- 1 wenj users 816 Jul  8 22:36 sd.txt
$ touch sd.txt
$ ls -l sd.txt
-rw-r--r-- 1 wenj users 816 Sep 17  2019 sd.txt
```

(5) cp/mv命令

cp是“copy”的缩写,所以cp命令的功能就是拷贝文件或目录。mv是“move”的缩写,因此mv命令的功能是移动文件或目录,移动后源文件或目录将消失。两条命令的语法如下:

```
cp/mv [源文件或目录] [目标文件或目录]
```

在移动或拷贝的过程中可能会用到以下选项如表1.5所示。

表1.5 cp命令常用选项说明

选项	功能
-f	目标文件或目录已存在,覆盖前不询问
-i	覆盖前询问,需要交互输入
-n	不覆盖已存在文件

如果在命令中包含有上述三个选项中的多个,则只有最后一个选项会生效。需要注意

的是，在拷贝目录的时候需要加上“－r”选项。例如要将“sd.txt”拷贝到“sd1.txt”文件可以使用如下命令：

```
$ cp sd.txt sd1.txt
$ ls sd*.txt
sd1.txt  sd.txt
```

如果要修改“sd1.txt”的文件名，除了使用专门的rename命令，也可以使用如下命令：

```
$ mv sd1.txt sd.txt
$ ls sd*.txt
sd.txt
```

该命令执行完成后“sd1.txt”文件消失，只剩“sd.txt”文件。

在不确定目标文件或目录是否存在的情况下，可以加上“－i”或“－n”选项，以防误操作。

```
$ ls sd*.txt
sd1.txt  sd.txt
$ cp －i sc1.txt sd.txt
cp:是否覆盖"sd.txt"? [y/n]
```

(6) rm命令

rm命令的功能是删除文件或目录。其语法如下：

```
rm [选项] 文件或目录
```

对于文件，rm命令可以直接删除，但对于目录则必须配合“－r”选项才能删除。例如，对当前目录中的文件“sd1.txt”执行rm后，再用ls命令查看就会提示无法访问该文件。

```
$ ls sd1.txt
sd1.txt
$ rm sd1.txt
$ ls sd1.txt
ls: 无法访问sd1.txt: 没有那个文件或目录
```

对于目录test，直接使用rm命令会报错。只有配合选项“－r”才能执行目录的删除操作。

```
$ ls test/
sd1.txt
$ rm test/
rm: 无法删除"test/": 是一个目录
$ rm －r test/
$ ls test
```

```
ls: 无法访问 test: 没有那个文件或目录
```

(7) mkdir/rmdir命令

mkdir/rmdir命令都是对目录进行操作的命令。两条命令的语法如下：

```
mkdir/rmdir [选项] 目录
```

其中mkdir是用于创建目录。如果使用“-p”选项,那么会递归创建所需要的目录,即使上级目录不存在。例如,如果当前目录下没有“data”目录,但需要在“data”目录下创建一个“pzs”目录,直接使用命令“mkdir data/pzs”会出现如下错误信息：

```
$ mkdir data/pzs
mkdir: cannot create directory ‘data/pzs': No such file or directory
```

如果要实现上述目的,可以采用如下方式：

```
$ mkdir data data/pzs
$ ls -l data
总用量 4
drwxrwxr-x 2 wenj wenj 4096 2月  22 23:19 pzs
```

虽然该方式能达到目的,但操作稍显复杂,加上“-p”选项,命令会变得更简洁。虽然mkdir还是会先创建“data”目录然后再在其内部创建“pzs”目录。

```
$ mkdir -p data/pzs
$ ls -l data
总用量 4
drwxrwxr-x 2 wenj wenj 4096 2月  22 23:19 pzs
```

此外,如果要创建的目录已经存在,直接使用mkdir创建就会报错,但加上“-p”选项后则不会报错。

而rmdir正好相反,功能为删除目录。当要删除的目录不为空时,rmdir命令失效,这时需要使用rm配合“-r”选项进行删除。rmdir命令也有“-p”选项,这个选项的作用就是递归删除指定目录及父目录。例如:“rmdir -p a/b/c”和“rmdir a/b/c a/b a”是等效的。

(8) find命令

find命令的功能是根据给定的模式查找指定路径下的文件。其语法如下：

```
find [路径] [模式]
```

例如,要查找当前目录下所有以“*.sac”结尾的文件,可以使用以下命令：

```
$ find . -name "*.sac"
./SAClesson/seismo_picks.sac
./SAClesson/sac/aux/ctables/color.tbl1.sac
```

如果查找到匹配的文件则列出相应文件的完整路径,否则输出为空。

(9) grep命令

grep命令的功能是根据给定的模式对指定文件的内容进行查找,并将满足条件的记录(一般认为一行就是一条记录)输出到屏幕。grep、egrep和fgrep三者是等价的,只是不同的系统用的不一样。其语法如下:

```
grep [选项] 模式 [文件]
```

例如,文件"score.txt"中包含以下内容:

```
$ cat score.txt
Marry    2143 78 84 77
Jack     2321 66 78 45
Tom      2122 48 77 71
Mike     2537 87 97 95
Bob      2415 40 57 62
```

要在其中查找包含有"Tom"字段的记录,可以使用如下命令:

```
$ grep Tom score.txt
Tom      2122 48 77 71
```

(10) split命令

split命令的功能是将一个大文件拆分成多个小文件,在默认情况下将按照每1000行切割成一个小文件,且每个文件都以"x"开头。其语法如下:

```
split [选项] [要切割的文件] [输出文件的前缀名]
```

例如,需要将"sd.txt"文件每6行切割成一个文件,则可以使用如下命令:

```
$ split -6 sd.txt
$ ls
sd.txt  xaa  xab  xac  xad
```

执行完成后目录里会多出四个以"x"为前缀的文件,这些文件将依次从"sd.txt"文件中获得最多只有6行的内容。

1.2.3　其他命令

(1) man命令

man命令的功能是查看命令使用帮助。当对某个命令的用法不清楚或选项的意义不清楚时可以使用man命令。例如:

```
$ man ls
```

会出现如下所示的内容:

```
LS(1)                User Commands                LS(1)              NAME
     ls — list directory contents
SYNOPSIS
     ls [OPTION] ... [FILE] ...
DESCRIPTION
     List information about the FILEs (the current directory by default). Sort entries
     alphabetically if none of —cftuvSUX nor ——sort is specified.
     Mandatory arguments to long options are mandatory for short options too.
     —a, ——all
          do not ignore entries starting with .
     —A, ——almost—all
          do not list implied . and ..
     ——author
          with —l, print the author of each file
     —b, ——escape
          print C—style escapes for nongraphic characters
     ——block—size=SIZE
          scale sizes by SIZE before printing them; e.g., '——block—size=M' prints sizes
          in units of 1,048,576 bytes; see SIZE format below
     —B, ——ignore—backups
          do not list implied entries ending with ~
     —c with —lt: sort by, and show, ctime (time of last modification of file status
          information); with —l: show ctime and sort by name; otherwise: sort by ctime,
          newest first
     —C  list entries by columns
```

在查看的过程中可以使用回车键查看后续内容,也可以使用“Ctrl+d”和“Ctrl+u”进行下翻页和上翻页查看完整的帮助内容。当然也可以使用“/〈需查找的内容〉”进行快速查找。查看完成可以按“q”退出。

(2) tar命令

tar命令的功能是归档文件或目录。该命令的语法如下:

```
tar [主选项+辅助选项] 归档后的文件名 需归档的文件或目录
```

表1.6中列出了今后学习中常用的选项的说明。其中“—c,—f,—x”三个选项是主选项,也是tar命令执行时必须要有的选项,后四个是辅助选项。

表1.6　tar命令常用选项说明

选项	说　　明
－c	对指定的文件或目录进行归档
－r	在已有的tar包后追加新的文档
－t	列出tar包中的内容
－x	从已归档的文件中还原文件或目录
－z	调用gzip命令在归档过程中压缩或解压缩文件
－j	调用bzip2命令在归档过程中压缩或解压缩文件
－f	指定存储设备，也就是生成的归档文件的文件名。在该选项后必须指定归档文件名。一般以“tar”结尾以便和其他文件区分。如果使用了“－z”选项则一般以“tar.gz”结尾。如果使用了“－j”选项则一般以“tar.bz2”结尾。以便在还原过程中使用相应的选项进行还原
－v	在归档过程中列出归档的文件或目录

例如，想将“/etc”目录的内容进行归档，可以使用以下命令：

```
tar －cvf ./etc.tar /etc
tar －zcvf ./etc.tar.gz /etc
tar －jcvf ./etc.tar.bz2 /etc
```

具体代码如下：

```
$ ls －lh etc.tar*
－rw－r－－r－－ 1 wenj users  70M Sep 17  2019 etc.tar
－rw－r－－r－－ 1 wenj users 6.7M Sep 17  2019 etc.tar.bz2
－rw－r－－r－－ 1 wenj users 9.6M Sep 17  2019 etc.tar.gz
```

使用“ls －l etc.tar*”可以发现当前工作目录下多了三个新文件，且由于使用的归档方式不同，生成文件的大小也不一样。如果要还原，则只需将上述三条命令中的“－c”选项替换成“－x”选项即可。如果要查看一个归档文件归档了哪些目录和文件，可以使用下一节要介绍的“Vi”选项查看，例如“vi glibc－2.14.tar.gz”。

如果是使用“－cf”创建的tar包，则可以在创建完成后追加新的内容到包中。例如，当前目录中有“a.txt”“b.txt”和“c.txt”三个文档。在将前两个归档后发现遗漏了第三个，就可以执行以下操作：

```
$ tar －cf test.tar a.txt b.txt
$ tar －rf test.tar c.txt
$ tar －tf test.tar              ＃查看tar包中的内容
a.txt
b.txt
c.txt
```

（3）which命令

which命令的功能是为了显示命令的完整路径。例如，希望知道tar命令的可执行文件存放的位置可以使用：

```
$ which tar
/bin/tar
```

(4) history命令

history命令的功能是显示已执行命令的历史记录。默认情况下,历史命令仅能够存储1000条,且其默认输出端是屏幕。

(5) df/du命令

df和du命令的功能都是查看磁盘占用情况,二者的区别在于df命令检查的是Linux系统的磁盘占用情况;而du命令是显示指定的文件或目录的磁盘占用情况。默认空间单位是千字节,如果加上"-h"选项,空间大小会根据情况以"K""M""G"方式显示。例如:

```
$ df
Filesystem   1K-blocks    Used        Available    Use%   Mounted on
/dev/sda3    309506048    26996940    266780468    10%    /
tmpfs        32721056     3728        32717328     1%     /dev/shm
/dev/sda2    487652       42255       419797       10%    /boot
/dev/sda1    204580       264         204316       1%     /boot/efi
/dev/sda5    3400444200   135890008   3091814916   5%     /home
/dev/sdb1    39056195888  6591920096  30511150928  18%    /data
```

在加上"-h"选项后,df的显示更友好一点:

```
$ df -h
Filesystem   Size   Used   Avail   Use%   Mounted on
/dev/sda3    296G   26G    255G    10%    /
tmpfs        32G    3.7M   32G     %      /dev/shm
/dev/sda2    477M   42M    410M    10%    /boot
/dev/sda1    200M   264K   200M    1%     /boot/efi
/dev/sda5    3.2T   130G   2.9T    5%     /home
/dev/sdb1    37T    6.2T   29T     18%    /data
```

(6) mount/umount命令

mount和umount是一对相反的命令,mount是挂载指定的文件系统,而umount是卸载指定的文件系统。Mount命令的语法如下:

```
mount [选项] [-L〈标签〉] [-o〈选项〉] [-t〈文件系统类型〉] [设备名] [挂载点]
```

例如,如果要挂载一个iso文件,可以执行以下命令:

```
mount-o loop-t iso9660 /iso/CentOS-7-x84_64-DVD-1503-01.iso /ixdba
```

这里的loop选项表示把一个镜像文件当成硬盘分区挂载到系统,-t指定镜像文件的类型为iso9660,也就是光盘的标准文件系统。"/iso/CentOS-7-x84_64-DVD-1503-01.iso"是镜像文件的路径，而“/ixdba”表示挂载点，挂载点可以是任何空目录。挂载成功后就可以从“/ixdba”目录访问镜像文件的内容。

(7) ifconfig命令

ifconfig命令的功能是查看和配置网络设置。例如，如果要获取机器的ip地址可以执行以下命令：

```
$ ifconfig
eth0      Link encap:Ethernet  HWaddr 38:68:DD:01:97:A0
          inet addr:???.???.???.???  Bcast: ???.???.???.???  Mask:255.255.255.0
          inet6 addr: 2001:da8:d800:740:3a68:ddff:fe01:97a0/64 Scope:Global
          inet6 addr: fe80::3a68:ddff:fe01:97a0/64 Scope:Link
          UP BROADCAST RUNNING MULTICAST  MTU:1500  Metric:1
          RX packets:80689986 errors:0 dropped:0 overruns:0 frame:1288374
          TX packets:18535212 errors:0 dropped:0 overruns:0 carrier:0
          collisions:0 txqueuelen:1000
          RX bytes:10265611500 (9.5 GiB)  TX bytes:8450177267 (7.8 GiB)
```

在该命令的输出结果中，“inet addr”后面显示的是本机ip地址(问号)，“Bcast”显示的是网关地址(问号表示)，“Mask”显示的是子网掩码。

(8) scp命令

scp命令和cp命令的功能类似，只不过是和服务器相互拷贝文件或目录。其语法如下：

```
scp 本地linux系统路径 远程用户名@服务器的ip地址:文件的绝对路径
scp 远程用户名@服务器的ip地址:文件的绝对路径 本地linux系统路径
```

例如：要将当前目录中的test文件拷贝到服务器上用户名为user的用户目录中，服务器的ip为111.222.333.111，可运行如下命令：

```
$ scp test user@111.222.333.111:~/
user@111.222.333.111's password:
```

运行该命令后会出现要求输入用户user的密码的提示，根据提示输入密码即可。需要注意的是，一般情况下输入密码的过程中不会出现任何提示，密码输入过程中也不能进行修改。

如果需要同时拷贝多个文件到服务器可以使用如下命令：

```
$ scp foo.txt bar.txt user@111.222.333.111:~/
```

如果需要同时从服务器拷贝多个文件到本地，可以使用如下命名：

```
$ scp user@111.222.333.111:~/\{ foo.txt bar.txt \} .
```

需要注意的是，如需使用通配符，该通配符需要转义。

1.3 Vi 编辑器

Vi(Vim)编辑器是Linux系统里较方便实用的编辑器之一,具有代码补充、编译及错误跳转等方便编程的功能,因此在后续的编程过程中会经常用到Vi编辑器。进入Vi编辑器的方法如表1.7所示。

表1.7 Vi开启的两种方式

命令	描述
vi filename	如果filename文件存在,则打开;否则,新创建一个名为filename的文件,并打开
vi －R filename	以只读方式(只能查看不能编辑)打开已有文件

打开后的界面如图1.2所示。

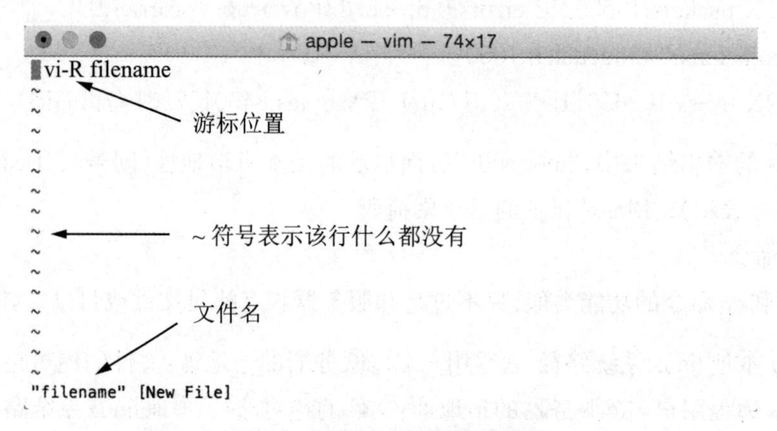

图1.2 Vi新建文档界面示意图

Vi编辑器有三种工作模式:命令模式(command mode)、输入模式(insert mode)和底线模式(last line mode)。图1.3显示了三种模式之间的关系。这三种模式的作用分别是:

1. 命令模式

Vi一启动即进入了命令模式。在这种情况下键盘的输入均会被Vi当作命令处理。比如,按"i",并不会输入"i"字符,而是当作插入命令。命令模式下只有一些最基本的命令,因此只有进入底线模式才能输入更多复杂命令。表1.8列出了一些常用的基本命令。

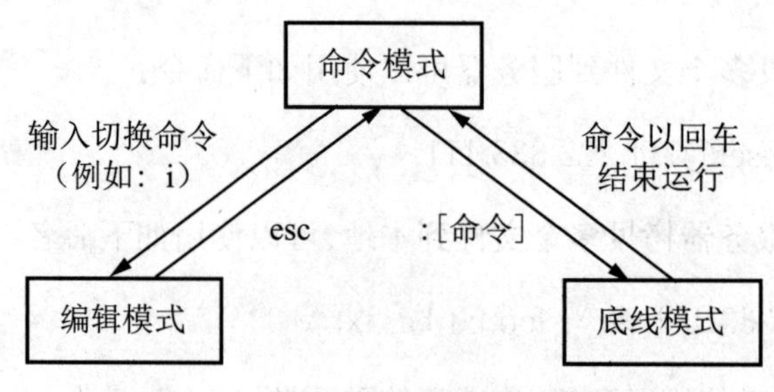

图1.3 Vi不同工作模式切换关系图

表1.8　Vi命令模式中常用的命令说明

选　项		说　　明
移动光标的命令	h或向左箭头键(←)	光标向左移动一个字符
	j或向下箭头键(↓)	光标向下移动一个字符
	k或向上箭头键(↑)	光标向上移动一个字符
	l或向右箭头键(→)	光标向右移动一个字符
	Ctrl+d	向下翻页
	Ctrl+u	向上翻页
删除、复制和粘贴	x	删除当前光标所在的字符
	X	删除光标前面的字符,相当于退格键
	d^	删除从当前光标到行首的字符
	d$	删除从当前光标到行尾的字符
	dd	删除当前光标所在的行
	ndd	n为行数,删除当前光标后n行(含当前行),例如:20dd即删除从当前行开始的后20行。删除的内容可以用于p/P的粘贴
	de	删除当前光标后一个词
	r	替换当前光标所在的字符
	yy	复制当前行
	nyy	n为行数,复制当前光标后n行(含当前行),例如:20yy即复制从当前行开始的后20行
	p	将删除或复制的文本粘贴到光标后面
	P	将删除或复制的文本粘贴到光标前面
	u	恢复前一个动作,即撤销
	Ctrl+r	重复前一个动作

2. 编辑模式

在命令模式下,只要按表1.9中的8个字符中的任何一个就可以进入编辑模式。

表1.9　Vi命令模式切换至编辑模式的命令说明

选　项	说　　明
i,I	进入输入模式(Insert mode)。i为从目前光标所在处输入;I为从目前所在行的第一个非空符号处开始输入
a,A	进入输入模式。a为在目前光标所在的下一个字符处开始输入;A为从光标所在行的最后一个字符处开始输入
o,O	进入输入模式。o为在目前光标所在行的下一行新开一行的第一个字符处开始输入;O为在目前光标所在行的上一行新开一行的第一个字符处开始输入
r,R	进入替换模式(Replace mode)。r只会取代光标所在的那个字符一次;R会一直取代光标所在的文字,直到按下Esc键为止

在该模式下,左下角的状态栏中会出现“——INSERT——”或“——REPLACE——”的字样,这是提示可以在文件中进行任意字符的输入。键盘上除了Esc键,其他按键都会被视为一般的输入按钮。编辑完成后,按下Esc键就会退回到命令模式。

此外在命令模式下,使用Ctrl+V可以切换为块操作模式,可以对选中的列进行删除、插入等操作。例如:要在“score.txt”文件中删除第九列的内容,可将光标移到第九列,然后按“Ctrl+V”切换到块操作,接着按向下键选中第九列所有内容(如图1.4所示),按“d”即可删除整列。删除完成后回到命令模式。

```
Marry    2143 78 84 77
Jack     2321 66 78 45
Tom      2122 48 77 71
Mike     2537 87 97 95
Bob      2415 40 57 62
~
~
~
```

图1.4　列删除示例图

如果要在第九列插入一列新的内容,可以在选中第九列内容后按“Shift+i”,这时光标会回到第一行,在光标位置插入内容后回车,这会在第九列前每行都插入输入的内容。插入完成后回到命令模式。效果如图1.5所示。

3. 底线模式

在底线模式下可以使用一些比较复杂的命令来进行查找替换、保存、Vi环境设置等操作。表1.10中列出了比较常用的命令。

```
Marry    12143 78 84 77
Jack     12321 66 78 45
Tom      12122 48 77 71
Mike     12537 87 97 95
Bob      12415 40 57 62
~
~
~
```

图1.5　列插入示例图

表1.10　Vi底线模式常用的命令说明

选　　项	说　　　　明
:w	将编辑的数据写入硬盘档案中(常用)
:w!	若文件属性为『只读』时,强制写入该文档。不过,到底能否写入,还是跟用户对该文档的权限有关
:q	退出Vi (常用)
:q!	若曾修改过文档,又不想储存,使用 ! 为强制离开不储存文档
:wq	储存后离开,若为 :wq! 则为强制储存后离开 (常用)
:n1,n2 s /search/replace/[g]	在第$n1$行到第$n2$行检索并替换文本。search为要检索的文本,replace为要替换的文本,g表示替换所有查找到的内容,默认只替换查找到的第一个要检索的文本
:set nu/nonu	显示/关闭行号
:set sw	设置缩进的空格数,例如,将缩进空格数设置为4::set sw=4。
:h	可以查看vi的详细使用手册
/[pattern]	按模式向下查找内容
?[pattern]	按模式向上查找内容

续表

选　项	说　　　明
n	英文按键n。代表重复前一个搜寻的动作。举例来说，如果刚刚我们执行/vbird去向下搜寻vbird这个字符串，则按下n后，会向下继续搜寻下一个名称为vbird的字符串。如果是执行?vbird的话，那么按下n则会向上继续搜寻名称为vbird的字符串
N	英文按键N。与n刚好相反，为"反向"进行前一个搜寻动作。例如/vbird后，按下N则表示"向上"搜寻 vbird

注：惊叹号(!)在Vi当中，一般表示"强制"的意思。

在底线模式中还有一个比较常用的操作是":sp filename"或":vsp filename"将当前屏幕分成上下两屏或左右两屏。效果如图1.6和图1.7所示。

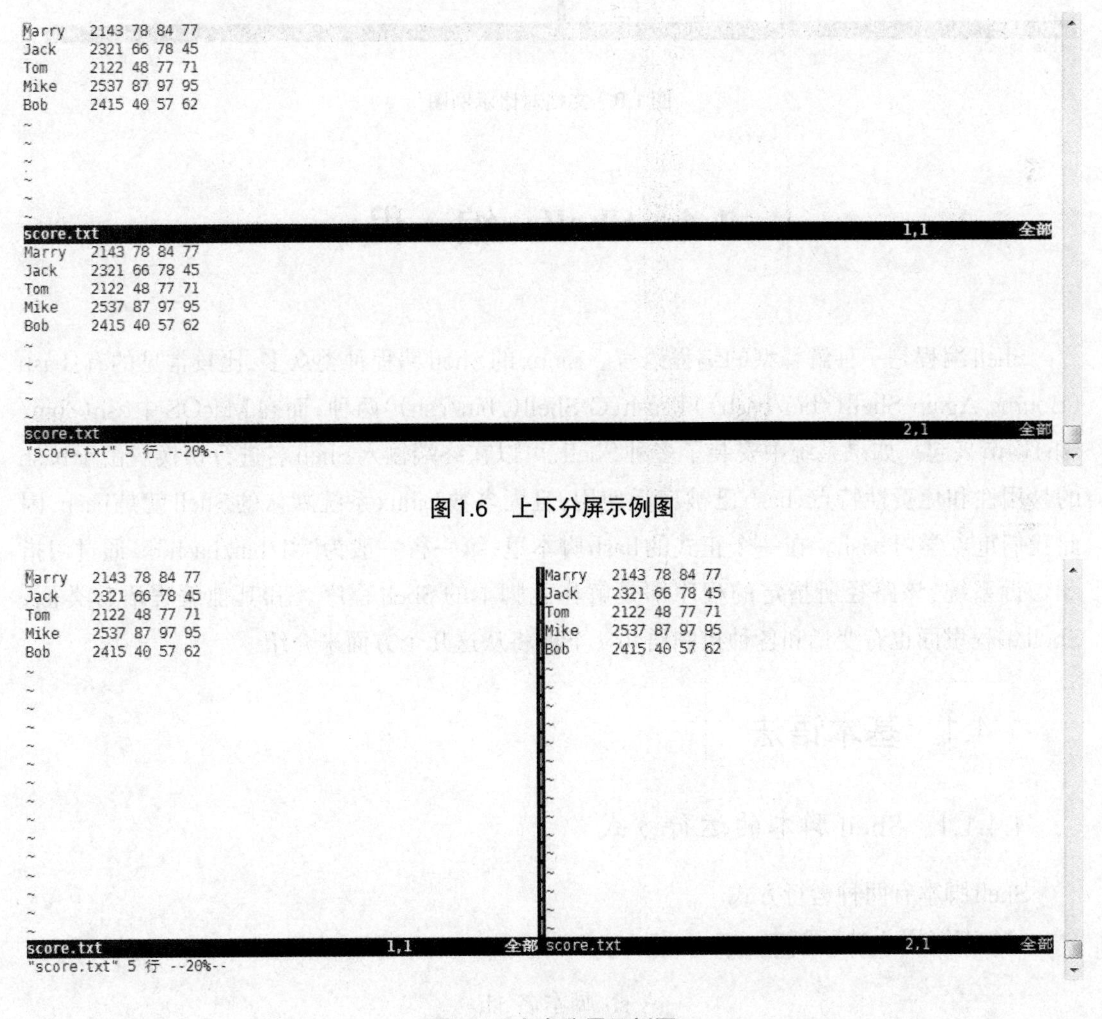

图1.6　上下分屏示例图

图1.7　左右分屏示例图

此外，vim还有个衍生命令vimdiff，使用该命令可以非常方便地对比两个文档。命令格式为：vimdiff filename1 filename2。执行后会分左右两屏显示两个文档，如果相同行较多则将相同行折叠，而不同行高亮显示。效果如图1.8所示。

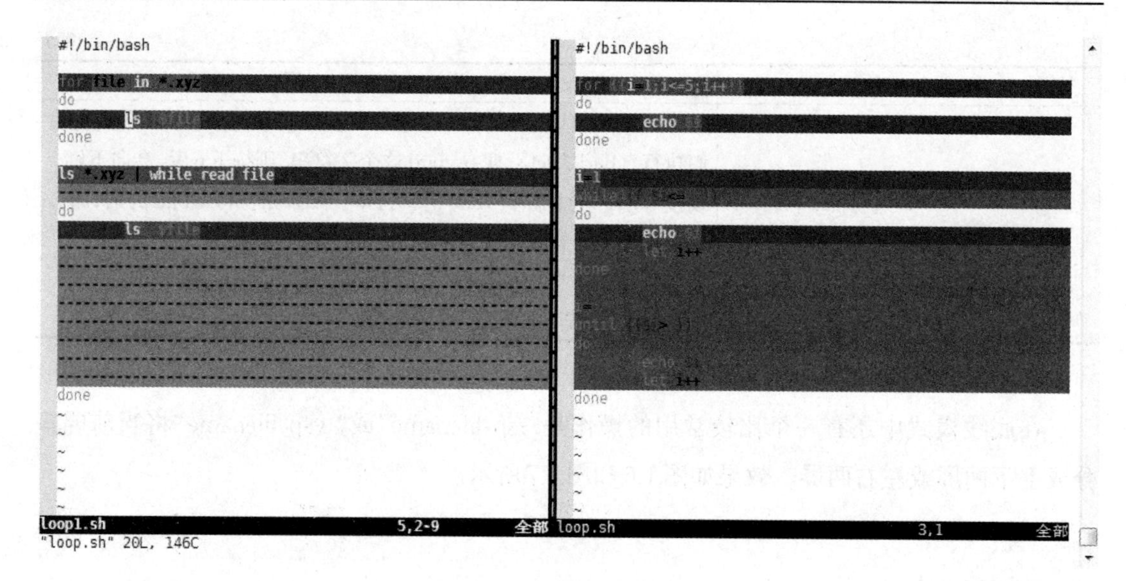

图1.8　文档对比示例图

1.4　Shell　编　程

Shell编程是一种解释型的编程语言。Linux的Shell编程种类众多，比较常见的有：bash（Bourne Again Shell（/bin/bash））和csh（C Shell（/bin/csh））两种，而在MacOS中zsh（/bin/zsh）逐渐兴起。如果系统中安装了多种Shell，可以在终端输入Shell名进行切换。由于bash的易用性和免费性特点，bash已被广泛使用，且大多数Linux系统默认的Shell就是bash，因此我们重点学习bash。在一个正式的bash脚本里，第一行一般为"#!/bin/bash"。通过#!指令告诉系统，该路径所指定的程序即是解释此脚本的Shell程序。和其他编程语言类似，Shell编程里面也有变量和各种控制语句。下面将从这几个方面来介绍。

1.4.1　基本语法

1.4.1.1　Shell脚本的运行方式

Shell脚本有两种运行方式：

（1）直接用sh执行脚本：

```
sh 脚本名.sh
```

（2）首先使用chmod命令对脚本赋予可执行权限然后执行：

```
chmod +x 脚本名.sh
./脚本名.sh
```

1.4.1.2 变量

和其他编程语言一样,Shell编程也可以使用各种变量,一般有这样三类变量:

1. 普通变量

普通变量一般是用户自定义的变量。普通变量的定义遵循以下原则:① 一般由数字、字母和下划线构成,且首个字符不能以数字开头;② 不能使用标点符号;③ 不能使用bash里的关键字。例如:"abc""A_bc"是有效变量,而"12a""A;bc"则是无效变量。

Shell变量可以显式的进行赋值,例如:a=123

注意:在变量赋值时变量和等号之间不能有空格。这和其他编程语言不同。

要使用定义过的变量时,只要在变量名前加上"$"即可,例如:echo $a

当要将变量名和普通字符加以区分时,可以采用"${variable_name}"的形式,例如:echo "${a}bc"

在变量使用完后可以使用unset命令删除变量。例如:unset a

即可删除变量a。

同样地,在Shell编程中也可以使用字符串变量。使用单引号或双引号将一串字符(可含空格)引起来赋值给变量即可。例如:

str='this is a string'

str="this is a string"

这两条赋值语句在字符串中不含变量时是等效的,单引号和双引号在字符串变量赋值时的异同点如表1.11所示。

表1.11 Shell中两种引号的用法说明

类 型	说 明
单引号	① 单引号里的任何字符都会原样输出,单引号字符串中的变量不会被解释成变量的值;② 单引号字串中不能出现单独一个的单引号(对单引号使用转义符后也不行),但可成对出现,作为字符串拼接使用
双引号	① 双引号里的变量会被解释为变量的值;② 双引号里可以出现转义字符

通过下面这段代码可以清楚的看到单引号和双引号在字符串变量赋值中的差异。

```
$ cat string.sh
#!/bin/bash
a=1
str='this is the ${a}st string'
str1="this is the ${a}st string"
echo $str
echo $str1
str='this is the '${a}'st string'
str1="this is the ${a}\"st string"
```

```
echo $str
echo $str1
$ sh string.sh
this is the ${a}st string
this is the 1st string
this is the 1st string
this is the 1"st string
```

可以使用“${#variable_name}”的方式输出字符串变量长度。使用“${string:index:len}”的方式截取从“index”开始的长度为“len”的字符串。注意:第一个字符的索引值为0。可以使用expr index "$variable_name" 待查找字符查找待查字符的位置(哪个字母先出现就计算哪个),如表1.12所示。例如,对于字符串变量str='this is a string'。

表1.12 字符串切片、查找用法示例说明

命 令	输 出
echo ${#str}	22
echo ${str:1:4}	his #“s”后有空格
echo 'expr index "$str" ia'	3

2. 系统环境变量

该变量是保存系统环境设置的变量。必要时Shell脚本可以定义环境变量。在终端下输入“env”,回车可以查看已有的系统环境变量。

3. 特殊变量

特殊变量是Shell预留的有特殊含义的变量,主要是指“$[?,0−9,*,#]”这些变量。表1.13中列出了几种常用特殊变量的含义。

表1.13 Shell编程时的特殊变量及其含义

变量名	含 义
$?	上一个命令是否成功执行
$0	脚本自己的名字
$n	脚本后面附加的第n个参数,$n \geqslant 1$
$*	以一个单字符串显示脚本后面加的全部参数。如"$*"用「"」括起来的情况、以"$1 $2 … $n"的形式输出所有参数,即只有一个参数
$@	与$*类似,但如"$@"用「"」括起来的情况、以"$1" "$2" … "$n" 的形式输出所有参数,即有$n$个参数
$#	脚本后面加的参数个数

1.4.1.3 输入输出

Shell的输入一般用read命令实现。输出则用echo或printf来实现。echo命令主要用来简单的无格式输出,而printf则类似C语言中的printf命令,用于格式化输出。三个命令的语法格式如下：

```
read 待赋值的变量名
echo 待输出的字符串或变量
printf 格式字符串 变量
```

示例如下：

```
$ cat output.sh
#!/bin/bash
read a
echo "Your input is : ${a}"
echo "Hello World!"
printf "%-10s %5.2f %5.2f %5.2f\n" Marry 78 84 77
printf "%-10s %5.2f %5.2f %5.2f\n" Jack 66 78 45
$ sh output.sh
12
Your input is : 12
Hello World!
Marry   78.00   84.00   77.00
Jack    66.00   78.00   45.00
```

在执行output.sh脚本过程中会等待屏幕输入(12),这个输入值将赋值给变量a。输入后脚本继续运行。和C语言类似,printf中可以使用转字义字符,“\n”是回车换行,“\t”为制表符。在格式字符串前加“-”表示左对齐(%-10s),否则代表右对齐。

1.4.1.4　算术运算符

和其他编程语言类似,Shell变量也可以进行加(+)减(-)乘(*)除(/)及取余(%)等其他编程语言中常见的简单运算,但实现起来比其他语言复杂。另外Shell脚本中数值的浮点数运算能力较差,不建议在Shell里进行浮点数运算。Shell一般有以下三种数值运算方式,分别如下:

(1) 方式一

具体指令格式为

```
((var=$var+1))
```

(2) 方式二

使用“let 表达式”的方式来执行。这时表达式中的变量前不需要“$”。如果表达式中包含了空格或其他特殊字符,则必须连起来。例如:

```
let "var=var+1"
```

或

```
let var=var+1
```

(3) 方式三

使用‘expr $a + $b‘来执行。注意，这里使用的是反引号“‘”。此外在运算乘时需要加上“\”转字义。

以上三种方式均不能实现浮点数运算，如果变量a或b为浮点数时，上述三种方式会报错。如果要进行浮点数运算可以借助awk命令。

例如，a=2;b=4时，其加法运算用Shell脚本的实现如下：

```
$ cat numerical.sh
#!/bin/bash
a=2
b=4
((c=$a + $b))
echo $c
let c=a+b
echo $c
c='expr $a + $b'
echo $c
a=2.1
b=4.1
c=$(echo $a $b | awk '{print $1 + $2}')
echo $c
$ sh numerical.sh
6
6
6
6.2
```

在脚本末尾也给出了用awk实现浮点数运算的示例。

1.4.1.5 命令分隔符

大多数情况下，Shell是一行一条命令，但也有多条命令写在同一行的情况，这个时候就需要用到命令分隔符。Shell的命令分隔符有三种：“;”分隔符的功能是顺序执行分隔的两条命令；“&&”分隔符的功能是如果前一条命令执行成功则执行后一条命令；“||”分隔符的功能则是如果前一条命令执行失败则执行后一条命令。

1.4.2 数组

和其他语言不同，Bash不支持多维数组，仅支持一维数组。数组使用前不需要定义数组的大小和进行初始化操作。与大部分编程语言类似,数组的下标从0开始。可以用括号对数组每个元素进行赋值,其中每个元素直接用“空格”符号分隔。元素的值可以是数值也可以是字符串。语法格式如下:

```
array_name=(value1 value2 ... valuen)
```

也可以每个数组元素分别进行赋值:

```
array_name[0]=value1
array_name[1]=value2
…
array_name[n]=valuen
```

例如,表1.14中两种对数组my_array赋值方式是等效的。

表1.14　my_array赋值方式

赋值方式一	赋值方式二
my_array=(A B "C" 1)	my_array[0]=A my_array[1]=B my_array[2]= "C" my_array[3]=1

如果需要删除数组中某个元素,可以使用unset命令,语法格式如下:

```
unset array_name[index]
```

其中,index是数组元素的序号。

此外,和其他编程语言不同,Shell中没有专门的函数用于获取数组的大小,但是可以利用特殊符号来获取数组的长度和所有元素。其中,使用@或*可以获取数组中的所有元素,使用“#”加上“@”或“*”可以获取数组的长度。例如:

```
$ cat array.sh
#!/bin/bash
my_array=(A B "C" 1)
echo "The array elements are" ${my_array[@]}
echo "The length of array is" ${#my_array[*]}
unset my_array[2]
echo "The array elements are" ${my_array[*]}
echo "The length of array is" ${#my_array[@]}
$ sh array.sh
The array elements are A B C 1
The length of array is 4
The array elements are A B 1
The length of array is 3
```

对比在使用unset函数前后的输出,可以发现数组my_array的第三个元素被删除了,数组的长度由4变为3。

1.4.3 控制语句

Shell编程中有两类控制语句:一类是判断控制语句,另一类是循环控制语句。

1.4.3.1 判断控制语句

Shell编程中有两类判断控制语句:if语句和case语句。在后续学习中需要经常用到if语句。if语句的基本语法如下:

```
if [ 判断语句 ] then
    语句块
elif [ 判断语句 ] then
    语句块
else
    语句块
fi
```

需要注意的是,和C语言、Fortran语言不同,Shell中没有elseif,只有elif,而且其if语句的结束标志是"fi"。另外,if语句中的语句块不能为空,即只需要用if的就不用if−else。if的判断语句需要用方括号[]括起来,判断语句和条件表达式之间一定要有空格。例如:[$a==$b] 是错误的,必须写成 [X$aX==X$bX](X表示空格)。

If的条件表达式一般由各种逻辑运算表示,表1.15列出了常用的逻辑运算符。

表1.15 条件表达式中常用的逻辑运算符说明

运算符		说明
关系运算符	−eq(==)	相等为真
	−ne(!=)	不相等为真
	−gt	大于为真
	−ge	大于等于为真
	−lt	小于为真
	−le	小于等于为真
字符串运算符	=	相同为真
	!=	不相同为真
	−z	判断字符串长度是否为0,为0则为真
	−n	判断字符串长度是否不为0,不为0则为真
	$	判断字符串是否为空,不为空则为真
布尔运算符	!	非运算,表达式为true则返回false,否则返回true
	−o	或运算,有一个表达式为true则返回true
	−a	与运算,两个表达式都为true才返回true

注:关系运算符只支持数字,不支持字符串,除非字符串的值是数字;字符串运算符适用于字符串的判断。

例如,假设a=10,b=20,对二者进行判断:

```
$ cat myif.sh
#!/bin/bash
a=10
b=20
if [ $a -eq $b ]
then
   echo "$a equals to $b"
else
   echo "$a does not equal to $b"
fi
if [ $a -ne $b ]
then
   echo "$a does not equal to $b"
fi
if [ $a -gt $b ]
then
   echo "$a is larger than $b"
fi
if [ $a -lt 20 -a $a -gt 5 ]
then
   echo "5 < $a < 20"
fi
$ sh myif.sh
10 does not equal to 20
10 does not equal to 20
5 < 10 < 20
```

又比如,变量a为“abc”,变量b为“efg”,对二者进行比较:

```
$ cat myif1.sh
#!/bin/bash
a="abc"
b="efg"
if [ $a = $b ]
then
   echo "$a equals to $b"
else
```

```
    echo "$a does not equal to $b"
fi
if [ -z $a ]
then
    echo "the length of $a is 0"
else
    echo "the length of $a is not 0"
fi
if [ -n $a ]
then
    echo "the length of $a is not 0"
fi
if [ $a ]
then
    echo "$a is not empty"
fi
$ sh myif1.sh
abs does not equal to efg
the length of abs is not 0
the length of abs is not 0
abs is not empty
```

此外,在Shell中还有专门用于测试文件属性的文件测试运算符,如表1.16所示。

表1.16　判断文件属性的运算符说明

运算符	说　　明
-b file	检测文件是否是块设备文件,如果是,则返回true
-c file	检测文件是否是字符设备文件,如果是,则返回true
-d file	检测文件是否是目录,如果是,则返回true
-f file	检测文件是否是普通文件(既不是目录,也不是设备文件),如果是,则返回true
-g file	检测文件是否设置了SGID位,如果是,则返回true
-k file	检测文件是否设置了粘着位(Sticky Bit),如果是,则返回true
-p file	检测文件是否是有名管道,如果是,则返回true
-u file	检测文件是否设置了SUID位,如果是,则返回true
-r file	检测文件是否可读,如果是,则返回true
-w file	检测文件是否可写,如果是,则返回true
-x file	检测文件是否可执行,如果是,则返回true
-s file	检测文件是否为空(文件大小是否大于0),不为空,则返回true
-e file	检测文件(包括目录)是否存在,如果是,则返回true

```
$ cat fcheck.sh
```

```
#!/bin/bash
file=file1
if [ -e $file ]
then
    echo "$file exists"
fi
if [ -d $file ]
then
    echo "$file is a directory"
else
    echo "$file is not a directory"
fi
if [ -s $file ]
then
    echo "$file is empty"
fi
$ sh fcheck.sh
file1 exists
file1 is not a directory
file1 is empty
```

和C语言中的switch-case语句类似，在shell中也有多选择语句case ... esac来实现多分支选择结构。每个case分支用右圆括号开始，用两个分号“;;”表示break，即执行结束，跳出整个case ... esac语句，esac(就是case反过来)作为结束标记。在进行选择时可以用case语句匹配一个值与一个模式，如果匹配成功，执行相匹配的命令。模式可以是数值也可以是字符串。

case ... esac 语法格式如下：

```
case 值 in
模式1
    command1
    ;;
模式2
    command2
;;
...
模式n
    commandn
```

```
;;
esac
```

例如,在下面的示例中当在屏幕输入1—4中任意一个数字时,针对不同输入数字,程序会做出不同的反应。

```
$ cat mycase.sh
#!/bin/bash
echo "input a number from 1 to 4"
printf "Your input is "
read aNum
case $aNum in
    echo 'you choose 1'
    ;;
    echo 'you choose 2'
    ;;
    echo 'you choose 3'
    ;;
    echo 'you choose 4'
    ;;
    echo 'the number which you choose is not from 1 to 4'
    ;;
Esac
$ sh mycase.sh
input a number from 1 to 4
Your input is Your input is 1
you choose 1
```

1.4.3.2 循环控制语句

Shell编程中循环控制语句有for、while和until。for和while两个语句的用法和C语言中的for和while循环类似,但又有一些细节上的差别。

for循环的语法如下:

```
for 变量 in 取值列表
do
    命令
done
```

其中,取值列表可以直接在in后面接上一串空格分隔的字符,也可以是一个字符串变量,在

这个字符串变量里,每个元素中间用空格隔开。例如:

```
for i in this is a string
```

和

```
str="this is a string"
for i in $str
```

是等效的。

```
$ cat for.sh
#!/bin/bash
str="this is a string"
for i in $str
do
    echo $i
done
$ sh for.sh
this
is
a
string
```

此外,还可以将一串连续的数字用“{ }”括起来,此时,只需要输入开头和结尾的数字,中间部分用“..”替代,从而Shell自动构造完整的取值列表。例如:要依次输出1到5五个数字,可以使用以下方式(“test.sh”):

```
$ cat test.sh
#!/bin/bash
for i in {1..5}
do
    echo $i
done
$ sh test.sh
1
2
3
4
5
```

当然也可以使用类似C里面的for循环,需要注意的是这里需要两组“()”。例如“loop.sh”脚本:

```
$ cat loop.sh
#!/bin/bash
for ((i=1;i<6;i++))
do
    echo $i
done
$ sh loop.sh
1
2
3
4
5
```

while循环是条件为真则执行循环。其语法格式为

```
while [条件为真]
do
    命令
done
```

对于前一个例子,也可以使用while循环来实现。如“loop.sh”所示:

```
$ cat loop.sh
#!/bin/bash
i=1
while (( $i<=5 ))
do
    echo $i
    let i++
done
$ sh loop.sh
1
2
3
4
5
```

until循环与while循环在处理方式上刚好相反,是执行一系列命令直至条件为true时停止。一般while循环优于until循环,但在某些时候(也只是极少数情况下),until循环更加有用。until语法格式:

```
until [条件为假]
do
    命令
done
```

还是输出1－5五个数字的例子，使用until也可以实现。例如：

```
$ cat loop.sh
#!/bin/bash
i=1
until (($i>5))
do
    echo $i
    let i++
done
$ sh loop.sh
1
2
3
4
5
```

Shell的循环在处理大批量文件中是非常有用的。例如，要遍历当前目录中所有后缀为“.xyz”的文件，则可以使用以下两种方式实现：

```
for file in *.xyz
do
    ls $file
done
```

或

```
ls *.xyz | while read file
do
    ls $file
done
```

在循环过程中，有时候需要在未达到循环结束条件时强制跳出循环，和C语言类似，可以用“break”和“continue”。二者区别在于“break”直接退出循环，而“continue”只跳过当前循环。对比下表中两段代码和输出，可以看到，第一段代码使用的是“continue”，所以在循环跳过了 $i=4$ 这步，然后继续输出。而第二段代码使用的是“break”，循环在运行到 $i=4$ 这步时直接结束，所以只输出了三个数字（表1.17）。

表1.17 代码输出结果对比

示例代码	输出结果

for ((i=1;i<10;i++))
do
if [$i -eq 4]
then
continue
else
echo $i
fi
done
	1
	2
	3
	5
	6
	7
	8
	9

for ((i=1;i<10;i++))
do
if [$i -eq 4]
then
break
else
echo $i
fi
done
	1
	2
	3

1.4.4 函数

和其他编程语言类似，在Shell中也可以使用函数。函数的定义格式如下：

```
[function] funname [()]
{
    action;
    [return int;]
}
```

其中，“funciton”和“()”是可以省略的。如果不加return，则函数返回最后一条命令的运行结果，即运行成功返回0，不成功则返回其他值。如果加return，只能返回0—255直接的整型数。超过255的数值会将其除余到这个范围。例如：“return 400”，400%256=144，那么返回值为144。函数的返回值在调用函数后通过“$?”来获得。此外，所有函数在使用前必须定义。这意味着必须将函数放在脚本开始部分，直至Shell解释器首次发现它时，才可以使用。调用函数仅使用其函数名即可。例如，如果要利用函数实现加法运算，可以使用如下代码：

```
$ cat fun.sh
#!/bin/bash
function mysum(){
```

```
    echo 'expr $1 + $2'
    return 'expr $1 + $2'
}
mysum 200 200
echo $?
$ sh fun.sh
400
144
```

在上述代码中函数的返回值无法直接使用，但可以使用脚本嵌套的方式来实现。代码如下：

```
$ cat mysum.sh
#!/bin/bash
echo ‘expr $1 + $2
$ cat fun1.sh
#!/bin/bah
sh mysum.sh 200 200
var=$(sh mysum.sh 200 200)
echo $var
$ sh fun1.sh
400
400
```

在这个示例里，创建了一两个变量相加的shell脚本（mysum.sh），然后在另一个脚本（fun1.sh）中进行调用，并把输出结果保存到变量里。

1.5　awk　编　程

awk是Linux系统开发里最实用的一个文本分析工具。利用awk可以很方便地对数据进行分析处理。awk有三个不同的版本：awk、nawk和gawk。awk命令有自己的语法规则，全称为“样式扫描和处理语言”，其语法规则大部分和C语言语法规则类似。简单来说，awk即把文件逐行读入，再以空格作为默认分隔符，将每行切分成不同的字段，然后进行各种分析处理。awk有两种运行方式：一是命令行方式，awk　'{pattern + action}'　[要处理的文件名]；另一种是文件方式，awk　-f [awk脚本]，在这种方式里，“pattern”和“action”都会保存到awk脚本里。其中“pattern”表示awk在数据文件中查找的内容，而“action”则是在找到匹配内容后处理时进行的一系列所执行的命令。第一种运行方式是我们最常用的一种运行方式。

1.5.1 程序结构

awk程序一般由三种语句块组成:BEGIN语句块、BODY语句块和END语句块。其中BODY语句块是必须的,其他两个语句块可以省略。BEGIN语句块只在awk开始对数据文件进行读入的时候执行,一般用来进行一些变量赋值等初始化操作。END语句块只在awk对数据文件扫描结束时执行。BODY语句块主要负责对数据文件逐行进行处理。各语句块的格式如下:

① BEGIN 语句块:

```
BEGIN {action}
```

② BODY 语句块:

```
/pattern/ {action}
```

③ END 语句块:

```
END {action}
```

需要注意的是,在BODY语句块前面的pattern是对文件内容的过滤,只有满足条件才会进入到BODY语句块中进行处理。例如:命令“awk '/th/{print $0}' log.txt”实现的功能和“grep th log.txt”类似。

1.5.2 基本语法

1.5.2.1 变量

awk的变量有两种:普通变量、特殊变量。

(1) 普通变量

普通变量一般是用户自定义的变量,一般由数字、字母和下划线构成,且首个字符不能以数字开头。

(2) 特殊变量

特殊变量是awk程序的保留变量,有特定的含义。常用的特殊变量有NF、NR、$0、$1—9等。表1.18列出了比较常用的特殊变量符号及其含义。

表1.18 awk中的特殊变量及其含义

变量名	说明
\$n	当前记录的第n个字段,字段间由FS分隔
\$0	完整地输入记录
ARGC	命令行参数的数目
ARGV	包含命令行参数的数组
CONVFMT	数字转换格式(默认值为%.6g)ENVIRON环境变量关联数组

续表

变量名	说　　明
ERRNO	最后一个系统错误的描述
FIELDWIDTHS	字段宽度列表(用空格键分隔)
FILENAME	当前文件名
FNR	各文件分别计数的行号
FS	字段分隔符(默认是任何空格)
IGNORECASE	如果为真,则进行忽略大小写的匹配
NF	一条记录的字段的数目
NR	已经读出的记录数,就是行号,从1开始
OFMT	数字的输出格式(默认值是%.6g)
OFS	输出字段分隔符(默认是空格)
ORS	输出记录分隔符(默认值是一个换行符)
RS	记录分隔符(默认是一个换行符)

1.5.2.2 外部参数引入

由于awk主要是作为文本分析工具,较少需要外部参数输入。但其还是提供了两种引入外部参数值的方式。

一种是利用"—v"选项,一个参数需要一个该选项,例如,只引入单个参数时:

```
$ awk -v x=10 'BEGIN{print x}'
```

如需引入多个参数则需要多个"—v"选项,则有

```
$ awk -v x=10 -v y=10 'BEGIN{print x,y}'
```

另一种是和C语言类似,利用ARGC变量控制参数个数,ARGV数组保存参数值,例如,只引入单个参数时:

```
$ awk 'BEGIN{ARGC=1;x=ARGV[1];print x}' 10
```

如引入多个参数时,则有

```
$ awk 'BEGIN{ARGC=2;x=ARGV[1];y=ARGV[2];print x,y}' 10 10
```

需要注意的是,ARGV和C语言中一样,也是从0开始计数的,ARGV[0]一般指awk程序本身。

1.5.2.3 输出控制

awk提供了两个输出命令,一个是print,用于简单的无格式输出,默认的字段分割符是空格;另一个是printf,用于复杂的格式输出。Print的用法和Shell里的echo类似,而printf的用法跟C语言中的printf一致。Printf中格式字符串的用法可以参考C语言中printf的格式字符串用法。例如,有一个文件array.txt,其内容如下:

```
$ cat array.txt
```

```
1
2
3
4
5
6
```

要输出其行号和内容,使用print可以得到:

```
$ awk '{print NR,$1}' array.txt
1 1
2 2
3 3
4 4
5 5
6 6
```

而使用printf可以控制其输出格式和每个字段数值的精度,如下所示:

```
$ awk '{printf("row %i = %f\n",NR,$1)}' array.txt
row 1 = 1.000000
row 2 = 2.000000
row 3 = 3.000000
row 4 = 4.000000
row 5 = 5.000000
row 6 = 6.000000
```

1.5.2.4 运算符

awk程序里的运算符和C语言的基本相同,但多了一些跟字段处理相关的运算符。表1.19中列出了常用的运算符(包括数值运算、逻辑运算等)。

表1.19 awk中的运算符及其含义

运算符	说明
= += -= *= /= %= ^= **=	赋值
?:	C条件表达式
||	逻辑或
&&	逻辑与
~ ~!	匹配正则表达式和不匹配正则表达式
< <= > >= != ==	关系运算符
空格	连接
+ -	加,减

续表

运算符	说明
* / %	乘，除与取余
+ - !	一元加，减和逻辑非
^ ***	求幂
++ --	增加或减少1，作为前缀或后缀
$	字段引用

例如，判断变量x其是否大于1，大于则另一变量y=1，否则y=0。可以用条件表达式运算符实现"$x>1?y=1:y=0$"。另外在"++"和"--"运算符作为前缀或后缀输出的结果会有一点差别，做为前缀是先做运算然后输出结果，做为后缀则是先输出变量的值然后进行运算。例如，变量i=1，如果输出i++，其结果为1；如输出++i，其结果为2。

1.5.2.5　数组

虽然awk和其他编程语言一样可以用数组，但也只能使用一维数组。数组的索引可以是数字或字符串。此外awk数组不需要提前声明大小，因为在运行过程中可以自动增大或减小。awk数组使用的语法格式如下：

```
array_name[index]=value
```

其中，array_name是数组的名称；index是数组索引；value是数组中元素所赋予的值。例如可以创建一个字符串数组用于存放网址：

```
$ awk 'BEGIN {
sites["ustc"]="www.ustc.edu.cn";
sites["google"]="www.google.com"
print sites["ustc"] "\n" sites["google"]
}'
www.ustc.edu.cn
www.google.com
```

在awk脚本运行过程中，可以使用delete语句来删除数组元素，语法格式如下：

```
delete array_name[index]
```

具体代码如下：

```
$ awk 'BEGIN {
sites["ustc"]="www.ustc.edu.cn";
sites["google"]="www.google.com"
delete sites["google"]
print sites["google"]
}'  # 因为数组元素已删除，此处输出为空行
```

由于awk本身不支持多维数组，可以使用一维数组来模拟实现多维数组。例如，有一个2×2的二维数组：

[100 200
300 400]

```
$ awk 'BEGIN {
array["0,0"] = 100;
array["0,1"] = 200;
array["1,0"] = 300;
array["1,1"] = 400;
# 输出数组元素
print "array[0,0] = " array["0,0"];
print "array[0,1] = " array["0,1"];
print "array[1,0] = " array["1,0"];
print "array[1,1] = " array["1,1"];
}'
array[0,0] = 100
array[0,1] = 200
array[1,0] = 400
array[1,1] = 500
```

在这个示例里，我们使用一个字符串序列作为数组的索引(index)，这个索引由一个二维的数字构成。

1.5.3 流程控制

1.5.3.1 选择控制

awk中的选择控制由if语句实现。if语句的语法和C语言中类似。if语句的语法格式如下：

```
if (condition)
    {action}
else if (condition)
    {action}
else
    {action}
```

其中，else if和else块是可选的。condition由条件运算符或逻辑运算符构成。action是由一系列awk语句构成。例如，要判断变量num是奇数还是偶数，可以使用如下代码：

```
$ awk 'BEGIN {num = 10; if (num % 2 == 0) printf "%d 是偶数\n", num }'
10 是偶数
```

1.5.3.2　循环控制

awk中主要使用for和while来实现循环控制。这两个命令的语法和C语言中一致。

(1) for循环

for循环语法如下：

```
for (initialisation; condition; increment/decrement)
    {action}
```

在运行过程中，for语句首先执行初始化动作(initialisation)，然后再检查条件(condition)。如果条件为真，则执行动作(action)，然后执行递增(increment)或者递减(decrement)操作。只要条件为true循环就会一直执行。每次循环结束都会进条件检查，若条件为false则结束循环。例如，要顺序输出1—5五个数字：

```
$ awk 'BEGIN { for (i = 1; i <= 5; ++i) print i }'
1
2
3
4
5
```

(2) while循环

while循环语法如下：

```
while (condition)
    {action}
```

在运行过程中，while语句会先检查条件(condition)，如果条件为true则循环就会一直执行。上一个示例也可以使用while循环实现。

```
$ awk 'BEGIN {i=1;while(i<6){print i;++i}}'
1
2
3
4
5
```

如果要强制跳出awk循环，同样可以用“break”和“continue”。二者区别在于“break”直接退出循环，而“continue”只跳过当前循环。对比下表中两段代码和输出，可以看到，第一段代码使用的是“continue”，所以在循环跳过了i=4这步，然后继续输出。而第二段代码使用的是“break”，循环在运行到i=4这步时直接结束，所以只输出了三个数字，详细如表1.20所示。

表1.20　代码输出结果

示例代码	输出结果
awk 'BEGIN {for(i=1;i<10;i++){if(i==4){continue;}else{print i}}}'	1 2 3 5 6 7 8 9
awk 'BEGIN {for(i=1;i<10;i++){if(i==4){break;}else{print i}}}'	1 2 3

1.5.4　内置函数

awk中有许多实用的内置函数。在我们后续课程中用到最多的还是数学函数和字符串函数。

1.5.4.1　数学函数

1. atan2(y,x)

功能：返回y/x的反正切。

示例：

```
$ awk 'BEGIN { PI = 3.14159265; x = -10; y = 10; result = atan2 (y,x) * 180 / PI;
    printf("The arc tangent for (x=%f, y=%f) is %f degrees\n", x, y, result)}'
The arc tangent for (x=-10.000000, y=10.000000) is 135.000000 degrees
```

2. cos(x)

功能：返回x的余弦，x的单位为rad。

示例：

```
$ awk 'BEGIN { PI = 3.14159265; param = 60; result = cos(param * PI / 180.0);
    printf("The cosine of %f degrees is %f.\n", param, result)}'
The cosine of 60.000000 degrees is 0.500000.
```

3. sin(x)

功能：返回x的正弦，x的单位为rad。

示例：

```
$ awk 'BEGIN { PI = 3.14159265; param = 30.0; result = sin(param * PI /180);
    printf("The sine of %f degrees is %f.\n", param, result)}'
The sine of 30.000000 degrees is 0.500000.
```

4. exp(x)

功能：返回x的幂函数值。

示例：

```
$ awk 'BEGIN { param = 5; result = exp(param); printf("The exponential value of %f
    is %f.\n", param, result)}'
The exponential value of 5.000000 is 148.413159.
```

5. log(x)

功能：返回x的自然对数值。

示例：

```
$ awk 'BEGIN { param = 5.5; result = log (param); printf("log(%f) = %f\n", param,
    result)}'
log(5.500000) = 1.704748
```

6. sqrt(x)

功能：返回x的平方根。

示例：

```
$ awk 'BEGIN {param = 1024.0; result = sqrt(param); printf("sqrt(%f) = %f\n",param,
result)}'
sqrt(1024.000000) = 32.000000
```

7. int(x)

功能：返回将x截断至整数的值。返回值取比x小的整数。

示例：

```
$ awk 'BEGIN { param = 5.6; result = int(param); print "Truncated value =", result }'
Truncated value = 5
```

8. rand()

功能：随机返回0到1之间的任意数字。

示例：

```
$ awk 'BEGIN {print "Random num1 =", rand(); print "Randon num2 =", rand(); print
    "Random num3 =",rand()}'
Random num1 = 0.237788
Randon num2 = 0.291066
```

```
Random num3 = 0.845814
```

9. srand([Expr])

功能:将rand函数的种子值设置为Expr参数的值,或如果省略Expr参数则使用某天的时间。返回先前的种子值。

示例:

```
$ awk 'BEGIN {param=10; printf("srand() = %d\n", srand()); printf("srand(%d) =
        %d\n", param, srand(1)) }'
srand() = 1
srand(10) = 1646644431
```

需要注意的是,awk中没有提供反正弦和反余弦函数。此外,rand函数最好要配合srand函数使用。前面rand函数的示例如果反复运行会发现其输出结果是一样的。这是因为如果不给定srand函数,awk会使用默认的种子值来生成随机数,而相同的种子值生成的随机数序列是相同的。再加上srand函数后,每次会使用不同的种子值来生成随机数,那么每次运行以下命令得到的输出就会不同。

```
$ awk 'BEGIN {srand();print "Random num1 =",rand();print "Randon num2 =",rand();
print "Random num3 =",rand()}'
```

1.5.4.2 字符串函数

1. index(string1, string2)

功能:返回string2字符串在string1参数中出现的位置,从1开始编号。如果string2参数不在string1参数中出现,则返回0。

示例:

```
$ awk 'BEGIN { str = "One Two Three"; subs = "Two"; ret = index(str, subs);
       printf("Substring \"%s\" found at %d location.\n", subs, ret)}'
Substring "Two" found at 5 location.
```

2. gsub(string1, string2, [string])

功能:gsub是全局替换"global substitution"的缩写。将string参数中所有的string1字符串用string2字符串替换。其中string参数是可选的,默认为$0。

示例:

```
$ awk 'BEGIN { str = "Hello, World"; print "String before replacement = " str;
       gsub("World", "Jerry", str); print "String after replacement = " str }'
String before replacement = Hello, World
String after replacement = Hello, Jerry
```

3. length([string])

功能：以字符形式返回string参数指定的字符串的长度。如果为给定string参数，则返回整个记录的长度($0)。

示例：

```
$ awk 'BEGIN { str = "Hello, World !!!"; print "Length = ", length(str) }'
Length =  16
```

4. sub(string1, string2, string)

功能：将string参数中第一次出现的string1字符串用string2字符串替换。其中string参数是可选的，默认为$0。

示例：

```
$ awk 'BEGIN { str = "Hello, World"; print "String before replacement = " str;
     sub("World", "Jerry", str); print "String after replacement = " str }'
String before replacement = Hello, World
String after replacement = Hello, Jerry
```

5. substr(string, start, len)

功能：返回string字符串中从第start个字符开始长度为len的子串。如果没有指定len的值，返回string从第start个字符开始的后续子串。

示例：

```
$ awk 'BEGIN { str = "Hello, World !!!"; subs = substr(str, 1, 5); print "Substring = "
     subs }'
Substring = Hello
```

6. split(string, a, sep)

功能：返回将string字符串以sep字符分割后的数组a。

示例：

```
$ awk 'BEGIN{ss="YR.ED01.E.sac";split(ss,a,".");print a[2],a[3],a[4]}'
ED01 E sac
```

1.5.5　自定义函数

在awk编程时也可以使用用户自定义函数。awk自定义函数的语法格式为

```
function function_name(argument1, argument2, ...)
{
    function body
}
```

其中，function_name是用户自定义的函数名。函数名的命名规则跟变量命名规则类似，也是以字母开头，其后可以是数字、字母或下划线的自由组合。另外，awk保留的关键字不能作为用户自定义函数的名称。自定义函数可以接受多个输入参数，这些参数之间通过逗号分隔。参数并不是必须的。我们也可以定义没有任何输入参数的函数。function body是函数体部分，本质是一段awk程序代码。例如，在程序中需要反复使用多参数加法运算，就可以将这部分写成函数，然后调用，看起来更简洁，可读性更好。

```
$ cat functions.awk
function sum(num1,num2)
{
    return num1+num2
}
BEGIN {
    result = sum(10,20)
    print result
}
$ awk -f functions.awk
30
```

1.5.6 示例

下面给出了几个更复杂的awk编程示例。

示例1：awk程序可以从外部输入参数，这时需要用到特殊变量ARGC和ARGV。例如，有一个test.txt文件，内容如下：

```
$ cat test.txt
1
2
3
4
```

对每行乘上一个指定的数值并输出结果，可以使用如下命令：

```
$ cat test.txt | awk 'BEGIN{ARGC=1;x=ARGV[1]}{print x*$1}' 2
2
4
6
8
```

在这个命令里，ARGC获知有一个输入参数“2”，这个参数值保存在ARGV数组的第一个元素里。在BEGIN语句块将ARGV[1]的值赋给变量x,然后在BODY语句块里将每行的第一列依次乘上x并输出。此外,从这个例子可以看出awk命令是逐行进行处理文件。

示例2:通过这个例子我们来学习不同的特殊变量的含义。首先创建一个"log.txt"文件,其内容如下:

```
$ cat log.txt
2 this is a test
3 Are you like awk
This's a test
10 There are orange,apple,mongo
```

运行如下awk命令:

```
awk 'BEGIN{printf "%4s %4s %4s %4s %4s %4s %4s %4s %4s\n","FILENAME",
    "ARGC","FNR","FS","NF","NR","OFS","ORS","RS";printf "\n"} {printf "%4s %
    4s %4s %4s %4s %4s %4s %4s\n",FILENAME,ARGC,FNR,FS,NF,NR,
    OFS,ORS,RS}'  log.txt
```

可以得到以下输出结果:

```
$ awk 'BEGIN{printf "%4s %4s %4s %4s %4s %4s %4s %4s %4s\n","FILENAME",
     "ARGC","FNR","FS","NF","NR","OFS","ORS","RS";printf "\n"} {printf "%4s %
     4s %4s %4s %4s %4s %4s %4s\n",FILENAME,ARGC,FNR,FS,NF,
     NR,OFS,ORS,RS}'  log.txt
FILENAME ARGC  FNR   FS   NF   NR  OFS  ORS   RS
———————————————————————————————

log.txt    2    1         5    1


log.txt    2    2         5    2


log.txt    2    3         3    3


log.txt    2    4         4    4
```

从结果可以看到,这条awk命令有两个输入参数,一个是awk程序的主体,一个文件名"log.txt"因此参数ARGC为2。因为是一次操作只处理一行指令,所以每条输出分别对应"log.txt"文件的每一行,因此参数FNR的输出分别是1、2、3、4,分别对应各个文件每行的行号。因为使用的是默认的字段分隔符,所以FS的输出为空格。NF为每条记录以字段分隔符分隔后的字段数。NR是从1开始计数的已读出的记录条数,如果只有一个输入文件,那么它的输出和FNR是相同的,都是每行的行号。OFS是输出字段分隔符,默认为空格,因此这里输出也是空格。ORS和RS分别是输出记录分隔符和记录分隔符,二者的默认值均为换行符,因此在每条输出后均有两个空行。

awk程序有两种方式可以修改默认的字段分隔符，一种是在awk命令执行时加上“-F”选项，其后紧跟新的字段分隔符；另一种是在语句块里对FS变量进行设置。例如：

```
$ cat log.txt | awk -F, '{print $1"\t"$2}'
2 this is a test
3 Are you like awk
This's a test
10 There are orange apple
```

```
$ cat log.txt | awk 'BEGIN{FS=","}{print $1"\t"$2}'
2 this is a test
3 Are you like awk
This's a test
10 There are orange apple
```

这两种方式都将字段分隔符换为了“,”，因此只有第四行有三个字段分别为“10 There are orange”“apple”和“mongo”，第一行到第三行都只有一个字段。输出结果如上述输出结果所示。

示例3：awk的命令行执行方式是可以使用模式匹配的，因此可以使用awk来实现对文件内容进行查找并打印特定字符的功能。在终端执行以下命令：

```
awk '$2 ~ /th/ {print $2,$4}' log.txt
```

输出结果如下：

```
$ awk '$2 ~ /th/ {print $2,$4}' log.txt
this a
```

这个功能和grep命令有些相似，但grep是输出整个记录，而这条命令在查找的同时还可以对字段进行处理。

示例四：Crust模型是一种常用的地球结构模型，其输出文件“outcr”的内容如图1.9所示。

```
type, latitude, longitude, elevation:  D8            36.0000  -97.3000  283.0000
crustal thickness, ave. vp, vs, rho:       46.0000    6.2064    3.4575    2.8739
Mantle below Moho: ave. vp, vs, rho:                  8.2000    4.7000    3.4000

 7-layer crustal model (thickness, vp,vs,rho)
   0.0000   1.5000   0.0000   1.0200  water
   0.0000   3.8100   1.9400   0.9200  ice
   1.0000   2.5000   1.2000   2.1000  soft sed.
   2.0000   4.0000   2.1000   2.4000  hard sed.
  16.0000   6.2000   3.6000   2.8000  upper crust
  16.0000   6.6000   3.7000   2.9000  middle crust
  11.0000   7.3000   4.0000   3.1000  lower crust
```

图1.9　Crust模型输出文件outcr示例

在以后学习中，像fk程序、gcap程序都会用到各种速度模型，但会要求特定的输入格式。Crust的输出文件无法直接使用，需要手动进行修改。通过观察outcr文件的特点，可以发现从第六行开始每列分别是厚度、vp、vs和密度。因此，可以使用两条awk命令来实现速度模型格式的转换。

```
cat outcr | awk '{if(NR>5)print $1, $2, $3, $4}' | awk '{if($1!=0.0)print $0}' | awk
        'BEGIN{dep=0.0}{printf("%6.2f %5.2f %5.2f %5.2f\n", dep, $3, $2, $4);
        dep=dep+$1;}' > layered_model.dat
cat outcr | awk '{if(NR==2)dep= $7; if(NR==3)printf("%6.2f %5.2f %5.2f %
        5.2f\n", dep, $9, $8, $10)}' >> layered_model.dat
```

通过第一条awk命令，将行号(*NR*)大于5的每条记录的前四个字段进行输出，然后挑出厚度大于0的记录，并将厚度转换为深度，最后输出地壳每层的深度、vs、vp和密度。由于地幔的深度信息位于第二行第七个字段，因此在第二条命令中将该深度信息赋予变量dep。而速度信息位于第三行，因此在读到第三行记录时输出地幔的深度、vs、vp和密度，并添加到“layered_model.dat”文件的末尾。最终得到的速度文件如下：

```
$ cat layered_model.dat
  0.00  1.20  2.50  2.10
  1.00  2.10  4.00  2.40
  3.00  3.60  6.20  2.80
 19.00  3.70  6.60  2.90
 35.00  4.00  7.30  3.10
 46.00  4.70  8.20  3.40
```

练　习

(1) 创建以你学号为名字的目录。
(2) 创建一个名字为test文件。
(3) 显示test文件的详细信息并把该信息重新定向输入到一个新文件(test1)中。
(4) 用find /etc -name “*.conf”显示/etc下的.conf文件。
(5) 用find /etc| grep “.conf”显示/etc下的.conf文件。
(6) 用find /etc/*.conf显示/etc下的.conf文件。
(7) 在上述命令后加上| wc比较输出的不同。
(8) 用man命令查看本课学到的各条命令。
(9) 查看到现在为止所使用的命令记录，并将记录保存到一个文件中。
(10) 用tar将命令记录文件归档并压缩，并对比不同压缩方式的压缩比。
(11) 从服务器上拷贝本次课讲义到个人目录中。

(12) 写出实现“Hello World!”功能的shell脚本。

(13) 在Shell脚本中使用不同的引号,并观察不同引号的意义。

(14) 输出Shell中的特殊变量。

(15) 写出实现“检查当前目录中是否test文件夹,如果没有则创建,有则输出该文件夹的信息”这一功能的Shell脚本。

(16) 用Shell计算1—50累加求和。

(17) 给一个文件名,判断其是否存在,如存在则拷贝,否则创建一个空文件。

(18) 编写一个脚本,功能:交互式的实现移动、删除还是保留文件。程序需要一个输入参数“y”(移动),“n”(删除)或其他任意字符(保留)。

(19) 遍历当前目录,将其中的目录列出来。

(20) 使用awk命令实现与“grep “th”log.txt”相似的功能。

(21) 使用awk命令实现与“sed 's/i/a/' log.txt ”相似的功能。

(22) 用awk计算1—50累加值。

(23) 有一个统计学生成绩的文本“score.txt”,其内容如下:

```
$ cat score.txt
Marry   2143 78 84 77
Jack    2321 66 78 45
Tom     2122 48 77 71
Mike    2537 87 97 95
Bob     2415 40 57 62
```

请用awk对其进行处理,输出每人的成绩汇总和每门功课的平均分。输出结果示例如下:

```
NAME    NO.   MATH  ENGLISH  COMPUTER   TOTAL
-------------------------------------------------
Marry   2143   78     84       77        239
Jack    2321   66     78       45        189
Tom     2122   48     77       71        196
Mike    2537   87     97       95        279
Bob     2415   40     57       62        159
-------------------------------------------------
 TOTAL:        319    393      350
AVERAGE:       63.80  78.60    70.00
```

参考文献

高俊峰.循序渐进Linux[M].2版.北京:人民邮电出版社,2016.

第2章 GMT绘图

GMT(Generic Mapping Tools)是由Paul Wessel和Walter H. F. Smith联合开发的在地球科学研究领域中最常用的绘图软件之一。该软件从1987年至今已发布多个版本,目前最新的版本号为6.4。目前常用的操作系统,例如,Linux、Windows和MacOS,均有对应的GMT版本,各个系统都有两到三种安装方式。中文手册中有安装步骤的详细介绍,用户可以自行查看。

在地球物理的学习和研究的过程中,经常要绘制各种图片,这些图片里包含地形、行政区划、地震震源机制、台站位置和各类波形数据的曲线等。在准备好数据的情况下,GMT很容易就能绘制出清晰、美观的图片。示例代码如下:

```
#!/bin/bash
gmt begin sta png,pdf
    gmt basemap -JM5c -R-125/-108/32/42 -BWSen -Bxa5 -Bya3
    #gmt grdimage @earth_relief_01m.grd -Cglobe -I+d  #读者可以去掉"#"自行尝试
    #gmt coast -N1/1p -N2/0.25p   #读者可以去掉"#"自行尝试
    saclst stla stlo f *.BHZ.sac | awk '{print $3,$2}' | gmt plot -St0.2c -Gred
    saclst evla evlo f *.BHZ.sac | awk 'END{print $3,$2}' | gmt plot -Sc0.2c -Wblue
    gmt sac *.BHZ.sac -M0.6 -t10 -S500c -C50/700
    saclst stla stlo knetwk kstnm f *.BHZ.sac | awk '{print $3,$2-0.5,$4"."$5}' | gmt
        text -F+f5p,1,blue+jTL
    gmt meca -Sm0.3 -T0/0.1p,red << EOF
-117.58 35.78 12 -0.233 -4.110 4.340 0.508 0.492 0.948 26 2019 Ridgecrest
EOF
gmt end
```

从这个代码中可以看出GMT绘图脚本的基本格式为

```
gmt begin 图片文件名 图片格式
# "#"表示注释
# 其他命令,包括 GMT 绘图命令、数据处理命令以及其他 LINUX 命令
gmt end
```

其中,图片文件名为要生成图片的名字前缀,尽量避免在文件名中使用特殊符号。如未指定,则默认文件名为gmtsession。GMT支持多种图片格式。这些图片格式分为矢量图格式和位图格式。其中矢量图格式推荐使用PDF格式(也是GMT默认的输出图片格式),而位

图格式推荐使用PNG和JPG两种格式。如果是简单的图片(只需要一个GMT命令即可完成的图片),也可以使用和Linux命令类似的命令模式"gmt+模块名+选项+参数"进行绘制。GMT绘制图形的过程有点类似画画,每个模块对应绘制出图形的一部分内容,后面的图片叠加在前面的图片之上。上述的例子中首先绘制的是底图,然后是地形,其次是各种符号,最后是各种曲线。更改绘制顺序可能会导致部分图片因被覆盖而看不见。

上述的例子包含了地球物理中常用的几个GMT模块,这些模块的功能如表2.1所示。

表2.1　地球物理中常用的GMT模块及功能简介

模块名	功　能
basemap	绘制底图
grdimage	绘制网格数据,例如,地形数据等
plot	绘制各种点、线
sac	绘制地震波形记录
text	显示各种文字内容
meca	绘制震源机制球

当然,GMT中的模块远远不止这些,但掌握了这些模块的使用方法,读者就可以绘制出大部分常见的图片。此外,由于GMT各个模块的参数有很多相似之处,在掌握这些模块后,如要使用其他模块,读者也可以通过阅读手册很快掌握。

2.1 基础选项

每个GMT模块都有众多选项。和其他Linux命令类似,每个选项都是以"-"开头,紧接着是代表选项名的字母,以及选项的参数。例如,"-Bxa3"中"-B"是选项,"xa3"是该选项的参数。有一些基础选项,在所有GMT模块中的功能相同。在同一个图件中,这些基础选项可以继承,如上节示例,因为"basemap"模块中已经对一些选项和参数进行了设置,后续的模块如无必要可以不设置。下面将对其中一些常用的选项进行介绍。

2.1.1 -J选项

该选项用于指定坐标变换方式或地图投影方式。GMT支持30多种坐标变换或投影方式。这些投影方式可以分为三大类:笛卡尔投影、极坐标投影和地图投影。对地球物理来说比较常用的是笛卡尔投影和地图投影。表2.2给出了几个常用的投影代码。

表2.2　常用的投影方式的代码及说明

选　项	说　明
-JM[lon0/[lat0/]]width	墨卡托投影。其中,lon0和lat0分别指定绘图中心经线和标准纬线。lon0默认为地图区域中心。lat0默认为赤道,而且必须和lon0同时指定。Width为地图宽度,而地图的高度根据-R和-J选项自动确定

续表

选　项	说　明
－JXwidth[l|pexp|T|t][/height[l|pexp|T|t]][d]	笛卡尔坐标变换。该变换分为三类:线性坐标、对数坐标(以10为底)、指数坐标。 其中,width和height分别指定图件的宽度和高度。如只给定一个,则图件的长宽相同。正常情况下,x轴是向右递增,y轴是向上递增,如需改变坐标轴的方向,则将相应的轴的长度设为负值即可。例如,“－JX5c/－6c”即将y轴设为向下递增
－JH[lon/]width	等面积Hammer投影。其中,lon是中心经线,默认为地图区域的中心。Width指地图宽度
－JPwidth[＋a][＋f[e|p|radius]][＋roffset][＋torigin][＋z[p|radius]]]	极坐标投影。其中,width指定图的宽度。＋a指定输入数据是相对北方向顺时针旋转的角度,否则是相对东方向逆时针旋转的角度。＋roffset表示r轴的偏移量,即不将r=0置于圆心。＋torigin将整个坐标轴旋转origin指定的角度。＋z将r轴指定为深度而不是半径,即$r = radius - z$

2.1.2　－R选项

该选项用于绘制指定的数据范围或地图区域。该选项参数的常用指定方式有两种：

(1) －Rxmin/xmax/ymin/ymax

分别给定x和y轴的最小值(xmin,ymin)和最大值(xmax,ymax)。例如,－R0/100/－10/10表示x轴的范围是0到100,y轴的范围是－10到10。

(2) －Rxlleft/ylleft/xuright/yuright＋r

通过给定矩形区域的左下角坐标(xlleft,ylleft)和右上角坐标(xuright,yuright)来指定数据范围。例如,－R0/100/－10/10＋r。在倾斜的地图投影中,由于经线和纬线可能不再是直线,使用这种方式可以保证底图形状为矩形。

在拿到数据后,如果不确定数据的范围,GMT提供的info模块可用于查看数据的范围。该模块的命令格式如下：

```
gmt info [－C][ －I[b|e|f|p|s]dx[/dy[/dz…][＋e|r|R]] 数据文件名
```

其中,－C选项会分别输出每列的最小值和最大值。－I选项会将最值调整为指定增量dx/dy/dz的最近倍数,然后按－Rw/e/s/n的格式输出。－I选项的输出可以直接作为其他gmt模块的参数。

例如,为确定台站经纬度坐标的范围可以使用如下命令：

```
$ saclst stlo stla f *.z | awk '{print $2, $3}' | gmt info －C
```

```
98.0709 104.73    22.5524   30.0101
```

然后将info模块的输出分别赋值给－R选项。也可以为

```
$ saclst stlo stla f *.z | awk '{print $2, $3}' | gmt info －I1
－R98/105/22/31
```

2.1.3 －B 选项

该选项用于设置底图边框和坐标轴的属性。如果命令中没有－B选项，则不绘制边框和底图。此外，－B选项有两套语法。这两套语法分别对应边框和轴的属性。因此，在同一条命令中可能会多次使用－B选项。

2.1.3.1 边框属性

边框属性会设置需要绘制的坐标轴、背景填充以及图的标题。语法格式如下：

```
－B[axes][＋b][＋gfill][＋i[val]][＋n][＋olon/lat][＋ssubtitle][＋ttitle][＋w[pen]][＋xfill]
    [＋yfill][＋zfill]
```

其中对地球物理专业学生而言，最重要也最常用的两个参数是axes和＋ttitle。axes参数控制底图需要绘制那些边以及这些边是否有刻度(图2.1)。axes的格式为

"WSENZ[1234]wesez[1234]lrbtu"

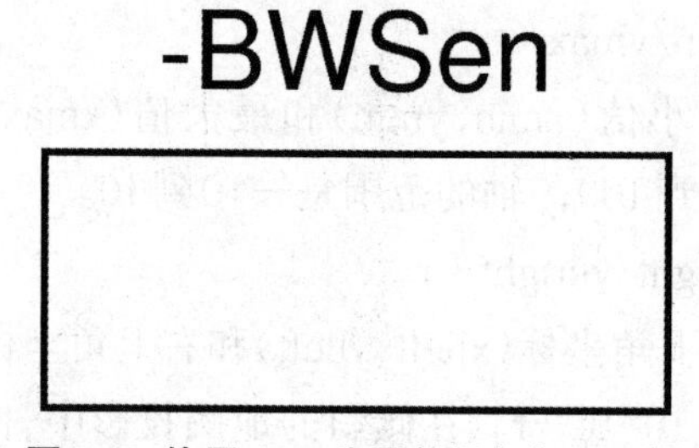

图2.1　使用-B+t为图件添加标题示例

对于二维图形，常用的组合如下：

① －BWS：未出现EN表示不绘制右边和上边的坐标轴；

② －BWSEN：四边都绘制，且有刻度和标注；

③ －BWSen：四边都绘制，但右边和上边坐标轴只有刻度无标注；

④ －BWSrt：四边都绘制，但右边和上边坐标轴无刻度无标注。

⑤ ＋ttitle参数指定当前地图的标题。

示例代码如下：

```
gmt basemap －JX5c/2c －R0/5/0/2 －BWSen＋t"－BWSen" －png base1
```

需要注意的是，边框属性需配合坐标轴属性才能显示数坐标轴的刻度。

2.1.3.2　轴属性

每条坐标轴都有很多属性，这些属性包括标注间隔、刻度间隔、网格线间隔和轴标签等，其设置的语法如下：

```
-B[p|s][x|y|z]intervals[+aangle|n|p][+e[l|u]][+f][+l|Llabel][+s|Sseclabel][+pprefix]
    [+uunit]
```

其中最常用的参数设置为[x|y|z]intervals、[+aangle] 和[+l|Llabel]。[x|y|z]指定要设置属性的轴，默认为x、y、z轴。如果需要对每个轴设置不同的属性，需使用多次-B分别进行设置。Intervals是一个或多个 [a|f|g]stride[phase][unit] 的组合。其中a表示标注(annotation)、f表示刻度(frame)、g表示网格线(grid)。Stride设置间隔的具体值，如设为0，表示不绘制。Phase用于设置标注的偏移量，加上正负号表示偏移的方向。Unit为间隔的单位，一般在坐标为时间轴时使用。[+aangle] 有用设置标注的倾斜角度，angle值相对水平方向旋转的角度，范围为-90°—90°。[+llabel]为指定轴加标签，label为标签的文字，该参数仅适用于笛卡尔轴。其中x轴的标签文字方向默认平行x轴，y轴标签默认平行y轴。如要使y轴标签平行x轴，需使用[+Llabel]。在下面的示例中，将x轴的标注设为1，刻度设为0.5，网格线设为0.2，且标注的旋转了-30°。而y轴只将网格线设为了0.2，但设置了标签"y label"。效果如图2.2所示。

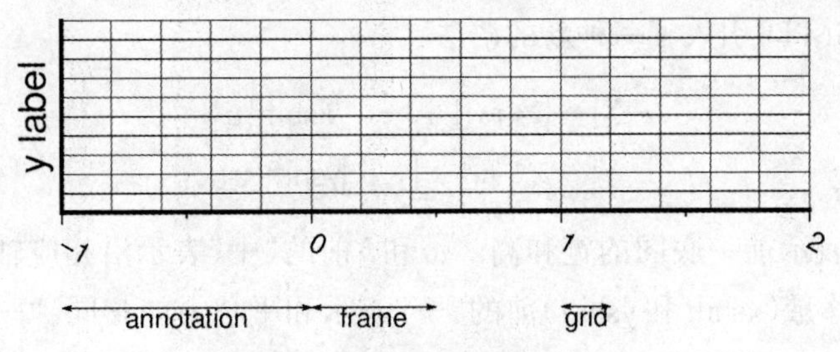

图2.2　不同的轴属性示例

这里以x轴为例，设置了标注、刻度和网格线，同时将标注旋转了-30°

示例脚本如下，其中的plot和text用法在后面的章节中会详细介绍。

```
gmt begin interval png
    gmt basemap -JX8c/2c -R-1/2/0/2 -BWS -Bxa1f0.5g0.2+a-30 -Byg0.2+
       l"y label"
    gmt plot -Sv0.1c+s+b+e -Gblack -N << EOF
-1  -1    0    -1
0    -1    0.5  -1
1    -1    1.2  -1
EOF
    gmt text -F+f8p+jTC -N << EOF
-0.5    -1  annotation
0.25    -1  frame
```

```
1.1    -1 grid
EOF
gmt end
```

2.1.4 －X 和－Y 选项

这两个选项分别用于控制新绘图原点相对原绘图原点沿x和y轴的偏移量。如果需要在一张图上绘制多个子图,可以使用GMT提供的子图模式来构建相对简单的子布局子图或者使用－X和－Y选项移动子图的底图原点的位置来构建更为复杂的布局子图。这两个选项的用法类似,语法格式如下:

```
-X/Y[a|c|f|r][xshift[u]]
```

其中,xshift是新原点相对当前原点的偏移量。u为偏移量的单位。a表示在移动到新原点绘制完图形后将原点恢复到旧原点。c表示将原点放置于整张纸的中心,并在此基础上平移原点。f表示在纸张左下角的基础上沿着相应坐标轴方向进行平移。r表示从当前位置开始平移到新原点。然而,在实际绘图过程中偏移量的大小与前一张图的大小密切相关,这样使用起来并不方便。GMT6引入了一种新的语法:

```
-X[+|-]w[[+|-|/]xshift[u]]
-Y[+|-]h[[+|-|/]yshift[u]]
```

其中,w和h分别表示前一底图的宽和高。w和h前的"＋"表示沿相应轴上移,"－"表示沿相应轴下移。偏移量(xshift和yshift)前的"＋"表示和平移方向相同,"－"表示和平移方向相反,"/"表示。需要注意的是,新语法所有的平移都是基于前一底图原点。以X轴为例,有以下几种参数组合:

① －Xw2c:在前一底图原点的基础上,沿X轴向右平移前一底图宽度＋2 cm;
② －Xw－2c:在前一底图原点的基础上,沿X轴向右平移前一底图宽度－2 cm;
③ －X－w1c:在前一底图原点的基础上,沿X轴向左平移前一底图宽度＋1 cm;
④ －X－w－1c:在前一底图原点的基础上,沿X轴向左平移前一底图宽度＋1 cm;
⑤ －Xw/2:在前一底图原点的基础上,沿X轴向右平移前一底图宽度/2。

例如,要在一张图纸上绘制四个图形,实现类似如图2.3所示效果,可以参考以下代码:

```
gmt begin xyshift png
gmt basemap -JX5c/2c -R0/5/0/2 -B1 -B+t"origin"
gmt basemap -B1 -B+t"-X+w+2c" -X+w+2c
gmt basemap -B1 -B+t"-Y+h+3c" -Y+h+3c
gmt basemap -B1 -B+t"-X-w-2c" -X-w-2c
gmt end show
```

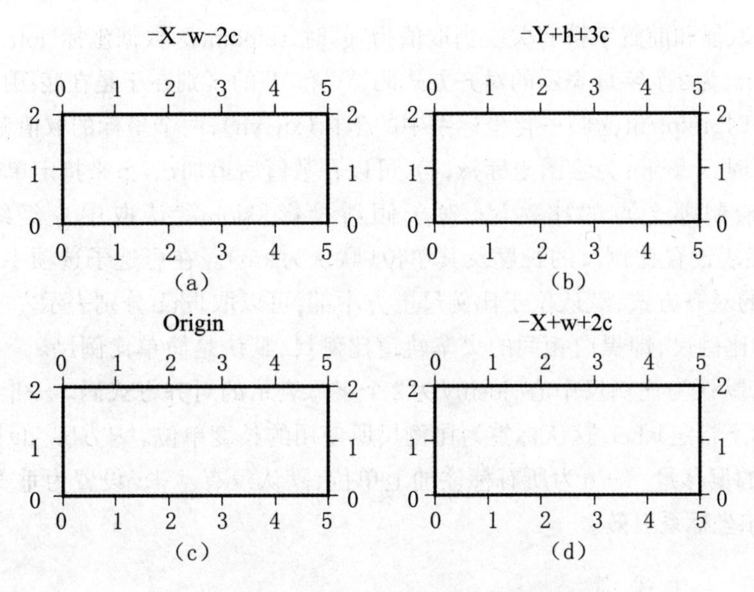

图2.3　使用-X和-Y选项实现2x2子图示例

2.2 底图绘制

2.2.1 Basemap 模块

该模块主要利用－J和－B选项来绘制各种空白底图，为后期绘图做准备。该模块的语法如下：

```
gmt basemap －Jparameters －Rwest/east/south/north[/zmin/zmax][＋r][＋uunit]
    [ －A[file] ] [ －B[p|s]parameters ] [ －Fbox ] [ －Jz|Zparameters ] [ －Lscalebar ]
    [ －U[stamp] ] [ －Trose ] [ －Tmag_rose ] [ －V[level] ] [ －X[a|c|f|r][xshift] ]
    [ －Y[a|c|f|r][yshift] ] [ －fflags ] [ －pflags ] [ －ttransp ] [ －－PAR＝value ]
```

该模块的选项多为基础选项，在前一小节中已有介绍，这里主要介绍－L选项和－T选项。

2.2.1.1　－L 选项

因为在地理坐标中一般使用经纬度作为轴坐标，直接从图上读取距离值不太方便，而使用－L选项就可以在底图上绘制一个比例尺以方便读取距离。该选项的语法格式如下：

```
－L[g|j|J|n|x]refpoint＋c[slon/]slat＋wlength[e|f|k|M|n|u][＋aalign][＋f][＋jjustify][＋l[label]]
    [＋odx[/dy]][＋u][＋v]
```

该选项中前三个子选项是必须选项。其中，[g|j|J|n|x]refpoint 设置地图上的参考点。参

数refpoint的取值和前置字符有关。当取值为“g”时，refpoint为数据坐标(lon，lat)；当取值为“j|J”时，refpoint为2个字母表示的对齐方式码，“j”和“J”的区别在于是在底图内还是底图外，当取值为“n”时，refpoint为归一化坐标系中的坐标(xn，yn)，两个坐标的取值范围均为[0，1]；当取值为“x”时，refpoint为绘图坐标(x，y)，可以在数值后追加c、i、p来指定单位。＋c[slon/]slat指定要绘制那个点的比例尺，对于倾斜投影，slon默认取中央经线。＋wlength[e|f|k|M|n|u]代表设置比例尺的长度及其单位(默认为km)。在可选子选项中，＋aalign修改比例尺标签的对齐方式，默认位于比例尺上方中部，可以取l|r|t|b分别表示左右上下。＋f设定绘制fancy比例尺，即黑白相间的火车轨道比例尺，默认是简单比例尺。＋jjustify设置比例尺的锚点，默认为比例尺中心，justify为2个字母表示的对齐方式码。＋l[label]设置比例尺的标签，如不指定label，默认标签为比例尺所使用的长度单位。＋odx[/dy]设置在参考点基础上额外的偏移量。＋u为所有标注加上单位，默认没有。＋v设置为垂直比例尺，该选项仅对笛卡尔坐标系有效。

2.2.1.2 －T 选项

在各种地图上经常会看到方向玫瑰图，这个就需要用到－T选项。该选项的语法格式为

```
－Td[g|j|J|n|x]refpoint＋wwidth[＋f[level]][＋jjustify][＋lw,e,s,n][＋odx[/dy]]
```

该选项的子选项中，[g|j|J|n|x]refpoint，＋jjustify和＋odx[/dy]的意义和用法和－L选项中相同。＋wwidth设置方向玫瑰图的宽度。＋f[level]设置fancy玫瑰图的类型，level表示不同类型的玫瑰图，其取值有三种，当取值为1时，绘制E－W和N－S四个方向；当取值为2时，绘制8个方向；当取值为3时，绘制16个方向。＋lw、e、s、n设置四个方向的标签，默认为W、E、S、N四个表示方向的字母，四个方向标签之间需用逗号隔开，若为空则表示不加标签。例如，＋lw、e、s、n表示四个方向分别加上小写字母w、e、s、n作为标签。＋l“，，Down，Up”表示东西不加标签，只在上下加上“Down”和“Up”作为标签。

例如，在底图上添加比例尺和方向玫瑰图，效果如图2.4所示。

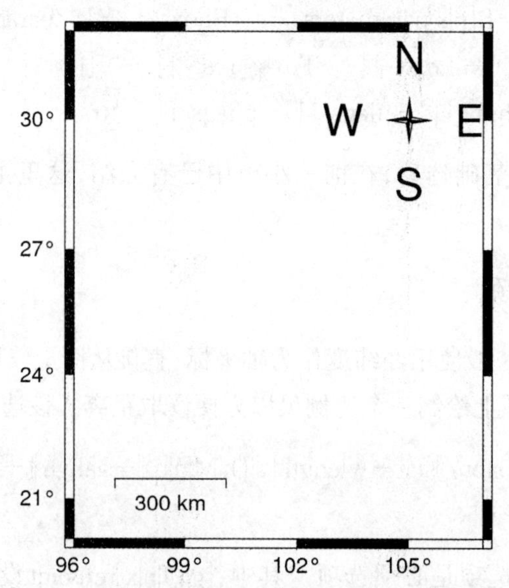

图2.4　在底图上添加比例尺和方向玫瑰图示例

示例代码如下：

```
gmt begin base png
   gmt basemap －JM8c －R96/107/20/32 －BWSen －Bxa3 －Bya3 －Ln0.1/0.1＋
      jBL＋c26＋w300 －Tdg105/30＋w0.8c＋l＋f1
gmt end
```

2.3 地图绘制

2.3.1 Coast 模块

该模块用于在地图上绘制海岸线、国界线和河流等水系。海岸线、国界线和河流等数据来自GMT自带的GSHHG数据和DCW数据。除了绘制到地图上，也可以裁剪陆地区域或水域，并将其数据导至文件中。

2.3.1.1 －A 选项

在绘制湖泊时，如果所有湖泊均绘制，会导致图形杂乱。使用该选项可以设置一个阈值，面积数值小于该阈值的湖泊和岛屿将不进行绘制。该选项基于GSHHG的数据进行海岸线绘制等。该选项的语法为

```
－Amin_area[/min_level/max_level][＋a[g|i][s|S]][＋l|r][＋ppercent]
```

其中，min_area是必选参数，当湖泊面积小于min_area(km^2)将不进行绘制。[min_level, max_level]设置绘制的湖泊级别范围，湖泊级别取值范围为0—4。默认值为0/0/4，表示绘制0到4级所有级别的面积大于0的湖泊。子选项＋l|r分别表示自绘制常规湖和只绘制河流。＋a[g|i][s|S]设置南极洲海岸线的绘制方式。由于冰层的存在，其海岸线处理方式有多种。其中，＋ai使用冰壳边界(ice shell boundary)作为南极洲海岸线，默认值；＋ag使用冰接地线(ice grounding line)作为海岸线；＋as忽略南纬60°以南的海岸线，用户自行绘制南极洲海岸线；＋aS忽略南纬60°以北的海岸线。＋pprecent设置一个比例percent％，去除那些面积小于最高精度面积百分比的海岸线细节。

2.3.1.2 －D 选项

该选项设置海岸线数据的精度：

```
－Dresolution[＋f]
```

其中，resolution指定海岸线的精度。GMT自带的GSHHG海岸线数据有5个不同精度的版本，从高到低依次为：full、high、intermediate、low和crude。GMT默认使用低精度数据。因此，resolution可以设为f|h|i|l|c，即5种不同的数据精度，也可以设为a，表示GMT会根据当前

绘图区域的大小自动选择合适的数据精度(默认值)。+f代表在找不到指定精度的数据时会强制命令自动替换为更低精度的数据。

2.3.1.3 －N 选项

该选项设置要绘制的政治边界。其语法格式如下：

```
-Nborder[/pen]
```

其中,border指定边界类型,有四种可选值,1表示国界;2表示州界;3表示海洋边界;4表示使用全部三种边界。Pen参数设置和plot中一样,默认为default,black,solid。此外该选项在同一命令中可以重复使用,这样可以为不同边界指定不同画笔属性。

2.3.1.4 －C 选项

该选项用于设置湖泊和河流的颜色。其语法格式如下：

```
-Cfill[+l|+r]
```

其中,fill是填充的颜色。默认情况下,湖泊与河流会被当做wet区域,直接使用－S选项指定的颜色。+l|r分别为湖泊或河流单独指定颜色。

2.3.1.5 －G 选项

该选项设置dry区域的填充色或裁剪dry区域。其语法格式如下：

```
-Gfill
```

其中,fill为dry区域(一般指陆地)的填充色,若不指定则将会将dry区域裁剪出来,后续绘图过程中只会绘制dry区域。

2.3.1.6 －S 选项

该选项和－G类似,只是该选项针对的是wet区域。

2.3.1.7 －W 选项

该选项设置要绘制的岸线级别和线型。其语法格式为

```
-W[level/]pen
```

其中,pen是必须参数,和plot中类似。Level指定海岸线的等级,GMT中岸线分为四个等级,即level的取值范围为1—4。取值为1时,绘制海岸线;取值为2时,绘制湖泊与陆地的岸线;取值为3时,绘制岛的岸线;取值为4时,绘制岛中湖与陆地的岸线。不使用－W选项即不绘制任何岸线,也可以多次使用不同画笔属性。

例如,绘制北美地区的海岸线、国家、州界、湖泊等信息,绘制的图片中面积大于1000 km^2的湖泊(蓝色),陆地显示为浅黄色,海洋区域显示为浅蓝色。

示例代码如下：

```
gmt coast -R-130/-50/20/55 -JM10c -Baf -Slightblue -Glightbrown -A1000
    -W1/1p,black -W2/0.5p,blue -Cblue -N1/1p -N2/0.25p -png coast
```

2.3.2 Grdimage 模块

该模块将读入的各种网格数据绘制成彩色图层。绘制过程中会在每个网格点绘制小矩形然后根据Z值填充颜色，从而形成彩色图层。网格数据可以只包含Z数据的网格文件(grd_z)，也可以是GDAL支持的图片文件(img)，还可以是分别包含red、green、blue三个值的网格文件(grd_r、grd_g、grd_b)。如果用户需要绘制自行生成的xyz数据，可以使用xyz2grd转换成grd文件。对于全球地形起伏数据，GMT提供了一套该数据供用户使用，用户可以使用@earth_relief_xxx的方式调用不同精度的地形图，其中，xxx指定数据精度。表2.3列出了不同的数据文件及其精度的信息。

表2.3 GMT提供的全球地形起伏数据情况表

地形数据名	精度	大小	说　明
earth_relief_60m	60 arcmin	112 KB	ETOPO1高斯球面滤波得到
earth_relief_30m	30 arcmin	377 KB	ETOPO1高斯球面滤波得到
earth_relief_20m	20 arcmin	783 KB	ETOPO1高斯球面滤波得到
earth_relief_15m	15 arcmin	1.4 MB	ETOPO1高斯球面滤波得到
earth_relief_10m	10 arcmin	2.9 MB	ETOPO1高斯球面滤波得到
earth_relief_06m	6 arcmin	7.5 MB	ETOPO1高斯球面滤波得到
earth_relief_05m	5 arcmin	11 MB	ETOPO1高斯球面滤波得到
earth_relief_04m	4 arcmin	16 MB	ETOPO1高斯球面滤波得到
earth_relief_03m	3 arcmin	28 MB	ETOPO1高斯球面滤波得到
earth_relief_02m	2 arcmin	58 MB	ETOPO2v2冰层表面
earth_relief_01m	1 arcmin	214 MB	ETOPO1冰层表面
earth_relief_30s	30 arcsec	778 MB	SRTM30＋
earth_relief_15s	15 arcsec	2.6 GB	SRTM15＋
earth_relief_03s	3 arcsec	6.8 GB	SRTM3S
earth_relief_01s	1 arcsec	41 GB	SRTM1S
srtm_relief_03s	3 arcsec	6.8 GB	SRTM3S(仅限陆地)
srtm_relief_01s	1 arcsec	41 GB	SRTM1S(仅限陆地)

@earth_relief_xxx方式在绘图时需要联网，有时会比较慢，可以提前把地形数据下载下来，然后保存到“安装路径/share/gmt/data”目录中，这样再次调用时就可以不加@，直接以earth_relief_xxx.grd的方式读取本地地形数据。但不建议下载1 arcmin和3 arcsec的数据，因为这两套数据不仅占用磁盘空间大，而且GMT将这两套数据分成多个小块保存在不同文件中。在该模块的众多选项中，除了基础选项，还有两个比较常用的选项，－C和－I。

2.3.2.1 －C 选项

该选项的功能为指定配色板。其语法格式如下：

```
－C[cpt | master[＋i⟨dz⟩] | color1,color2[,color3,...]]
```

Grdimage 模块提供两种配色板(CPT)方案,第一种,直接使用GMT自带的CPT文件名,此时GMT会自动根据网格文件中的Z值范围将对指定的CPT进行重采样,如设置了＋i⟨dz⟩则按dz为间隔重采样,从而得到新的连续CPT文件。第二种,可以指定一系列的颜色(color1,color2[,color3,...])从而构建一个连续的CPT文件。

2.3.2.2 －I 选项

该选项设置光照效果,使图片看起来更为立体。该选项的语法为

```
－I[⟨intensgrid⟩|⟨value⟩|⟨modifiers⟩]
```

该模块提供三种光照效果：

① Intensgrid设置一个Z值范围(－1,1)的网格文件,该文件可以用grdgridient生成。

② Value指定一个常数作为光照强度。

③ Modifiers为“＋d”或“＋a⟨azimuth⟩＋n⟨args⟩＋m⟨ambient⟩”,该方式不需要提供光照文件而是调用grdgradient计算输入的梯度作为光照文件。当为“＋d”时,相当于使用grdgradient 加参数＋a－45＋nt1＋m0 进行计算。当为“＋a⟨azimuth⟩＋n⟨args⟩＋m⟨ambient⟩”时,用户自行指定光源的方位角(azimuth),各点通过指定算法计算得到光照的归一化强度(args)和各点的反光强度(ambient)。多数情况下,使用“－I＋d”就够用了。

例如,可以使用下载好的本地地形数据,利用grdimage绘制出中国的地形起伏。

示例代码如下：

```
gmt grdimage  earth_relief_05m.grd  －JM10c  －R70/140/10/55  －Baf  －BWSen
   －Cglobe －I＋d －png china
```

2.4 数据绘制

2.4.1 Plot 模块

该模块可用于在图上绘制线段、多边形和符号。是画线还是符号取决于是否使用了－S选项。除了－J和－R选项,该模块其他选项都是可选选项,主要用于美化图形。常用的选项有－W、－G和－S。下面将分别介绍。

2.4.1.1　－W 选项

该选项用于设置线段或符号轮廓的画笔属性。其语法如下：

```
－W[pen]
```

其中，pen由一组描述线条的线宽、颜色和线型的字符组成，三者之间用逗号隔开。主要用于修改线条的宽度、颜色、线型(例如点线、虚线、点划线等)。线宽一般用“宽度值＋单位”的方式指定。GMT线宽的单位有p(1/72 inch)、c(cm)和i(inch)，默认线宽为1p。GMT提供了五种指定线条颜色的方式：颜色名、RGB值、HSV值、CMYK值和灰度值。最常用、最直观的方式是直接使用颜色名指定颜色。常见的颜色有white、black、red、orange、yellow、green、cyan、blue、magenta、gray(或grey)和brown等。此外，除了white和black，其他常见颜色名还可以加上前缀light或dark，以表示浅色和深色。比如 lightblue、blue、darkblue分别表示浅蓝、蓝色和深蓝。默认的线条颜色为black。常用的线型有：“.”(点线)，“－”(虚线)，solid(实线)，dashed(虚线，等效于“－”)，dotted(点线，等效于“.”)，dashdot(划点线，等效于“－.”)和dotdash(点划线，等效于“.－”)。如果需要为线条指定更复杂的属性，可以在－W选项后加上额外的选项，详见GMT手册。如图2.5所示，可以使用各种组合来绘制曲线。

图2.5　plot命令中不同的组合构成不同的线型示例

示例代码如下：

```
gmt begin line png
   gmt plot －JX5c/3c －R0/5/0/3 << EOF
0 0.1
5 0.1
EOF
   gmt text －F+jML －N << EOF
5.1 0.1 default
EOF
   gmt plot －Wgreen << EOF
0 1.1
5 1.1
EOF
   gmt text －F+jML －N << EOF
5.1 1.1 green
```

```
EOF
    gmt plot -W2p,red,- << EOF
0 2.1
5 2.1
EOF
    gmt text -F+jML -N << EOF
5.1 2.1 2p,red,-
EOF
gmt end
```

2.4.1.2 －G 选项

该选项功能为设置符号或多边形的填充色。语法格式为

```
-Gfill
```

其中,fill代表指定要填充的颜色。如多段数据中数据段的头部位置记录中含有－G选项,那么该选项会覆盖命令行中的设置。

例如,绘制完三角形后需要将内部填充为红色(图2.6,彩图见书后插页)。需要注意的是,－G选项只设定填充区域的颜色,围绕填充区域线条的颜色需要用－W选项来设置。

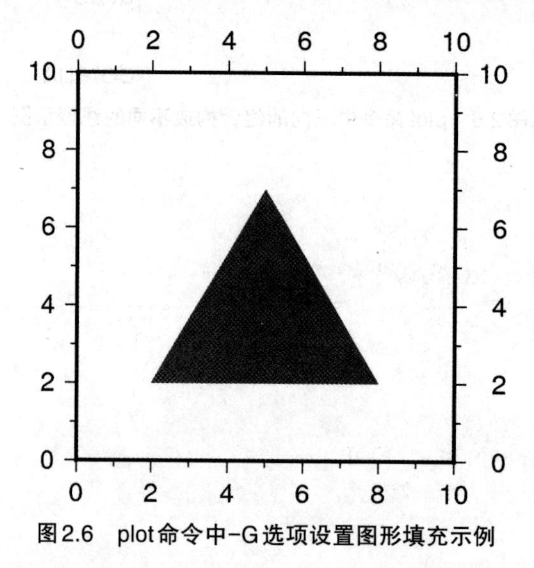

图2.6　plot命令中-G选项设置图形填充示例

示例代码如下:

```
gmt plot -JX6c -R0/10/0/10 -Baf -Gred -png line1 << EOF
2 2
8 2
5 7
EOF
```

2.4.1.3　－S选项

该选项用于绘制各种符号，其语法格式为

－S[〈symbol〉][〈size〉[〈u〉]]

其中，〈symbol〉指定了符号类型，〈size〉代表符号的大小，〈u〉代表符号大小的单位。不同的符号类型，需要输入的数据格式也不同，但可以统一写成（用 ... 代表某符号特有的输入列）：

X　Y　...

GMT提供了14种常用的简单符号供用户选择（如表2.4所示）。

表2.4　plot命令中常用的符号及说明

符号	说　　明
－S－	短横线，〈size〉为短横线的长度
－S＋	加号，〈size〉为加号的外接圆的直径
－Sa	五角星（star），〈size〉为外接圆直径
－Sc	圆（circle），〈size〉为圆的直径
－Sd	菱形（diamond），〈size〉为外接圆直径
－Sg	八边形（octagon），〈size〉为外接圆直径
－Sh	六边形（hexagon），〈size〉为外接圆直径
－Si	倒三角（inverted triangle），〈size〉为外接圆直径
－Sn	五边形（pentagon），〈size〉为外接圆直径
－Sp	点，不需要指定〈size〉，点的大小始终为一个像素点
－Ss	正方形（square），〈size〉为外接圆直径
－St	三角形（triangle），〈size〉为外接圆直径
－Sx	叉号（cross），〈size〉为外接圆直径
－Sy	短竖线，〈size〉为短竖线的长度

对于表2.4中的符号，输入数据中不需要额外的列。此外，对于小写符号 acdghinst，〈size〉表示外接圆直径；对于大写符号ACDGHINST，〈size〉表示符号的面积与直径为〈size〉的圆的面积相同。基本上这些简单符号就足以满足大多数图形的绘制要求，如需使用更复杂的符号，如椭圆（－Se）、圆弧（－Sm）等请参考GMT手册。

如果数据文件中只有两列，那默认这两列分别是x轴和y轴的坐标，使用－S选项指定的符号来绘制。但如果需要在一个plot命令中绘制大小、颜色和符号都有变化的图形时，－S选项后就无须指定符号信息，只需要输入相应的信息，这时输入数据的格式为

X Y Z size symbol

其中，第一、二列还是x和y轴的坐标，而第三列是符号填充的颜色，第四列为符号的大小，最后一列为符号的类型。

例如，将14种常用的简单符号使用不同的颜色和大小绘制出来，效果如图2.7所示。

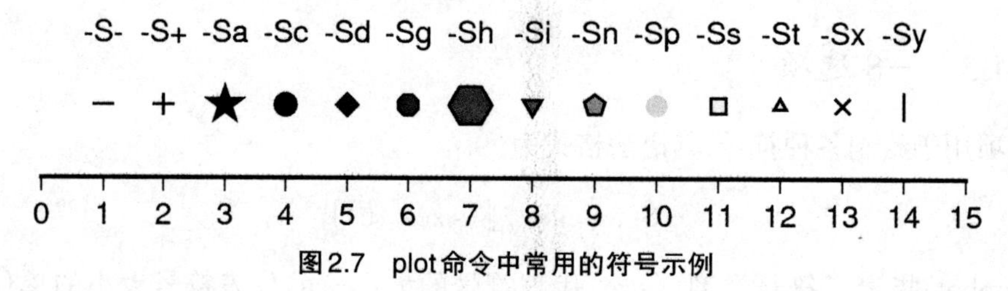

图2.7　plot命令中常用的符号示例

示例代码如下：

```
gmt begin symbol png
gmt makecpt -Chot -T0/13/1
gmt plot -R0/15/0/3 -JX13c/3c -BS -Bxa1 -S -W1p,black -C << EOF
1 1 0 0.3 -
2 1 1 0.3 +
3 1 2 0.5 a
4 1 3 0.3 c
5 1 4 0.3 d
6 1 5 0.3 g
7 1 6 0.6 h
8 1 7 0.3 i
9 1 8 0.3 n
10 1 9    p
11 1 10 0.3 s
12 1 11 0.2 t
13 1 12 0.3 x
14 1 13 0.4 y
EOF
gmt text << EOF
1 2 -S-
2 2 -S+
3 2 -Sa
4 2 -Sc
5 2 -Sd
6 2 -Sg
7 2 -Sh
8 2 -Si
9 2 -Sn
10 2 -Sp
11 2 -Ss
```

```
12 2 -St
13 2 -Sx
14 2 -Sy
EOF
gmt end
```

2.4.1.4　-l选项

该选项功能是为绘制的线条或符号添加图例，以解释不同的数据。尽管GMT提供了专门的legend模块添加图例，但-l选项对初学者而言可能更容易使用一些。该选项的语法为

```
-llabel
```

其中，label指定当前线段或符号的图例标签。默认情况下，图例都绘制于图的右上角。

例如，有一条断层、一个地震事件和几个台站需要绘制。效果如图2.8所示(彩图见书后插页)。

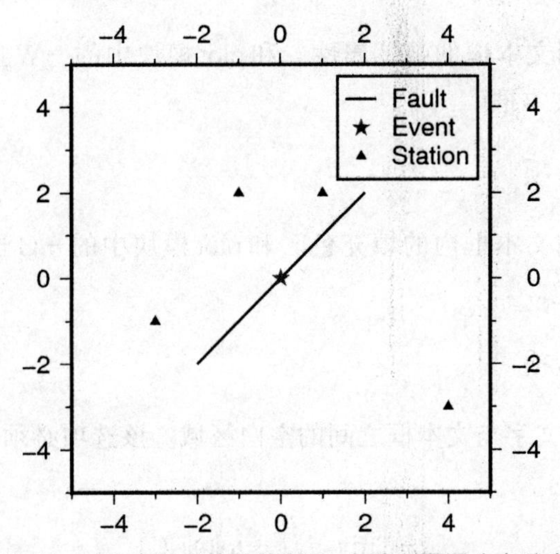

图2.8　使用plot命令绘制简单的断层、台站和震源分布示意图示例

示例代码如下：

```
gmt begin slegend png
gmt basemap -R-5/5/-5/5 -JX7c -Baf
gmt plot -W1p,black -l"Fault" << EOF
-2 -2
2 2
EOF
echo 0 0 | gmt plot -Gred -Sa0.3c -l"Event"
gmt plot -Gblue -St0.2c -l"Station" << EOF
```

```
1     2
-1  2
-3  -1
4     -3
EOF
gmt end
```

2.4.2 Text 模块

该模块用于在图件上绘制各种字符串。和plot类似，除了－J和－R选项，其他选项都是可选选项，用于美化、修饰输出文本。比较常用的选项有－W、－G、－C、－F和－N选项。输入数据中至少包含三列，即x和y轴坐标以及要输出的文字。输入数据格式如下：

```
X  Y  text
```

2.4.2.1 －W 选项

该选项功能为控制文本框的画笔属性。和plot模块中的－W选项类似。如缺失该选项，则文字周围不绘制文本框。

2.4.2.2 －G 选项

该选项功能为控制文本框内的填充色。和plot模块中的－G选项类似。如缺失该选项，则文本框内无填充色。

2.4.2.3 －C 选项

该选项功能为控制文字与文本框之间的空白区域。该选项必须和－W或－G选项一起使用。其语法格式如下：

```
-C[dx/dy][+to|O|c|C]
```

其中，dx和dy分别指文字到文本框沿x轴和y轴的距离。其值可以是具体值也可以是当前字号的％。默认值为字体大小的15％，例如－C1c/1c或－C20％/30％。该选项可以使用＋t进一步控制文本框的形状。＋to表示文本框为直角矩形（默认值），＋tO为圆角矩形，＋tc/C分别为凹矩形和凸矩形（这两个选项需与－M选项一起使用）。

例如，可以使用text和plot绘图来显示－C选项参数的意义，效果如图2.9所示。

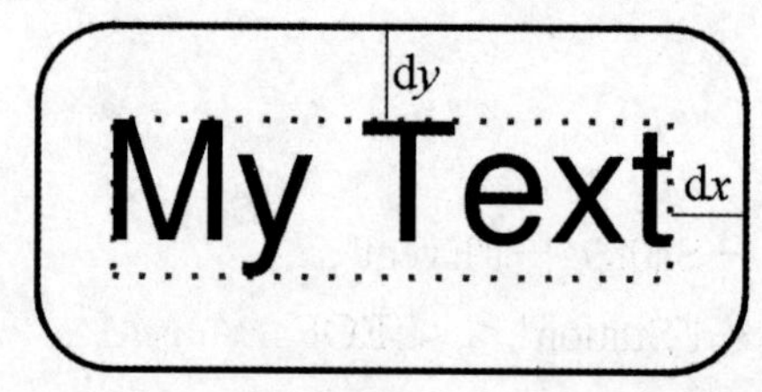

图2.9 text绘制文字时，－C选项参数示意图

示例代码如下：

```
gmt begin text png
gmt basemap -JX7c/4c -R0/6/0/4
gmt text -F+f30p -W1p,black -C0.5c/0.6c+tO << EOF #圆角矩形文本框
3 2 My Text
EOF
gmt text -F+f30p -W1p,blue,. -C0 << EOF    #蓝色,直角矩形文本框
3 2 My Text
EOF
gmt plot << EOF
3 3
3 2.4
>
4.6 1.8
5   1.8
EOF
gmt text -F+f6p << EOF
3.15   2.7   dy
4.78   2.0   dx
EOF
gmt end
```

2.4.2.4 -F 选项

该选项功能可以为文字设置提供更为丰富的属性，比如文字大小、字体、文字颜色以及文字旋转角度等。该选项可提供三个常用的选项，其中：

① +f设置文本的属性。文本的属性包含文字大小、字体和颜色，三者之间用逗号分隔。GMT默认支持35种字体，用户可以使用gmt text -L查看字体名称及其对应的字体编号。例如，-F+f16p,1,red即表示将文本属性设为文字大小16p，字体为1号，颜色为红色。

② +a设置文本旋转角度。以+j中确定的对齐点逆时针进行旋转。

③ +j设置文本对齐方式。文本的对齐方式由水平对齐方式和垂直对齐方式共同决定。其中，水平对齐方式有左对齐(Left)、居中对齐(Center)和右对齐(Right)三种。垂直对齐方式有顶部对齐(Top)、居中对齐(Middle)和底部对齐(Bottom)三种。由水平和垂直对齐的方式进行排列组合，最终得到9种对齐方式。例如，-F+jTL表示左上角对齐。

对于同一条命令，如果输入的多个文本的属性相同，可以直接在-F选项中进行设置。但当多个文本的属性不同时，用户需要在输入数据中增加额外的数据列来设置相应的属性。输入数据的格式由+f、+a和+j的顺序决定，如果该选项设为-F+f+a+j，那么输入数据

的格式为

```
X  Y  font  angle  justification  text
```

例如，有三行文本，其文本属性各不相同，使用－F选项绘制效果如图2.10所示（彩图见书后插页）。

示例代码如下：

```
gmt begin text1 png
gmt text -JX7c -R0/6/0/6 -BWS -Bafg1 -F+f+a+j << EOF
3 1 12p,0,red     0   TL  TEXT1
3 3 14p,1,blue    30  MC  TEXT2
3 5 16p,2,green  180  TL  TEXT3
EOF
gmt end
```

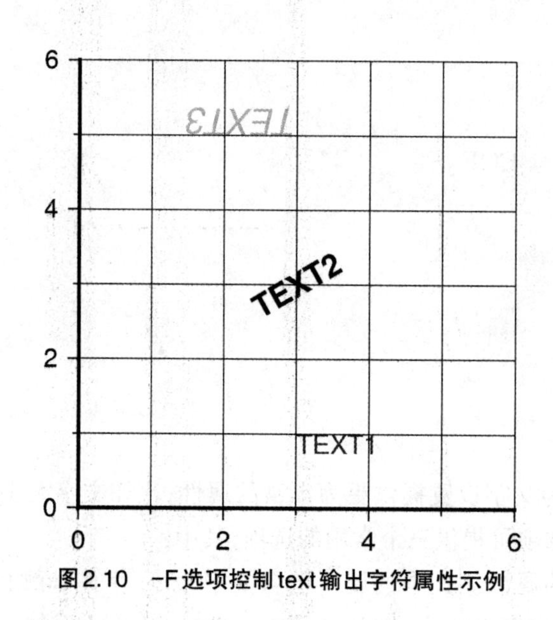

图2.10　-F选项控制text输出字符属性示例

2.4.2.5　－N选项

该选项用于设置当文本超出图件范围时是否绘制的情形。默认情况下，若文本超过了底图边框，则不显示该文本，即文本被裁剪掉了。使用－N选项，即便文本超出了底图边框的范围，但依然会显示。效果如图2.11所示。

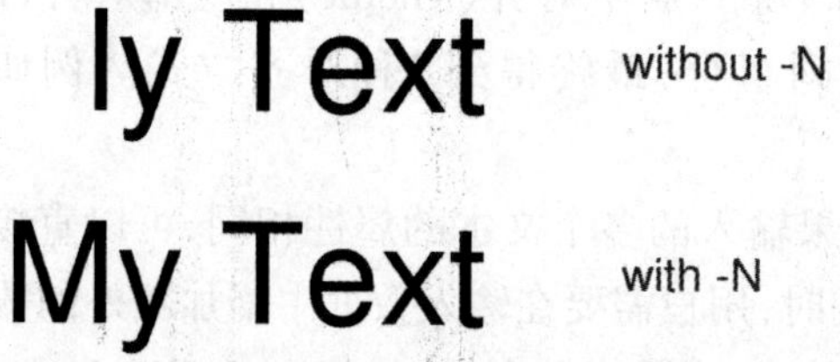

ly Text　without -N

My Text　with -N

图2.11　当text输出字符超出底图边框范围时，-N选项控制是否显示超出部分示例

示例代码如下：

```
gmt begin text2 png

gmt text -JX7c/4c -R0/6/0/5 -F+f30p << EOF
1 4 My Text
EOF
gmt text -F+f30p -N << EOF
1 2 My Text
EOF
gmt text -F+f10p,red+jLM << EOF
3.5  2  with     -N
3.5  4  without  -N
EOF
gmt end
```

2.5　地震数据绘制

2.5.1　Sac 模块

该模块用于读取SAC文件并绘制波形数据。SAC文件格式将在第五章中进行介绍。该模块有两种绘制波形的方式，一种如本章开始示例所示，将波形绘制到地图上；另一种是将波形以数据剖面的形式绘制在笛卡尔坐标系中。其大部分选项和plot模块相同，但也有一些特殊的选项，这些特殊选项对读入数据进行处理的优先级如下：

```
-T > -C > -F > -M > -Q > -E > -W > -G
```

该模块输入数据有两种方式：

(1) SACfiles

直接提供SAC数据文件名进行绘制，目前只支持等间隔SAC数据。本章开头的示例就是使用这种方式。SAC波形的位置由SAC头段变量中的经纬度（地理投影）或-T和-E两个选项指定的头段变量参数（线性投影）确定。

(2) saclist

文件列表输入，列表的格式如下：

```
filename [X  Y [pen]]
```

其中,filename是要绘制的SAC文件名。X和Y指定SAC波形的第一个数据点在地图上的位置。如缺省,则使用SAC头段变量中的参数确定,如指定,那么X和Y具有最高优先级。pen控制当前SAC波形的线条属性。

2.5.1.1 −T 选项

该选项功能为指定参考时间及其偏移量,其语法格式如下:

```
−T[+tn][+rreduce_vel][+sshift]
```

其中,+ttmark功能为指定参考时间(即将所有波形沿着参考时间对齐),其中tmark的取值和SAC头段变量对应,−5、−4、−3、−2、0−9分别对应头段变量b、e、o、a、t0−t9。+rreduce_vel设置reduce速度,其单位为km/s。+sshift将所有波形在+t的基础上再偏移shift秒。

2.5.1.2 −C 选项

该选项功能为设定要读取和绘制的波形的时间窗。其语法格式如下:

```
−C[t0/t1]
```

其中,t0和t1分别对应时间窗的起始和结束时刻。时间窗的参考时刻由−T选项决定。如未指定−T选项,则使用SAC头段中的参考时间(kzdate和kztime)。如只给了−C选项而未指定时间窗,那么t0和t1分别由−R选项的xmin和xmax决定。此外,时间窗的设置和−R选项的设置要相互配合,否则会出现绘图区域内无波形显示的情况。

2.5.1.3 −F 选项

该选项指定绘图前需要对数据进行的预处理操作。预处理有三种:i(积分)、q(平方)和r(去均值)。这三种方式可以重复使用,而这三个字符出现的顺序代表了数据处理的顺序。例如,−Frii表示对数据先取均值然后再进行两次积分操作处理。

2.5.1.4 −M 选项

该选项功能为控制波形振幅的缩放。其语法格式为

```
−Msize[u][/alpha]
```

其中,size[u]模式将所有波形在地图上的高度缩放到size[u],其中u可以取i|c|p。在size/alpha模式中,当alpha小于0时,则所有的波形使用相同的比例因子。该比例因子由第一个波形决定,第一个波形的振幅将被缩放到size[u];当alpha等于0时,则将所有波形乘以size,此时size不能有单位;当alpha大于0时,则将所有波形乘以size*r^alpha,其中r是以km为单位的距离。

2.5.1.5 −Q 选项

该选项功能为绘制垂直波形,即Y轴是时间而X轴是振幅。

2.5.1.6 －E 选项

该选项用于设置剖面的类型(即Y轴的类型)。SAC模块提供了六种剖面类型,如表2.5所示。

表2.5 剖面类型及说明

剖面类型	说明
a	方位角剖面,Y轴使用头段变量az数据
b	反方位角剖面,Y轴使用头段变量baz数据
k	震中距剖面(单位km),Y轴使用头段变量dist数据
d	震中距剖面(单位degree),Y轴使用头段变量gacrc数据
n[*n*]	波形编号剖面,第一个波形的编号为n(默认值为0)
u[*n*]	用户自定义剖面,Y轴使用的数据有头段变量中usern决定,默认为user0

2.5.1.7 －W 选项

该选项用于设置绘制波形的画笔属性,和plot模块中一样。

2.5.1.8 －G 选项

该选项用于设置波形正/负部分的填充色。其语法格式如下:

```
-G[p|n][+gfill][+zzero][+tt0/t1]
```

其中,p|n可以控制是填充正值区还是负值区。重复使用－G可以分别对正值和负值区进行填充。＋gfill用于设置填充色。＋zzero用于定义"零"参考线。从"零"到顶部为正值区,从"零"到底部为负值区。＋tt0/t1设置要填充颜色部分波形的时间窗,t0和t1分别为时间窗的起始和结束时刻。如－G后不加任何参数,默认对正值区填充黑色。

例如,绘制本章开始示例中数据的波形剖面图,波形根据头段变量o对齐,剖面为震中距剖面。效果如图2.12所示(左图是未进行填充的结果,右图是对正值和负值区分别填充的结果,彩图见书后插页)。

示例代码如下:

```
# 左图
gmt sac *.z -JX6c/8c -R0/500/80/520 -BWSen -Ba100 -M1 -T+t-3 -Ek
    -png profile
# 右图
gmt sac *.z -JX6c/8c -R0/500/80/520 -BWSen -Ba100 -M1 -T+t-3 -Ek
    -Gp+gred -Gn+gblue -png profile1
```

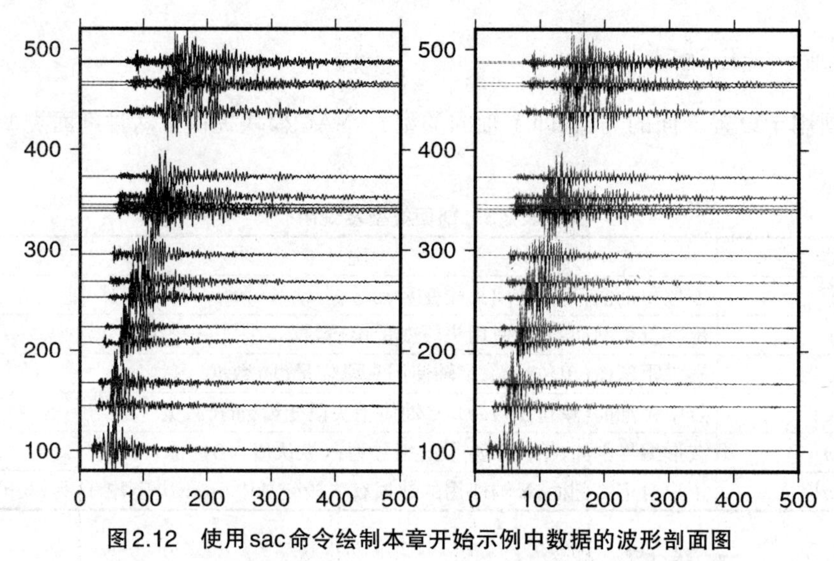

图2.12 使用sac命令绘制本章开始示例中数据的波形剖面图

使用sac命令绘制本章开始示例中数据的波形剖面图，波形根据头段变量o对齐，剖面为震中距剖面。左图是未进行填充的结果，右图是对正值部分和负值部分分别填充红色和蓝色的结果

2.5.2 Meca 模块

该模块专门用于绘制震源机制解。该模块除了－J和－R两个选项，还必须有－S选项，模块的输入数据的格式由－S选项决定。可选选项中的－G同－W和plot选项类似。对该模块而言，最重要的选项就是－S选项。

2.5.2.1 －S 选项

该选项用于设置输入数据的格式、震源球大小等属性。其语法格式如下：

```
－S⟨format⟩⟨scale⟩[＋ffont][＋jjustify][＋odx[/dy]]
```

其中，format功能为指定输入震源机制解的格式。scale为指定震源球的直径。默认情况下，震源球的直径和震级大小成正比。该选项中以5级地震的震源球直径作为参考进行不同震级震源球直径的计算，计算公式为

$$\text{实际直径}=M/5*\text{scale}$$

如使用－M选项，则所有震源球大小相同。－S选项的三个可选参数由于设定了每个震源球的标签属性(包括字体属性、对齐方式和偏移量)，因此和text模块中－F选项的参数类似。常用的format有三种：

① －Sa⟨scale⟩：以Aki和Richard约定的震源机制解格式输入数据，具体格式为

```
X  Y  depth  strike  dip  rake  mag  [newX  newY]  [title]
```

其中，X和Y分别为震源的经度和纬度，depth为震源深度(单位km)。strike、dip和rake分别为断层的走向、倾角和滑动角。Mag为地震震级。[newX　newY]为可选参数，作用为指定新的震源球绘制的经纬度，如不指定，默认绘制X和Y处。Title为可选参数，作用为设定震源

球标签。

② －Sc⟨scale⟩:以Global CMT约定的震源机制解格式输入数据,具体格式为

```
X Y depth strike1 dip1 rake1 strike2 dip2 rake2 mantissa exponent [newX newY] [title]
```

其中,X、Y、depth、newX、newY及title两个参数和－Sa中类似。strike1、dip1、rake1、strike2、dip2和rake2为断层面和其辅助面的走向、倾角和滑动角。Mantissa和exponent分别为标量地震矩的尾数和指数部分。例如,如果标量地震矩为5.2×10^{26} dyne·cm,那么mantissa=5.2,exponent=26。需要注意的是,GMT里标量地震矩的单位为dyne·cm。

③ －Sm|d|z⟨scale⟩:以地震矩张量的形式输入数据,具体格式为

```
X Y depth mrr mtt mff mrt mrf mtf exp [newX newY] [title]
```

其中,X、Y、depth、newX、newY及title两个参数和－Sa中类似。因为地震矩张量是二阶对称张量,所以只有6个独立的分量,而mrr、mtt、mff、mrt、mrf和mtf就和这六个独立分量对应。这六个分量的单位为10^{exp} dyne·cm。exp对应地震矩的指数部分,例如,真实的mrr＝2.5×10^{26},那么输入数据中mrr＝2.5,exp＝26。此外,对于任一地震矩张量,理论上说,其可以分解为各向同性部分(ISO),双力偶部分(DC)和补偿线性偶极子部分(CLVD)。该格式中的*m*表示绘制完整的地震矩张量,d表示仅绘制DC部分,z表示仅绘制地震矩张量的各向异性部分(DC+CLVD)。需要注意的是,GMT中矩张量使用的是USE坐标系,和Global CMT中的坐标系一致。此外,由于Global CMT的矩张量解不包含ISO部分,因此－Sm和－Sz的效果相同。

2.5.2.2　－A 选项

该选项可以配合输入参数中的newx和newy一起使用,将震源球标签绘制后,设置在原(X,Y)处圆的大小(＋ssize)和(X,Y)和(newX,newY)连线的属性(＋ppen)。其语法如下:

```
－A[＋ppen][＋ssize]
```

其中,pen控制连线的画笔属性,默认使用－W选项的pen属性。size 指定圆的大小,默认值为0。

2.5.2.3　－G 选项

该选项设置压缩部分的填充色(默认为黑色)。其语法格式如下:

```
－Gfill
```

其中,fill作用为指定要填充的颜色,和plot中－G选项类似。

例如,从Global CMT网站(www.globalcmt.org)可以下载2021年云南漾濞地震的震源机制信息,如下所示:

```
202105211348A YUNNAN, CHINA
  Date: 2021/ 5/21   Centroid Time: 13:48:40.7 GMT
```

```
Lat= 25.62      Lon= 100.01
Depth= 15.1     Half duration= 2.6
Centroid time minus hypocenter time:  3.4
Moment Tensor: Expo=25  -0.243 -1.440 1.680 -0.045 0.417 -0.014
Mw = 6.1        mb = 0.0      Ms = 6.1      Scalar Moment = 1.6e+25
Fault plane:    strike=45     dip=80        slip=7
Fault plane:    strike=314    dip=83        slip=170
```

其中"Moment Tensor"对应-Sm的参数,"Fault plane"对应-Sc的参数。将其震源机制以不同方式绘制到地图中,效果如图2.13所示(彩图见书后插页)。

示例代码如下:

```
gmt begin meca png
gmt basemap -JM5c -R96/107/20/32 -BWSen -Ba3
gmt meca -Sa0.5 << EOF
100.01 25.62 15.1 45 80 7 6.1 -Sa
EOF
gmt meca -Sc0.5 -Gred -A1p,red+s0.2c << EOF          # 填充色,修改点和线的颜色
100.01 25.62 15.1 45 80 7 314 83 170 1.6 25 98 27 -Sc
EOF
gmt meca -Sm0.5 -Gblue -A+s0.1c << EOF               # 填充色,绘制全矩张量
100.01 25.62 15.1 -0.243 -1.440 1.680 -0.045 0.417 -0.014 25 102 27 -Sm
EOF
gmt end
```

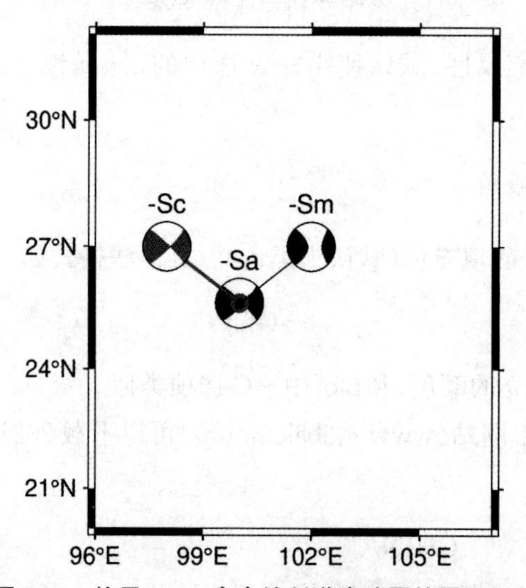

图2.13　使用meca命令绘制漾濞地震的震源机制

2.6　复杂图件绘制

2.6.1　图中图

当研究区域范围相对较小,无法清晰地显示该区域的地理位置时,会再额外绘制一张更大范围的图并在图中标明研究区域的位置,进行补充说明。该类图中图是使用inset模块完成。图中图模式以inset begin开始,以inset end结束。使用inset begin进入图中图模式后,即在绘图区域规划一矩形区域,并将绘图原点移至该区域的左下角。然后所有的绘图操作都将在该区域进行。当使用inset end结束图中图模式后,绘图原点恢复到图中图模式开始前的位置,而且所有参数设置都恢复到图中图模式前的状态。在inset begin中有两个比较常用的选项－D和－F。

2.6.1.1　－D 选项

该选项功能为指定在大图中的一个矩形区域作为小图的绘图区域。其语法格式有两种,第一种为

```
－Dxmin/xmax/ymin/ymax[＋r][＋uunit]
```

这种语法格式和－R选项类似,作用为直接指定绘图区的位置。第二种语法格式为

```
－D[g|j|J|n|x]refpoint＋wwidth[/height][＋jjustify][＋odx[/dy]]
```

这种语法格式通过指定参考点和绘图区的长宽来设置绘图区域。其中,[g|j|J|n|x]refpoint指定小图在原地图上的参考点。参数refpoint的属性和前置选项有关,如为g,则refpoint为数据点坐标(lon/lat);如为j|J,则refpoint为由两个字母组成的对齐码;如为n,则refpoint为归一化坐标系中的坐标;如为x,则refpoint为绘图坐标(x/y),可以使用c、i或p来指定单位。＋jjustify指定小图的绘图锚点。＋odx[/dy]设置在参考点基础上小图额外的偏移量。＋wwidth[/height]设置小图的宽和高。

2.6.1.2　－F 选项

该选项用于设置小图区域的背景面板属性。如只使用－F而不使用其他子选项,则会在小图周围绘制矩形边框。该选项的语法为

```
－F[＋cclearances][＋gfill][＋i[[gap/]pen]][＋p[pen]][＋r[radius]][＋s[[dx/dy/][shade]]]
```

该选项的子选项中,＋g和＋p是比较常用的两个子选项。其中,＋gfill作用为设置面板填充颜色(默认不填充)。＋ppen作用为设置绘制面板边框的属性。pen作用为指定边框的画笔属性,若不指定 pen,则默认使用MAP_DEFAULT_PEN。用户可以使用其他子选项进一

步对边框进行修饰，相关说明请查看手册。

例如，在处理地震波形记录时经常需要对部分波形进行放大，以查看波形的局部特征，示例代码如图2.14。

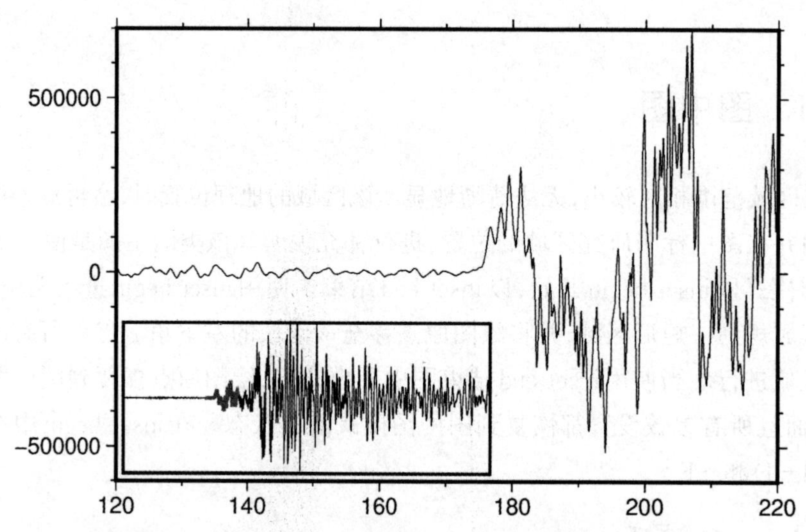

图2.14 以图中图的方式显示放大后的地震波形局部特征示例

例如，要将本章开始的地形图位置在背景地图中显示，可以使用如下代码实现：

```
gmt begin inset-map png
   gmt grdimage  earth_relief_01m. grd  -R96/107/20/32  -JM8c  -Baf  -BWSne
       -Cglobe -I+d --FORMAT_GEO_MAP=dddF
   gmt inset begin -DjBL+w2.9c/3c+o0.1c -F+p1p
   gmt grdimage earth_relief_01m.grd -R80/130/5/50 -JM?
   gmt plot -W1p,red << EOF        # 绘制矩形框显示大图在背景图中的位置
96     20
107    20
107    32
95     32
96     20
EOF
   gmt inset end
gmt end
```

2.6.2 子图

GMT中管理和设置子图是通过subplot模块实现的。Subplot模块包含以下三条命令：

1. subplot begin

该命令启动子图模式，并设置子图的布局。该命令常用的选项有三个：

(1) 〈nrows〉x〈ncols〉

设置子图的行数(nrows)和列数(ncols)，注意中间是小写字母“x”。

(2) －F选项

设置图片的尺寸，该选项的语法格式如下：

```
-F[f|s]width/height[+fwfracs/hfracs][+cdx/dy][+gfill][+ppen][+wpen]
```

GMT提供了两种方式设置图片大小。第一种，－Ffwidth/height[＋fwfracs/hfracs]设置整张图的大小。Width和height分别设置图的宽度和高度。默认所有行和列的尺寸都是相同的。如果要为每行和每列设置不同的宽和高，需结合＋f子选项实现，wfracs和hfracs分别设置每行和每列所占整张图的比例，不同行、列的比例用逗号隔开。例如，对于2×2的子图，－Ff12c/12c＋f3、1/1、2表示整张图宽和高均为12 cm，第一行和第二行分别占全图的3/(3＋1)和1/(3＋1)，第一列和第二列分别占全图的1/(1＋2)和2/(1＋2)。，第二种，－Fs widths/heights设置单个子图的大小。Widths和heights分别设置每个子图的宽度和高，如为单个数值表示每行每列尺寸相同，如为多个数值(用逗号隔开)则表示相应的行和列不同。例如，对于2x2的子图，－Fs4c、8c/4c表示第一列和第二列分别宽为4 cm和8 cm，所有列的高度均为4 cm。而＋c、＋g、＋p和＋w四个选项可以为整张图加上背景色和边框。但该方法使用得较少。

(3) －A选项

该选项设置自动为子图添加编号的格式，其语法格式如下：

```
-A[autolabel][+j|Jrefpoint][+cdx/dy][+gfill][+ppen][+odx/dy][+r][+R][+v]
```

其中，[autolabel]设置编号，可以是数字或字母。该参数设置了左上角第一个图的编号，其余子图则依次按照递增顺序编号，默认值为“(1)”。＋j|Jrefpoint设置编号在子图中的位置，refpoint和inset模块中的类似，默认值为TL。j和J分别表示编号位于子图内和子图外。＋odx/dy设置相对＋j|J指定的参考位置的偏移量。＋gfill和＋ppen和text中类似，分别设置编号文本框的填充色和画笔的属性。[＋cdx/dy]设置编号与文本框轮廓间的距离。[＋r]和[＋R]分别表示用小写和大写罗马数字对图进行编号。默认编号是沿着水平行方向递增的，使用[＋v]选项可以改为沿垂直列方向依次编号。

2. subplot set

该命令通过设置子图的行列号或索引号来激活特定的子图，然后在该子图中进行绘制。该命令中所有的设置均只对当前子图有效。该命令的语法格式如下：

```
gmt subplot set [〈row〉,〈col〉|〈index〉] [-A〈fixedlabel〉] [-C[〈side〉]〈clearance〉] [-V
    [〈level〉]]
```

该命令有两种方式激活子图，第一种直接使用行号(row)和列号(col)来指定，两个数值之间使用逗号分隔。行号的取值范围为0～(nrow－1)，列号的取值范围为0～(ncol－1)。

第二种是指定索引号，索引号的取值为0~(nrow*ncol－1)。例如，对于一个2×2的子图，两种激活子图的方式分别如图2.15所示。－A〈fixedlabel〉用于设置当前子图的编号，其优先级比subplot begin中的－A高，但该选项只修改字符串，编号的其他属性仍然继承subplot begin中的－A选项中的属性。如果当前子图需要额外的空白用于绘制比例尺、添加额外文字等式，可以使用－C[〈side〉]〈clearance〉选项进行设置。其中side可以取e、w、s、n，这四个字母分别代表子图的东西南北四条边，Clearance为空白的大小。

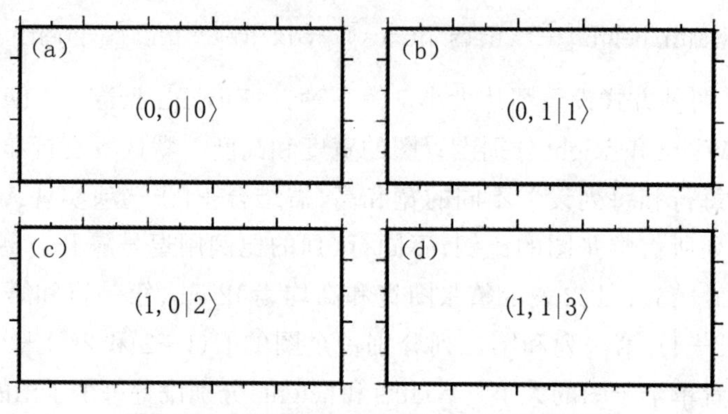

图2.15　子图模式中各子图的编号规则示例

3. subplot end

该命令用于结束当前子图模式。在结束时，会对所有子图进行编号，将绘图原点恢复到之前的原点等。

例如，计算好参数的情况下，－Ff和－Fs可以实现相同的效果，对比代码如表2.5所示。

表2.5　相同效果下-Ff与-Fs代码对比

－Ff　代　码	－Fs　代　码
gmt begin sub_test1 png	gmt begin sub_test1 png
gmt subplot begin 2x2 －Ff12c/12c＋f3,1/1,2 －A	gmt subplot begin 2x2 －Fs9c,3c/4c,8c －A
gmt subplot set 0	gmt subplot set 0
gmt basemap －R0/10/0/10 －Baf	gmt basemap －R0/10/0/10 －Baf
gmt subplot set 1	gmt subplot set 1
gmt basemap －R0/10/0/10 －Baf	gmt basemap －R0/10/0/10 －Baf
gmt subplot set 2	gmt subplot set 2
gmt basemap －R0/10/0/10 －Baf	gmt basemap －R0/10/0/10 －Baf
gmt subplot set 3	gmt subplot set 3
gmt basemap －R0/10/0/10 －Baf	gmt basemap －R0/10/0/10 －Baf
gmt subplot end	gmt subplot end
gmt end	gmt end

效果如图2.16所示。

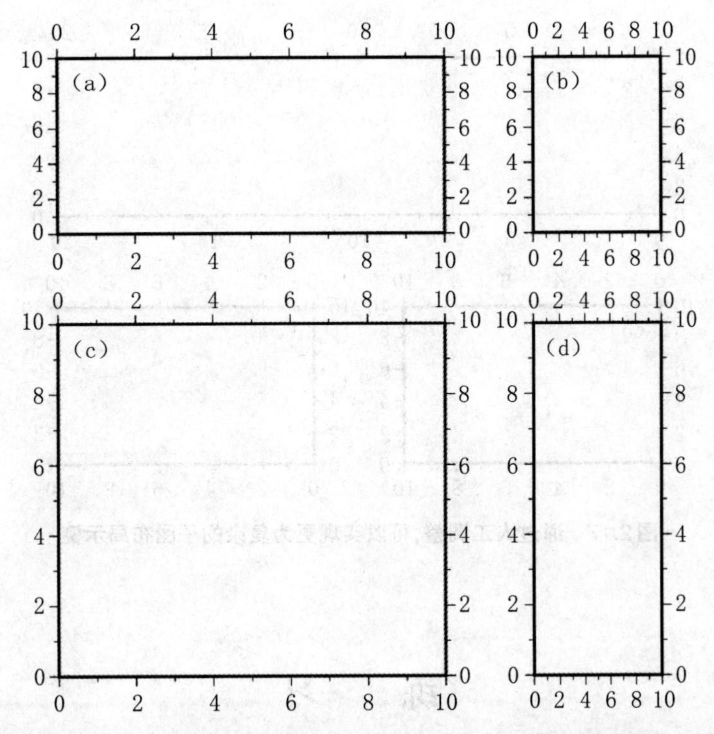

图2.16　在计算好各子图大小的前提下，使用-Ff或-Fs选项可以实现相对简单的各子图大小不同的布局

此外，由于GMT不支持subplot嵌套，如需复杂的子图布局，需要人工调整。例如，要实现如图2.17所示的效果，可以使用如下代码：

```
gmt begin sub_test2 png
gmt subplot begin 1x2 -Fs5c/3c -A
   gmt subplot set 0 -A'(a)'
   gmt basemap -R0/20/0/10 -JX11.75/3c -Baf
   gmt subplot set 2 -A'(b)'
   gmt basemap -R0/10/0/10 -JX? -Baf
   gmt subplot set 3 -A'(c)'
   gmt basemap -R0/10/0/10 -JX? -Baf
gmt subplot end
gmt end
```

在这个示例里，序列号为1的子图没有用到。子图0需要占据两张子图的范围，这里使用了-JX11.75/3c调整图片的大小，宽度11.75这个取值需要用户手动调整得到。其他两个子图使用-JX？表示该图件的宽度和高度遵循subplot begin中的设置。此外，由于编号自动添加时系连续依次增加，故示例中使用自动编号会出现a、c、d，与预期不符。此时需要在subplot set中使用-A选项手动编号。

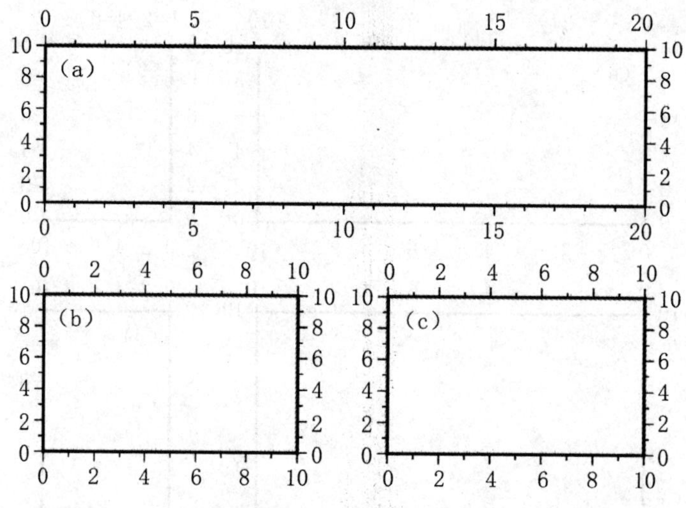

图2.17 通过人工调整,可以实现更为复杂的子图布局示例

练 习

绘制中国地区地形图,并将今年发生在中国的5级以上地震的震源机制绘制到地形图上。

参考文献

[1] GMT中文手册:https://docs.gmt-china.org/latest/.

[2] GMT英文手册:https://docs.generic-mapping-tools.org.

[3] WESSEL P, LUIS J F, UIEDA L, et al. The Generic Mapping Tools version 6[J]. Geochemistry, Geophysics, Geosystems, 2019, 20(11): 5556-5564.

第3章　Python简明基础

Python是一种解释型、面向对象的高级程序设计语言。自20世纪90年代诞生至今,该语言作为最流行的编程语言之一,已被广泛用于处理地球物理数据和解决各种地球物理问题。2020年1月1日,官方宣布已停止对Python2的更新。因此,本教程将基于Python3来介绍如何使用Python进行地球物理数据的处理。

3.1　Python运行环境配置

Python是一种跨平台编程语言,可用于Linux、Mac OS和Windows等系统。用户可以自行在Python官网(https://www.python.org/downloads)下载相应系统的源代码进行安装。但对初学者而言,由于需要配置各种环境变量,而且编译调试也不方便,因此使用源代码安装并不友好。建议使用集成开发环境(IDE:Intergrated Development Environment),例如PyCharm或Anaconda等。本教程将以Anaconda为例进行介绍。

Anaconda提供易于安装的管理器、环境管理器安装包,包含1500多个开源包,且与系统平台无关。用户只需到其官网(https://www.anaconda.com/)下载对应系统的安装包,根据提示即可安装完成。安装完成后使用conda命令可以对相应的软件包进行安装和更新等管理。表3.1列出了conda中的常用命令。

表3.1　conda中常用命令及其功能说明

命令	功　　能
config	修改.condarc中的配置参数。默认修改内容保存在用户目录中的.condarc文件中
create	从一个指定的软件包列表中创建一个新的conda环境
install	将软件包列表中的包安装到指定的conda环境
list	列出一个conda环境中所有的软件包
remove	从一个指定的conda环境中删除列表中的软件包
search	搜索软件包并显示相关信息
update	将conda软件包更新为最新的兼容版本

命令使用的一般格式为“conda ＋ 命令 ＋[参数]”,其中参数是可省略的。例如,要查看是否安装过scipy包,可以使用“conda list scipy”;如未安装,可以使用“conda search scipy”查看软件库中最新的scipy版本;然后使用“conda install scipy”进行安装。

由于Python是个开源软件,各个软件包发布时不一定做过兼容性检验,这就会导致

conda安装软件包时有时会遇到包冲突的问题,具体是哪些包冲突检查起来比较困难。最简单的解决办法就是创建一个虚拟环境,在这个环境中只安装需要的包。有时需要使用一些特定版本的软件包时也可以创建一个虚拟环境,以避免重装整个python软件。Conda创建虚拟环境需要三步:

首先确定conda当前的环境是base环境,可以通过查看命令行前的提示符确认,如果不是,需要运行"conda deactivate"退出当前虚拟环境。

其次以如下方式"conda create -n [环境名][python=版本号]"进行虚拟环境创建,例如,"conda create -n phasenet python=3.9"就是创建了一个名为phasenet的环境,这个环境中python的版本号为3.9。

最后,使用"conda activate [环境名]"来激活虚拟环境。激活后命令行前的提示符会变为"(环境名)"。如要退出,则运行"conda deactivate"。

使用conda安装python库时默认访问的是国外的网站,因此下载安装包时会比较慢。这时用户可以将安装源更换为国内的镜像源地址。可以使用"conda config --show-sources"查看已安装的源。在国内有许多不错的源,这里推荐中国科学技术大学的源或清华大学的源。使用以下两条命令来添加,如下所示:

```
conda config --add channels https://mirrors.tuna.tsinghua.edu.cn/anaconda/pkgs/free/
conda config --add channels https://mirrors.ustc.edu.cn/anaconda/pkgs/free/
```

如想删除指定源,可以使用"conda config --remove channels 源名称或链接"。例如要删除清华源,可以使用如下代码:

```
conda config --remove channels https://mirrors.tuna.tsinghua.edu.cn/anaconda/pkgs/free/
```

3.2 基本语法

3.2.1 书写规范

Python通常是一行书写一条语句,如果一行内需书写多条语句,语句间应用分号进行分隔。一般不建议一行书写多条语句。如果一条语句过长,可以换行书写。这时需要用一对圆括号将语句括起来或在每行行尾加上反斜杠(\)来实现。

在代码编写过程中,可能需要对代码进行说明,这时就需要用到注释。Python的注释分为单行注释和多行注释两种。单行注释以"#"开头,可以单独一行,也可以置于需要注释的语句后部。单行注释一般用来解释代码的功能。多行注释实际上是一种跨行的字符串,一般使用三个引号(单引号"'"和双引号"""均可)作为开始和结束标识符。多行注释主要用来说明程序功能、输入/输出等。

此外，Python和其他语言最大的区别在于，其代码块不使用大括号“{}”来实现类、函数和流程控制，而是使用缩进来区分代码块。缩进的空格数是可变的，但在同一脚本中所有代码块必须含有相同的缩进空格，否则运行Python时会报错。

例如，下面的例子是一个简单的读取地震数据并画图的代码。其中需要对第1行和第11行进行行为注释，分别说明程序的编码格式和代码的功能。第2—6行需进行多行注释，说明程序的编写时间和作者。第22—26行使用了缩进功能，说明这几行都是for循环的语句块。具体每条语句的功能在后续章节中会有介绍。

```
1 # -*- coding: utf-8 -*-
2 """
3 Created on Mon Mar 21 10:42:43 2022
4
5 @author: wenj
6 """
7
8 import matplotlib.pyplot as plt
9 import obspy
10
11 # read data
12 st = obspy.read("https://examples.obspy.org/dis.G.SCZ.__.BHE")
13 st += obspy.read("https://examples.obspy.org/dis.G.SCZ.__.BHE.1")
14 st += obspy.read("https://examples.obspy.org/dis.G.SCZ.__.BHE.2")
15
16 st.sort(['starttime'])
17
18 dt = st[0].stats.starttime.timestamp
19
20 ax = plt.subplot(4,1,1)
21 for i in range(3):
22     if i == 0:
23         plt.subplot(4,1,i+1)
24     else:
25         plt.subplot(4,1,i+1, sharex=ax)
26     plt.plot(st[i].times(),st[i].data)
27
28 st.merge(method=1)
29 plt.subplot(4,1,4, sharex=ax)
```

```
30 plt.plot(st[0].times(),st[0].data,'r')
31 plt.show()
```

3.2.2 标识符和关键字

在编写程序的时候，用于需要自行定义变量、方法、对象等的名称，这些名称就是标识符。Python中标识符定义的规则如下：

① Python的标识符可以由字母、数字和下划线“_”组成，但不能由数字开头；

② 标识符区分大小写，没有长度限制；

③ 标识符不能用Python中预留的有特殊作用的关键字；

④ 为提高代码的可阅读性，标识符的命名应符合见名知义的原则。

例如，“myVar”就是合法的Python标识符，“2Var”“my Var”则是非法标识符。

Python保留了一些单词并赋予特殊用途，这些单词被称为关键字，也叫保留字。用户可以使用help()命令查看有哪些关键字。例如，在help系统中输入keywords会列出这些关键字，如需查看某个关键字的用法，输入相应的名称即可。

```
>>> help()
help> keywords
Here is a list of the Python keywords.  Enter any keyword to get more help.
False       class       from        or
None        continue    global      pass
True        def         if          raise
and         del         import      return
as          elif        in          try
assert      else        is          while
async       except      lambda      with
await       finally     nonlocal    yield
break       for         not
```

3.2.3 变量类型

3.2.3.1 变量创建

Python的变量在使用前不需要事先声明，变量在使用前必须赋值，赋值后变量才会被创建。使用“=”运算符为变量赋值，赋值方式如下：

```
变量名=变量的值
```

此外Python允许对多个变量同时赋值。如需对多个变量赋予相同值，则赋值方式如下：

变量名1 = 变量名2 =…= 变量名n = 1

如需对多个变量分别赋予不同值，则赋值方式如下：

变量名1，变量名2，=…= 变量名n，= 变量1的值，变量2的值……，变量n的值

例如，第8、9行分别为变量a和b赋值了数值和字符串。第12行为变量a、b和c赋予了相同的值1。第15行分别为变量a、b和c赋予了数值1、2和字符“a”。

```
1 # -*- coding: utf-8 -*-
2 """
3 Created on Thu Apr 28 15:21:17 2022
4
5 @author: wenj
6 """
7
8 a = 10
9 b = "test"
10 print(a,b)
11
12 a = b = c =1
13 print(a,b,c)
14
15 a, b, c = 1, 2, "a"
16 print(a,b,c)
```

在变量创建后如需查询变量的类型，可以使用type()函数进行查询。已创建的变量如需删除可以使用del语句，语法如下：

```
del var1[, var2[, var3[, …, varn]]]
```

例如，创建了变量a，赋值为1时为整型，赋值为2.0时为浮点数，用完后使用del将其删除。

```
>>> a = 1
>>> type(a)
<class 'int'>
>>> a = 2.0
>>> type(a)
<class 'float'>
>>> del a
```

3.2.3.2 数据类型

Python中定义了5种标准数据类型。不同的数据类型可用来存储不同类型的数据,同时,不同类型的数据需要的内存大小也不同。

1. 数字

数字类型数据用于存储数值。在Python中,数字类型的数据类型有4种:整型、浮点型、复数型和布尔型。这四种数据类型和Fortran、C等编程语言中的类似。需要说明的是,Python中的复数必须由实数(real)和虚数(imag)两部分构成,表示为real+imagj或real+imagJ。即使imag为1也不能省略。例如,0.0是一个实数,而0.0+1j是一个复数。此外,布尔型和Fortran中类似,它的两个取值True和False分别可以当做整型1和整型0。但和Fortran不同,每一个Python对象都自动具有布尔值,以下对象的布尔值均为False,包括None、整型0、浮点型0.0、复数0.0+0.0j、空字符串“”、空列表[]、空元组()、空字典{}。不同对象的布尔值可以用bool()查看。下面的例子给出了布尔值为False的不同对象的示例。

```
>>> a = 0
>>> type(a), bool(a)
(<class 'int'>, False)
>>> a = 0.0 + 0.0j
>>> type(a), bool(a)
(<class 'complex'>, False)
>>> a = ""
>>> type(a), bool(a)
(<class 'str'>, False)
>>> a = []                    # 空列表
>>> type(a), bool(a)
(<class 'list'>, False)
>>> a = {}                    # 空字典
>>> type(a), bool(a)
(<class 'dict'>, False)
>>> a = ()                    # 空元组
>>> type(a), bool(a)
(<class 'tuple'>, False)
```

2. 字符串

字符串(String)是由数字、字母、下划线组成的一串字符,一般用单引号、双引号和三引号括起来。Python的字符串有2种索引方式:从左往右索引,默认从0开始,最大范围是字符串长度−1;从右往左索引,默认从−1开始,最大范围是字符串开头(如图3.1所示)。

s　e　i　s　m　o　l　o　g　y

0　1　2　3　4　5　6　7　8　9

-10　-9　-8　-7　-6　-5　-4　-3　-2　-1

图3.1　对于一个字符串,两种不同索引方式对应的序号排列

如需从字符串中截取一个子字符串,可以使用"头下标:尾下标[:步长]"来截取相应的字符串,其中下标是从0开始起算,可以为正也可以为负。下标为空表示从头取到尾。截取的子字符串,只包含头下标,不含尾下标。截取的步长控制相邻两个截取的字符间的间隔。此外,字符串可以使用加号(+)进行字符串连接运算,星号(*)进行字符串重复运算。示例如下:

```
>>> str = "seismology"
>>> print(str)                  # 输出完整字符串
seismology
>>> print(str[:])               # 输出完整字符串
seismology
>>> print(str[0])               # 输出字符串中的第一个字符
s
>>> print(str[-10])             # 输出字符串中的第一个字符
s
>>> print(str[2:5])             # 输出从第三个字符开始到第5个字符结束的字符串
ism
>>> print(str[2:])              # 输出从第三个字符串开始的字符串
ismology
>>> print(str * 2)              # 输出字符串两次
seismologyseismology>>
>>> print(str + "test")         # 输出连接的字符串
Seismologytest
>>> print(str[2:7:2])           # 输出从第三个字符开始隔一个取一个的字符串
iml
```

3. 列表

Python中的列表(list)是一种数据集合。列表用中括号"["和"]"表示。列表中的元素可以是字符、数字、字符串甚至是列表(即列表嵌套)。列表元素之间使用逗号进行分隔。列表的截取方式为

```
变量名[头下标:尾下标]
```

和字符串类似,列表可以从左往右索引,默认从0开始;也可以从右往左索引,默认从−1开始。下标为空则表示取到头或尾。使用加号"+"进行列表连接,星号"*"进行列表重

复操作。示例如下：

```
>>> catlog = ["wenchuan", 2008, 5, 12]
>>> print(catlog)                # 输出完整列表
['wenchuan', 2008, 5, 12]
>>> print(catlog[0])             # 输出列表第一个元素
wenchuan
>>> print(catlog[-4])            # 输出列表第一个元素
wenchuan
>>> print(catlog[1:3])           # 输出第二至第三个元素
[2008, 5]
>>> print(catlog[1:])            # 输出从第二个开始至列表结束的所有元素
[2008, 5, 12]
>>> print(catlog * 2)            # 输出列表两次
['wenchuan', 2008, 5, 12, 'wenchuan', 2008, 5, 12]
```

4. 元组

元组(tuple)类似列表(list)。元组创建时需要用小括号括起来,元素之间用逗号隔开。但和列表不同,元组的元素不能修改。例如,("wenchuan",2008,5,12)就是一个元组。

5. 字典

字典(dictionary)是除列表外最灵活的内置数据类型。列表是有序对象的集合,而字典是无序键值对的集合。字典中每个元素都包含两部分:键和值。字典用大括号"{"和"}"表示,每个元素的键和值用冒号分隔,元素之间用逗号分隔。可以使用内置方法keys()和values()查看所有键和所有值。

```
>>> event = {"name": "wenchuan", "evla": 31.0, "evlo": 103.4}
>>> print(event)                # 输出完整的字典
{'name': 'wenchuan', 'evla': 31.0, 'evlo': 103.4}
>>> print(event["evla"])        # 输出键为"evla"的值
31.0
>>> print(event.keys())         # 输出所有键
dict_keys(['name', 'evla', 'evlo'])
>>> print(event.values())       # 输出所有值
dict_values(['wenchuan', 31.0, 103.4])
```

3.2.4 运算符

Python中常用的运算符有两类:比较运算符和数值运算符。

表3.2中列出了比较运算符及其意义：

表3.2　比较运算符用法及意义说明

运算符	说　　明
$x < y$	如果x小于y,则为真,否则为假
$x <= y$	如果x小于等于y,则为真,否则为假
$x > y$	如果x大于y,则为真,否则为假
$x >= y$	如果x大于等于y,则为真,否则为假
$x == y$	如果x等于y,则为真,否则为假
$x != y$	如果x不等于y,则为真,否则为假
x is y	如果x的地址(id)等于y的地址,则为真,否则为假
x is not y	如果x的地址(id)不等于y的地址,则为真,否则为假

例如：

```
>>> x=10
>>> y=3
>>> x < y
False
>>> x <= y
False
>>> x == y
False
>>> x >= y
True
>>> x > y
True
>>> x != y
True
>>> x is y
False
>>> x is not y
True
```

表3.3中列出了数值运算符及其意义。

表3.3　数值运算符用法及意义说明

运算符	说　　明
$x = y$	将y的值赋给x
$x + y$	返回x和y之和
$x - y$	返回x和y之差
$x * y$	返回x和y的乘积

续表

运算符	说　　明
$x\ /\ y$	返回x除以y的值
$x\ //\ y$	返回x除以y的整数值
$x\ \%\ y$	返回x除以y的余数
$x\ **\ y$	返回x的y次方值

例如：

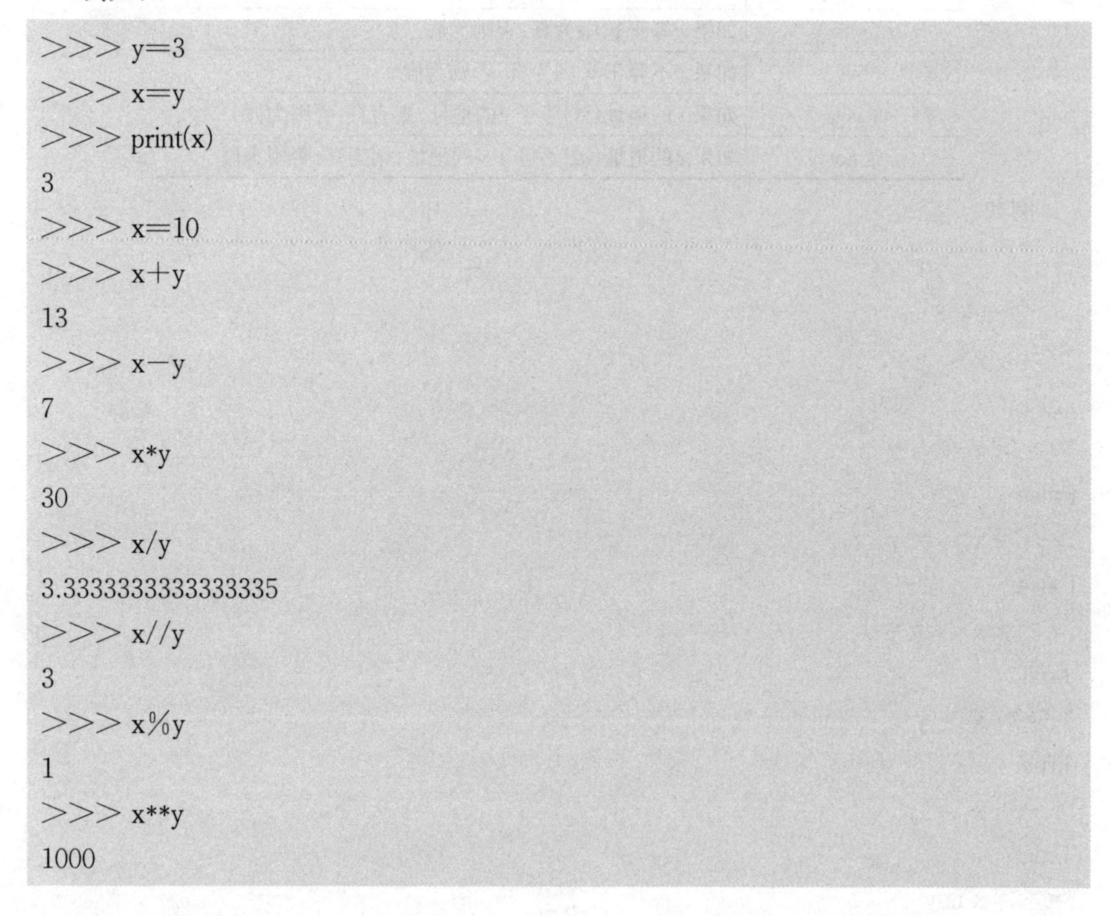

```
>>> y=3
>>> x=y
>>> print(x)
3
>>> x=10
>>> x+y
13
>>> x-y
7
>>> x*y
30
>>> x/y
3.3333333333333335
>>> x//y
3
>>> x%y
1
>>> x**y
1000
```

3.2.5　输入/输出语句

Python的命令行是借助函数input()完成输入的。Input函数会以命令行提示的形式提示用户需要输入的参数。例如：

```
>>> a=input("please input data: ")
please input data: aaaaa
>>> type(a)
<class 'str'>
>>> print(a)
```

```
aaaaa
```

运行input函数时,input括号中会出现提示语句,光标在其后闪烁等待用户输入。输入完成回车即可。需要注意的是,input函数的输出均为字符串。

如果要使用命令行的方式输入参数,则需使用sys标准库中的sys.argv变量,该函数和C语言中的argv变量类似。Argv变量以列表的形式存储输入参数,且列表中的每个元素都是字符串。例如,在argv.py文件中有如下代码:

```
import sys
print(sys.argv)
print(type(sys.argv[0]))
```

在命令行中运行"python argv.py 1 two 3",输出结果如下:

```
['argv.py', '1', 'two', '3']
<class 'str'>
```

其中第一个print语句的输出为sys.argv参数列表。一般第一个元素sys.argv[0]为当前python脚本的名称。因为当前工作路径就是该脚本所在的路径,所以输出的是"argv.py"。后续三个元素是用户在执行python脚本时的输入参数。参数之间以空格隔开,读取之后均为字符串,如第二个print语句的输出所示。

上例中的print()是用于打印输出的函数。其语法如下:

```
print(*objects, sep=' ', end='\n', file=sys.stdout, flush=False)
```

其中,objects是要输出的对象的列表,要输出多个对象时,需用","分隔;sep是多个对象间的分隔符,默认值是一个空格;end指定输出的结尾符号,默认值为换行符"\n",和其他编程语言一样也可以换成其他字符;file是要写入的文件对象,默认值为sys.stdout,即显示屏;flush确定输出是否被缓存,如果其值为True,则会被强制刷新。如果要进行格式化输出,则需要使用%或format方法。%方法的输出和C语言中的格式化输出比较类似,格式如下:

```
"%[(name)][flags][width][.precision]typecode"%x
```

其中,第一个%表示格式化字符开始,第二个%后为需要进行格式化的内容。在这种方式中,格式化字符串指定的数据类型和被格式化的内容必须对应。格式化字符中具体参数的描述如下表3.4所示。

表3.4 格式化字符中各个参数的意义说明

参数名	意 义
(name)	可选,用于指定键值(key)
flags	可选。其中有 +/空格:右对齐,如为正数则在其前加正号,如为负数则加负号 -:左对齐,如为正数则其前面无符号,如为负数则加负号 0:右对齐,如为正数则其前无符号,如为负数则加负号,其余空白部分用0填充,多和width配合使用

续表

参数名	意　　义
width	可选，输出内容所占宽度，以字节数为单位
.precision	可选，小数点后保留位数
typecode	必选，指定输出数据类型的格式字符。可用的格式字符如下： s：字符串； r：字符串； d：将整型数、浮点数转化为十进制整数输出； f：将整型数、浮点数转化为浮点数输出，默认保留6位小数； o：将整数转换成八进制数输出； x：将整数转换成十六进制数输出； e/E：将整型数、浮点数转化为科学计数法输出（分别对应小写e和大写E）； g/G：自动将整型数、浮点数转化为浮点数或科学计数法输出（超过6位数则用科学计数法输出）。如为科学计数法输出则分别对应小写e和大写E

在下例中展示了各个参数的用法，如下所示：

```
>>> "%(name)s occured %(year)d"%{"name": "Wenchuan","year":2008}
'Wenchuan occured 2008'
>>> b=11111111
>>> print("%g"%b)
1.11111e+07
>>> a="seismology"
>>> print("%s is fun." %a)
seismology is fun.
>>> print(["%s is fun."%a, a], sep=",")
['seismology is fun.', 'seismology']
>>> print("percent %06.2f"%12.34)
percent 012.34
>>> print("percent %-6.2f%%"%12.34)
percent 12.34 %
```

相比于%方法，format方法更新，使用更灵活，不仅可以使用位置进行格式化，还支持使用关键字进行格式化。Format函数对字符串进行格式化的格式如下：

```
"{[name][:][[fill]align][sign][#][0][width][,][.precision][type]}".format()
```

各参数的意义如表3.5所示。

表3.5　format函数中使用的格式化字符参数的意义说明

选项	说　　明
align	可选,对齐方式(需要配合width使用)。有以下对齐方式: <:内容左对齐 >:内容右对齐(默认选项) =:内容右对齐,并将正负号放置在填充字符的左侧,且只对数字类型有效,即形式为"正负号+填充符+数字" ^:内容居中
sign	可选,仅对数字有效,可选符号有三种: +:具有正负号 -:仅负数有符号(默认选项) 空格:和"-"类似
#	可选,对应二进制、八进制和十六进制,如果加上"#",则会显示0b/0o/0x;否则不显示
,	可选,为数字添加千分位分隔符
width	可选,格式化位所占宽度,字符数为单位
.precision	可选,小数点后的位数
type	可选,和%方法中的typecode类似

在下例中展示了各个参数的用法:

```
>>> print("{name} occured {year}".format(name="Wenchuan", year=2008))
Wenchuan occured 2008
>>> print("{:s} occured {:d}".format("Wenchuan",2008))
Wenchuan occured 2008
>>> b=11111111
>>> print("{:g}".format(b))
1.11111e+07
>>> print("{:*=14}".format(b))
******11111111
>>> print("{:*^14}".format(b))
***11111111***
>>> c=12345.6789
>>> print("{:,}".format(c))
12,345.6789
```

3.2.6　流程控制

Python中的流程控制语句主要有条件分支语句和循环语句两种。

3.2.6.1 条件分支语句

在Python中条件控制需借助if语句实现。其格式如下：

```
if 条件:
    分支
```

如需实现多分支结构,还需要结合else和elif语句。格式如下：

```
if 条件一:
    分支一
elif 条件二:
    分支二
else:
    分支三
```

在程序执行过程中,首先对条件一进行判断,如果条件一为真,则执行分支一。如果条件一为假,则对条件二进行判断。如果条件二为真,则执行分支二。如果条件二为假,则执行分支三。在python3.9之前的版本中是没有switch和case语句的,因此要实现多路(大于3)分支需要通过if—elif—else控制流语句来实现(Pythow 3.10以后加入了match…case语句来实现多路分支)。需要注意的是,每个分支结构都要遵守缩进要求,否则程序会报错。

例如,已知一个台站的震中距为distance,要判断相对这个台站地震事件是地方震、近震还是远震。其流程如图3.2所示。

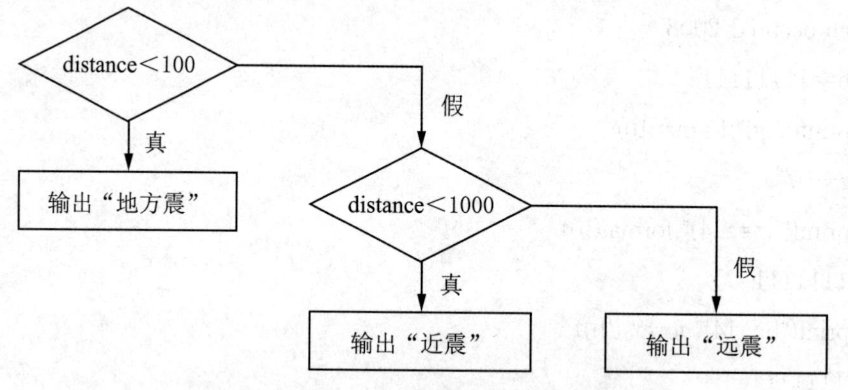

图3.2 根据震中距判断地震类型的流程示意图

代码如下：

```
distance = float(input("input epicenter distance:"))

if distance < 100 :
    print("local earthquake.")
elif distance < 1000 :
    print("near earthquake.")
```

```
else :
    print("teleseism")
```

3.2.6.2　循环语句

如果要让程序反复做一件事,就需要用到循环。Python中只有for循环和while循环。for循环是一个通用的序列迭代器,可以遍历任何有序的序列,如字符串、列表、元组等。例如有一个集合A,i表示集合A中的一个元素,for循环就是让A集合中的每个元素i做一次"循环体"任务。格式如下:

```
for i in A :
    循环体
```

例如,遍历字符串和列表元素,如下所示:

```
>>> for i in ['a', 'b', 1]:
...     print(i)
...
a
b
1
>>> for i in "string":
...     print(i)
...
s
t
r
i
n
g
```

此外,还可以结合range函数来实现像C语言中的for循环。range函数能够快速构造一个数字序列。需要注意的是,这个序列是个左闭右开的序列,即不包含最右边的元素。例如,range(5)或range(0,5)可以构造一个序列0,1,2,3,4。另外,range函数还可以定义步长,格式为"range(起始,结束,步长)"。如不指定步长默认为1。例如,range(0,5,2)可以构造一个序列0,2,4。

例如,结合range函数可以实现对集合元素进行指定步长抽取。

```
>>> a = "seismology"
>>> for i in range(0,len(a),2) :
...     print(a[i])
```

```
...
s
i
m
l
g
```

while循环是最简单的循环,和C语言中的结构类似。其结构如下:

```
while 循环条件 :
    循环体
```

while循环执行时会对循环条件进行判断,如条件为真则执行循环体,如条件为假则跳出循环。例如要计算1到100数之和,如下所示:

```
>>> n=100
>>> i=1
>>> mysum=0
>>> while i <= n :
...     mysum += i
...     i += 1
...
>>> print("the sum is %d" %mysum)
the sum is 5050
```

在循环执行过程中,有时也会遇到需要停止循环或跳过某一次循环的情况,这时就需要用到break和continue语句。break语句用来终止循环,即使循环条件为真或集合还未遍历完成时也会停止循环,而continue只会跳过当前循环。对比以下两个例子就很容易理解二者的区别(表3.6)。

表3.6 代码输出结果

代　码	输出结果

`>>> for i in range(0,4) :`
`...     if i == 2 :`
`...         break`
`...     print(i)`
`...`
	0
	1

`>>> for i in range(0,4) :`
`...     if i == 2 :`
`...         continue`
`...     print(i)`
`...`
	0
	1
	3

此外，python的for循环中可以同时引用多个变量进行迭代。例如：

```
>>> for x,y in [(1,2),(2,3),(3,4)]:
...     print(x,y)
...
1 2
2 3
3 4
```

3.2.7　文件读写

根据文件的存储格式，可以分为文本文件和二进制文件两类。文本文件由字符构成，这些字符按ASCII码、UTF－8等格式进行编码。文件内容可以直接使用文本编辑器查看（例如，vi）。二进制文件存储的是由0和1组成的二进制编码。二者的主要区别在于编码格式，二进制文件只能按字节处理，文件读写的是Bytes字符串。

Python进行文件读写操作时，需先打开文件，完成读写操作后需关闭文件。当文件被打开后，其他程序无法操作该文件。文件被关闭后，释放对该文件的控制权，并将内容存储到存储介质中，这时其他程序才能对该文件进行操作。

Python提供内置函数open()打开文件。打开文件的同时会创建一个文件对象。open()函数的基本格式如下：

```
f = open(filename [, mode])
```

其中，f为文件对象，filename为用字符串表示的需打开的文件路径，mode为可选参数，指定文件读写模式。读写模式决定了要对文件采取的操作。文件的读写模式有三种，分别为读、写和追加（如表3.7所示）。注意，通过读模式打开的文件必须存在，如不存在会报错。

表3.7　文件开启模式参数及说明

参数	说　　明
r	以只读方式打开文件（默认模式）。该模式打开的文件必须存在，否则会报错。文件的指针将会放在文件的开头
rb	以二进制只读模式打开文件。文件指针将会放在文件的开头
r+	以读写模式打开文件。该模式打开的文件必须存在，否则会报错。文件指针将会放在文件的开头
rb+	以二进制读写模式打开文件。文件指针将会放在文件的开头
w	以写模式打开文件。如果该文件已存在则将其覆盖。如果该文件不存在，则创建新文件
wb	以二进制写模式打开文件。如果该文件已存在则将其覆盖。如果该文件不存在，则创建新文件
w+	以读写模式打开文件。如果该文件已存在则将其覆盖。如果该文件不存在，则创建新文件
wb+	以二进制读写模式打开文件。如果该文件已存在则将其覆盖。如果该文件不存在，创建新文件
a	以追加模式打开文件。如果该文件已存在，文件指针将会放在文件的结尾。即新的内容将会被写入到已有内容之后。如果该文件不存在，则创建新文件进行写入

续表

参数	说　　明
ab	以二进制追加模式打开文件。如果该文件已存在,文件指针将会放在文件的结尾。即新的内容将会被写入到已有内容之后。如果该文件不存在,则创建新文件进行写入

例如:

```
# 当前目录中没有文件a.txt,如以只读模式打开,会报错,提示该文件不存在
>>> f=open("a.txt")
Traceback (most recent call last):
  File "<stdin>", line 1, in <module>
FileNotFoundError: [Errno 2] No such file or directory: 'a.txt'
# 以写模式打开则会在当前目录中创建一个新的文件a.txt
>>> f=open("a.txt","w")
```

文件正常打开后生成的文件对象包含有如表3.8所示的方法,基于这些方法就可以对文件的内容进行操作。

表3.8　对文件内容进行操作的方法说明

方法名	使　用　说　明
close()	关闭文件。通常,Python操作文件时,文件数据都保存在缓存中,关闭文件时,Python将缓存中的数据写入文件,然后关闭并释放文件
flush()	将缓存中的数据写入文件,但不关闭文件
read([size])	读取文件内容,默认为全部内容。如给定参数size,则读取size长度的字符或字节
readline([size])	按行读取文件内容,默认每次读一整行,并将内容保存到字符串中。如给定参数size,则从第一行开始,以size长度变量读取该行内容
readlines([hint])	一次性读取文件中所有行内容。读入的每行内容作为一个字符串保存到一个列表中。如给定hint参数,则读取hint行内容
write(str)	向文件中写入单个字符串
writelines(seq_of_str)	向文件中写入字符串序列,这个序列可以是列表、元组或集合等。但写入过程中不会自动换行
tell()	获取文件指针的当前位置
seek(offset [,whence])	手动移动文件指针位置。Offset是偏移量,单位为字节。其值为正数时,向文件尾部移动指针;其值为负数时,向文件头部移动指针。Whence指定移动起始位置,当值为0时(默认值),从文件起始位置开始;当值为1时,从文件当前位置开始;当值为2时,从文件结束位置开始

需要注意的是,对Python文件对象进行读写的方法都是针对字符进行操作的。下面将通过几个例子演示如何对文件内容进行操作。

1. flush和close的区别

加入要在文件a.txt中写入内容,执行以下命令后

```
>>> f=open("a.txt","w")
```

```
>>> f.write("flush")
5
```

在终端中使用cat查看发现文件内容为空：

```
$ cat a.txt
```

如需临时查看文件内容，则在Python命令行运行f.flush()方法，然后在终端重复上述命令可以查看内容：

```
$ cat a.txt
flush
```

当然，使用f.close()方法也可以，但不能往文件中添加新内容。

2. 读取文件内容

现有一个文件"txt.txt"，其内容如下：

```
1
2
3
4
```

如使用read()方法，不给定size，则将所有文件内容读取到一个字符串变量str1中。需要注意的是，在读取过程中换行符也被当做一个字符被读取，所以字符串str1的长度为8，而不是4。

```
>>> f=open("txt.txt","r")
>>> str1=f.read()
>>> len(str1)
8
>>> print(str1)
1
2
3
4

>>> f.close()
```

如果使用readlines()方法，不给定hint，则将文件内容按行读取到一个列表中，列表中的每个元素都对应文件中的一行。如下代码所示，该文件中有4行，那么readlines方法输出的列表flist中就有四个字符串。

```
>>> f=open("txt.txt","r")
```

```
>>> flist=f.readlines()
>>> len(flist)
4
>>> print(flist)
['1\n', '2\n', '3\n', '4\n']
>>> f.close()
```

鉴于readline方法的特性，其要读取文件的所有内容要结合循环才能实现，示例代码如下：

```
>>> f=open("txt.txt","r")
>>> str1=f.readline()
>>> type(str1)
<class 'str'>
>>> while str1 != "    ":           #当读到文件末尾时，str1应为空，因此可以str1的值
                                     判断是否读到文件末尾
...     print(str1)
...     str1=f.readline()
...
1
2
3
4
>>> f.close()
```

此外，由于Python将文件当作由行组成的序列，也可以通过迭代的方式实现上述代码的功能，示例代码如下：

```
>>> f=open("txt.txt","r")
>>> for line in f:
...     print(line,end="    ")
...
1
2
3
4
>>> f.close()
```

3. 写入文件

尽管writelines方法支持将字符串序列写入文件，但序列中每个元素之间无法设置分隔符，无法进行格式化输出。例如：

```
>>> f=open("test.txt","w")
>>> lst=["a","b","c"]
>>> tup1=("1","2","3")
>>> f.writelines(lst)
>>> f.writelines("\n")
>>> f.writelines(tup1)
>>> f.writelines("\n")
>>> f.close()
```

输出的test.txt文件内容如下所示：

```
$ cat test.txt
abc
123
```

如需要格式化输出，则需要使用write方法，结合格式化字符串实现。示例如下：

```
>>> f=open("test.txt","w")
>>> lst=["a","b","c"]
>>> f=open("test.txt","w")
>>> for i in lst:
...     f.write("%s "%i)
>>> f.writelines("\n")
>>> f.close()
```

输出的test.txt文件内容如下所示：

```
$ cat test.txt
a b c
```

4. 控制文件内容的读取位置

在文件的读取过程中有时只需抽取部分内容，这时就可结合seek方法来实现，以如下test.txt文件为例，每隔一个数读取一个数字，并输出。示例如下：

```
$ cat test.txt
1 2 3 4 5 6
>>> f=open("test.txt","r")
>>> for i in range(3):
...     tmp=f.seek(i*4)
...     print(f.read(1))
...
1
```

```
3
5
```

3.3 地球物理科学计算环境

地球物理需要对大量的数据进行处理,这些数据通常都会以向量或矩阵的形式进行各种线性代数运算。这时就需要Numpy库(高性能科学计算和数学分析库)、Matplotlib库(绘图库)和Obspy库(地震波形处理库)来构建一个强大的地球物理科学计算环境。

3.3.1 Numpy库

Python内置的数据结构并不适合直接进行线性代数运算。而Numpy库提供了一个具有矢量算术运算和复杂广播能力的多维数组对象(ndarray)。此外,Numpy库提供了用于数组数据快速运算的标准函数,同时提供了线性代数、傅里叶变换和随机数生成等功能。Numpy库还提供了读、写磁盘数据的工具。

3.3.1.1 创建Numpy数组

Numpy创建的数据是一个ndarray对象,尤其是一系列同类型数据的集合,元素的索引从0开始。Numpy中数组的维数被称为秩,即数组的纬度,例如,一维数组的秩为1,二维数组的秩为2。Ndarray对象比较常用的属性如下表3.9所示:

表3.9 ndarray对象常用的属性说明

属　　性	说　　明
ndarray.ndim	秩,即数组的纬度
ndarray.shape	数组的维度,如为矩阵则为矩阵的行、列数
ndarray.size	数组元素的总个数,等于矩阵行数和列数乘积
ndarray.dtype	Ndarray对象的元素类型
ndarray.itemsize	Ndarray对象中每个元素的大小,以字节为单位

Numpy提供array函数可以方便将类似数组数据转换成ndarray对象。array函数的格式如下:

```
numpy.array(object, dtype = None, copy = True, order = None,
subok = False, ndmin = 0)
```

其中,除了object是必须要的参数,其他参数均为可选参数。object是数组或嵌套的数列;dtype为指定数组元素的类型;copy功能为指定是否需要复制对象;order功能为指定生成的数组数据在内存中的顺序,有“K”(保持原顺序不变),“A”(如输入对象为F则输出为F,否则均为C),“C”(行优先),“F”(列优先)四种;subok默认返回一个与基类类型一致的数组;ndmin功能为指定生成数组的最小纬度。

例如,有一个列表([1,2,3]),要将其转换成ndarray对象,可执行如下命令:

```
>>> a=[1,2,3]
>>> np.array(a,)                          # 转成一维数组
array([1, 2, 3])
>>> np.array(a,ndmin=2)                   # 转成二维数组,形状为(1, 3)
array([[1, 2, 3]])
>>> np.array(a,ndmin=2).shape
(1, 3)
>>> np.array(a,dtype="complex")           # 转成数组,并将其元素数据类型变为复数
array([1.+0.j, 2.+0.j, 3.+0.j])
```

此外,numpy还提供了四个方法用于创建指定大小的数组,并为数组赋值,如表3.10所示。

表3.10 numpy创建数组并赋值的方法说明

方 法	说 明
empty(shape, dtype=float, order='C')	创建一个指定形状但未初始化的数组,注意,因未初始化所以每个元素值随机。其中,shape描述数组形状;dtype描述数据类型,默认为float,可选;order指定数据在内存中的顺序,有行优先("C",默认值)和列优先("F")
zeros(shape, dtype=float, order='C')	创建一个指定形状的数组,且数组元素均为0。参数的意义和empty相同
ones(shape, dtype=float, order='C')	创建一个指定形状的数组,且数组元素均为1。参数的意义和empty相同
eye(N, M=None, k=0, dtype=float, order='C')	创建一个指定形状的数组,数组的对角线为1而其他部分为0。其中,N指定数组的行数;M可选参数,指定数组的列数,如未指定则默认设为N;k可选参数,指定对角的位置,0(默认值)为主对角,正值为上对角,负值为下对角。其他参数和empty中相同

示例如下:

```
>>> a=np.empty(3)
>>> print(a)
[0. 0. 0.]
>>> a=np.zeros(3)
>>> print(a)
[0. 0. 0.]
>>> a=np.eye(3,4)
>>> print(a)
```

```
[[1. 0. 0. 0.]
 [0. 1. 0. 0.]
 [0. 0. 1. 0.]]
```

如需生成一个由连续数值构成的数组,可以借助arange函数和linesapce函数创建。

(1) arange函数的格式如下:

```
arange([start,] stop[, step,], dtype=None)
```

其中,stop是必须参数,指定数值的最大值(不包含)。其他参数均为可选参数。Start指定数值的起始值,默认为0。step为步长,默认为1。Dtype指定数据类型。

(2) linspace函数格式如下:

```
linspace(start, stop, num=50, endpoint=True, retstep=False, dtype=None, axis=0)
```

其中,start和stop分别为序列的起始和结束值,如果endpoint为True,则结束值包含在序列中。num代表生成的等间隔序列的元素个数,默认为50。endpoint功能为指定是否包含结束值,默认为True,包含。Retstep功能为控制是否显示间隔,默认为False,不显示。

```
>>> np.arange(10)
array([0, 1, 2, 3, 4, 5, 6, 7, 8, 9])
# 借助linspace的参数,可以生成和arange相同的序列
>>> np.linspace(0,10,num=10,endpoint=False,dtype=int)
array([0, 1, 2, 3, 4, 5, 6, 7, 8, 9])
```

3.3.1.2 数组操作

Numpy提供了一些函数处理数组。这些函数可以改变数组的形状、纬度,切割数组和连接多个数组等。比较常用的函数见表3.11所示。

表3.11 numpy数组处理函数说明

函　数	说　　明
reshape(a, newshape, order='C')	将数组a在不改变数据的情况下修改成newshape
ravel(a, order='C')	将数组a由多维展平成一维,默认的顺序是"C"
transpose(a, axes=none)	求数组a的转置,如a是n*m的数组,转置后将变成m*n。ndarray对象的T方法也可以实现相同的功能
squeeze(a, axis=None)	从数组a中删除指定的维度。axis指定要删除的维度,需要注意的是指定的维度必须为单维度,即元素个数为1,否则会报错
concatenate((a1, a2, ...), axis=0)	将多个同类型的数组"(a1, a2, ...)"连接在一起。axis指定连接的维度,默认为0。如果axis为None,则会将所有数组展平后连接。需要注意的是,所有数组中指定维度的元素个数必须相同,否则会报错
stack(a, axis=0)	按指定的维度将多个同类数组堆叠在一起。Axis指定连接的维度,默认为0

续表

函　　数	说　　　　明
hstack(tup)	将多个数组沿数组的第二个维度堆叠。如果是一维数组,直接将数组连接在一起
vstack(tup)	将多个数组沿数组的第一个维度堆叠。如果是一维数组(N,1),则先将其转化成(1,N),然后堆叠
split (a, indices_or_sections, axis=0)	沿特定的维度将数组a切割成子数组。indices_or_sections如果是整数,就用该数平均切分;如果是一个数组,则是沿轴切分的位置。axis是切分的方向,为0(默认)表示横向切分,为1表示纵向切分
hsplit(a, indices_or_sections)	横向切分数组。等效当axis=1时的split函数
vsplit(a, indices_or_sections)	纵向切分数组。等效当axis=0时的split函数
resize(a, new_shape)	返回指定大小的新数组。将数组a中的元素展平后依次赋值给新数组。如果a中的元素个数小于新数组的则会循环赋值
append (a, values, axis=None)	在数组a的末尾添加值
insert(a, obj, values, axis=None)	在数组a中沿指定轴插入新值。axis指定插入的轴,默认为None,此时数组会被展开然后再插入
delete(arr, obj, axis=None)	沿指定轴删除指定子数组
unique(a, return_index=False, return_inverse=False, return_counts=False, axis=None)	移除数组a中的重复元素。如果a不是一维数组则会被展开。return_index控制是否输出新列表元素在旧列表中的下标,默认为False,即不输出。return_inverse控制是否输出旧列表元素在新列表中的下标,默认为False,即不输出。return_counts功能可以控制是否输出重复数组元素在数组中出现的次数

下例演示了如何旋转矩阵:

```
# 原始a数组为
>>> print(a)
[[0 1]
 [2 3]
 [4 5]]
# 转置后输出
>>> np.transpose(a)
array([[0, 2, 4],
       [1, 3, 5]])
```

下例演示了如何改变数组维度:

```
>>> a=np.arange(9).reshape([1,3,3])
>>> b=np.squeeze(a)              # 删除元素个数为1的维度
>>> print(a.shape,b.shape)       # 对比删除前后矩阵的形状
(1, 3, 3) (3, 3)
```

```
>>> np.squeeze(a,axis=1)          # 使用axis参数时一定要确保,该维度元素个数为1
Traceback (most recent call last):
  File "<stdin>", line 1, in <module>
  File "<__array_function__ internals>", line 5, in squeeze
  File "/home/software/anaconda3/lib/python3.8/site-packages/numpy/core/fromnueric.
      py", line 1506, in squeeze
    return squeeze(axis=axis)
ValueError: cannot select an axis to squeeze out which has size not equal to one
```

下例演示了如何改变矩阵形状,并连接两个矩阵:

```
# 先用arange生成一个一维数组,然后reshape改变数组的形状。
>>> a=np.arange(6).reshape([3,2])
>>> b=np.arange(4).reshape([2,2])
>>> np.concatenate((a,b))                    # 连接两数组
array([[0, 1],
      [2, 3],
      [4, 5],
      [0, 1],
      [2, 3]])
# 连接时需注意指定axis维度元素个数是否相同,如不同则会报错
>>> np.concatenate((a,b),axis=1)
Traceback (most recent call last):
  File "<stdin>", line 1, in <module>
  File "<__array_function__ internals>", line 5, in concatenate
  ValueError: all the input array dimensions for the concatenation axis must match exactly,
      but along dimension 0, the array at index 0 has size 3 and the array at index 1 has
      size 2
>>> np.concatenate((a.T,b.T),axis=1)
array([[0, 2, 4, 0, 2],
      [1, 3, 5, 1, 3]])
>>> np.concatenate((a,b),axis=None)# 由于axis为None,数组a,b均被展开
array([0, 1, 2, 3, 4, 5, 0, 1, 2, 3])

>>> a=np.array((1,2,3))                    # 沿垂向堆叠两个数组
>>> a.shape
(3,)
>>> b=np.array((4,5,6))
```

```
>>> np.vstack((a,b))
array([[1, 2, 3],
       [4, 5, 6]])
>>> np.vstack((a,b)).shape
(2, 3)
```

下例演示了如何切割数组：

```
>>> a=np.arange(10)
>>> print(a)
[0 1 2 3 4 5 6 7 8 9]
# indices_or_sections如果是一个整数,则必须能整除数组元素个数
>>> b=np.split(a,3)
Traceback (most recent call last):
  File "<stdin>", line 1, in <module>
  File "<__array_function__ internals>", line 5, in split
  File "/home/software/anaconda3/lib/python3.8/site-packages/numpy/lib/shape_base.
      py", line 872, in split
    raise ValueError(
ValueError: array split does not result in an equal division
# indices_or_sections如果是一个数组,则该数组元素指定切分的位置(左开右闭)
>>> b=np.split(a,[4,7])
>>> print(b)
[array([0, 1, 2, 3]), array([4, 5, 6]), array([7, 8, 9])]
# 切割后的生成的数组保存到一个列表中
>>> type(b)
<class 'list'>
>>> type(b[0])
<class 'numpy.ndarray'>
```

下例演示如何对数组元素进行操作：

```
>>> a=np.arange(6).reshape(2,3)
>>> print(a)
[[0 1 2]
 [3 4 5]]
>>> b=np.resize(a,(3,2))
>>> print(b)
[[0 1]
 [2 3]
```

```
 [4 5]]
>>> b=np.resize(a,(3,3))
>>> print(b)
[[0 1 2]
 [3 4 5]
 [0 1 2]]
>>> np.append(a,[[6,7,8]],axis=0)  # 注意,需要添加相同类型的元素
array([[0, 1, 2],
       [3, 4, 5],
       [6, 7, 8]])
>>> np.insert(a,1,[11])             # 默认axis,数组被展开,然后插入
array([ 0, 11,  1,  2,  3,  4,  5])
# 沿横向插入一行,行中所有元素均赋予values值
>>> np.insert(a,1,[11],axis=0)
array([[ 0,  1,  2],
       [11, 11, 11],
       [ 3,  4,  5]])
>>> np.delete(a,1)              # 默认axis,数组被展开,然后删除obj指定元素
array([0, 2, 3, 4, 5])
>>> np.delete(a,1,axis=1)           # 删除obj指定列
array([[0, 2],
       [3, 5]])
>>> a=np.array([1,2,1,4,1])
>>> b,idx=np.unique(a,return_index=True)
>>> print(b)                        # 去除重复之后的新数组
[1 2 4]
>>> print(idx)                  # 新数组元素在旧数组中的索引
[0 1 3]
```

3.3.1.3 数学函数

虽然Python内置模块math中提供了基本数学函数库,但这些函数都只能对变量进行操作,无法对向量或矩阵进行运算。因此,Numpy中也提供了相应的用于向量或矩阵的数学函数库。这些函数包括:

① 三角函数:sin(),cos(),tan();

② 反三角函数:arcsin(),arccos(),arctan();

③ 舍入函数:around(),floor(),ceil();

④ 统计函数:amin(),amax(),median(),mean(),average(),std(),var(),random.rand()。

由于这些函数的用法和其他编程语言类似，详细内容参见函数说明。下面用几个例子来演示这些函数用法：

```
>>> a=np.random.rand(5)*10      # 生成0~10之间的随机数序列，长度为5
>>> print(a)
[4.90428173 9.14646684 9.71677805 6.92446202 3.09842978]
# 注意三种舍入函数的细微差别，around是四舍五入，floor是向下取整，ceil是向上取整
>>> np.around(a)
array([ 5.,  9., 10.,  7.,  3.])
>>> np.floor(a)
array([4., 9., 9., 6., 3.])
>>> np.ceil(a)
array([ 5., 10., 10.,  7.,  4.])
>>> np.mean(a)              # 平均值
6.758083681730973
>>> np.median(a)            # 中位数
6.924462017259522
>>> np.std(a)               # 标准差
2.5026216875980287
>>> np.var(a)               # 方差
6.263115311236005
```

3.3.1.4　矩阵运算

Ndarray对象可以像变量一样进行各种算术运算，这些算术运算都是针对数组元素的。例如：

```
>>> a=np.arange(6).reshape(3,2)
>>> b=np.arange(7,13).reshape(3,2)
>>> print(a)
[[0 1]
 [2 3]
 [4 5]]
>>> print(b)
[[ 7  8]
 [ 9 10]
 [11 12]]
>>> a*b
array([[ 0,  8],
```

```
    [18, 30],
    [44, 60]])
>>> a+1
array([[1, 2],
    [3, 4],
    [5, 6]])
>>> a**2
array([[ 0,  1],
    [ 4,  9],
    [16, 25]])
```

如果要实现向量乘积、矩阵求逆等运算,numpy提供了一些函数来实现,如表3.12所示。

表3.12　numpy用于矩阵运算的函数说明

函　数	说　明
dot(**a**, **b**, out=None)	矩阵**a**(mxn)点乘矩阵**b**(nxm),输出为mxm的矩阵**c**。新矩阵的每个元素按以下公式计算得到 $$c_{ij}=\sum_{k=1}^{n}a_{ik}b_{kj}$$ 如**a**和**b**为向量,则计算两个数组对应元素乘积和(即内积)
vdot(**a**, **b**)	计算两个向量的内积。如果是多维数组,将两个数组展开后相乘
matmul	计算两个数组的矩阵相乘。跟dot函数功能类似
linalg.det	计算矩阵行列式
linalg.solve	已知矩阵A和向量B,求解AX=B中的X
linalg.inv	计算矩阵的逆

下例演示了如何进行线性代数运算:

```
>>> np.dot(np.array([1,2,3]),np.array([0,1,0]))        # 向量点乘
2
>>> a=np.arange(4).reshape(2,2)
>>> b=np.arange(5,9).reshape(2,2)
>>> np.dot(a,b)                                        # 矩阵点乘
array([[ 7,  8],
    [31, 36]])
>>> np.matmul(a,b)                                     # 矩阵乘积
array([[ 7,  8],
    [31, 36]])
# 如果有一矩阵维度大于2,则将其视为最后两维构成的矩阵的栈分别进行矩阵乘积。
>>> a = np.arange(8).reshape(2,2,2)
>>> b = np.arange(4).reshape(2,2)
```

```
>>> np.matmul(a,b)
array([[[ 2,  3],
        [ 6, 11]],
       [[10, 19],
        [14, 27]]])
# 等效于以下操作
>>> c1=np.matmul(a[0,],b)
>>> c2=np.matmul(a[1,],b)
>>> np.stack((c1,c2))
array([[[ 2,  3],
        [ 6, 11]],
       [[10, 19],
        [14, 27]]])
>>> np.linalg.det(b)            # 计算矩阵b的行列式
-1.9999999999999999
# 求解线性方程组
```

$$\#\begin{bmatrix}1 & 1 & 1\\0 & 2 & 3\\2 & 3 & -1\end{bmatrix}\begin{bmatrix}x\\y\\z\end{bmatrix}=\begin{bmatrix}6\\0\\21\end{bmatrix}$$

```
>>> a=np.array([[1,1,1],[0,2,3],[2,3,-1]])
>>> b=np.array([6,0,21])
>>> np.linalg.solve(a,b)
array([ 5.,  3., -2.])
>>> np.linalg.inv(a)     # 求a矩阵的逆
array([[ 1.22222222, -0.44444444, -0.11111111],
       [-0.66666667,  0.33333333,  0.33333333],
       [ 0.44444444,  0.11111111, -0.22222222]])
```

3.3.1.5　数据IO

在3.2节中介绍了Python内置的文件IO都是基于字符串的,如待输出为矩阵,文件的IO就不太方便。因此Numpy提供了如下常用的IO函数,详见下表3.13。

表3.13　numpy中的IO函数说明

函　　数	说　　明
save(file, arr, allow_pickle=True, fix_imports=True)	将数组arr保存到二进制文件file中。file是要保存文件的文件名,扩展名为".npy",如文件名中不含扩展名则在输出时自动加上

续表

函　　数	说　　　　明
savez(file, *args, **kwds)	将多个数组保存到二进制文件file中。file是要保存文件的文件名,扩展名为".npz",如文件名中不含扩展名,则在输出时自动加上。Args是要保存的数组,可以使用关键字为每个数组命名,方便后续调用。如未起名的数组将自动起名为arr_0,arr_1,…。Kwds是要保存的数组的关键字名
load(file)	从".npy"、".npz"或pickle文件中导入数据
savetxt(file, a, fmt="%d", delimiter=",")	以文本格式将数组a保存到文件file中。fmt指定数组元素的输出格式,默认为"%d"。delimiter指定数组元素的分隔符,默认为","
loadtxt(FILENAME, dtype=int, delimiter=' ')	从文本文件file中导入数据。Dtype指定读入数据的类型,默认为整型(int)。delimiter指定数组元素的分隔符,默认为空格(" ")

在地球物理中经常要使用速度模型,一般存在一个文本文件中,文件内容如下:

```
$ cat layered_model.dat
0.000   2.100   4.300   2.320
1.250   3.430   5.920   2.760
18.000  3.600   6.490   2.920
36.000  3.740   6.930   3.060
45.000  4.350   7.960   3.310
```

可以使用如下代码读入:

```
>>> import numpy as np
>>> a=np.loadtxt("layered_model.dat")
>>> print(a)
[[0.    2.1   4.3   2.32]
 [1.25  3.43  5.92  2.76]
 [18.   3.6   6.49  2.92]
 [36.   3.74  6.93  3.06]
 [45.   4.35  7.96  3.31]]
```

在对其进行处理后,可以重新保存为如下文本格式:

```
>>> np.savetxt("new_model.dat",a,fmt="%6.4f",delimiter=",")
```

在输出过程中使用了逗号作为分隔符,数组元素的格式变为"%6.4f"。新文件内容为

```
$ cat new_model.dat
0.0000,2.1000,4.3000,2.3200
1.2500,3.4300,5.9200,2.7600
```

```
18.0000,3.6000,6.4900,2.9200
36.0000,3.7400,6.9300,3.0600
45.0000,4.3500,7.9600,3.3100
```

也可以使用以下代码保存为二进制文件：

```
>>> np.savez("new_model",a)          # 自动添加后缀.npz
>>> np.save("new_model.npy",a)
```

在load二进制文件时需注意npy和npz文件的差异。npy文件load后是一个数组，而npz文件load是一个npzfile对象，内容获取方式和字典类似。示例如下：

```
>>> a=np.load("new_model.npy")
>>> print(a)
[[0.    2.1   4.3    2.32]
 [1.25  3.43  5.92   2.76]
 [18.   3.6   6.49   2.92]
 [36.   3.74  6.93   3.06]
 [45.   4.35  7.96   3.31]]
>>> a=np.load("new_model.npz")
>>> print(a["arr_0"])
[[0.    2.1   4.3    2.32]
 [1.25  3.43  5.92   2.76]
 [18.   3.6   6.49   2.92]
 [36.   3.74  6.93   3.06]
 [45.   4.35  7.96   3.31]]
```

3.3.2　Matplotlib库

Python中大部分的图形元素，如各种线条、文字、等值线等，都可以使用Matplotlib库提供的各种函数绘制。Matplotlib库中的函数用法和Matlab软件里的图形绘制函数类似。Matplotlib库包含有三大类共计19种绘制各种二维图形的函数。除了绘制各种曲线外，地球物理学科中经常需要绘制各种包含地图或地形的图件，这类图件可以借助Basemap库，该库的使用方法将在3.5节中详细讲解。

通常在绘图前需要使用“import matplotlib.pyplot as plt”，此时plt将作为matplotlib.pyplot模块的别名。

下面将通过举例来介绍常用的一些主要函数。首先，继续上一节速度模型的例子，在读入速度模型后需要绘制速度随深度的变化（希望达到的效果如图3.3所示）。这是由一系列线连起来的折线，P波和S波分别用不同的颜色和线型表示。

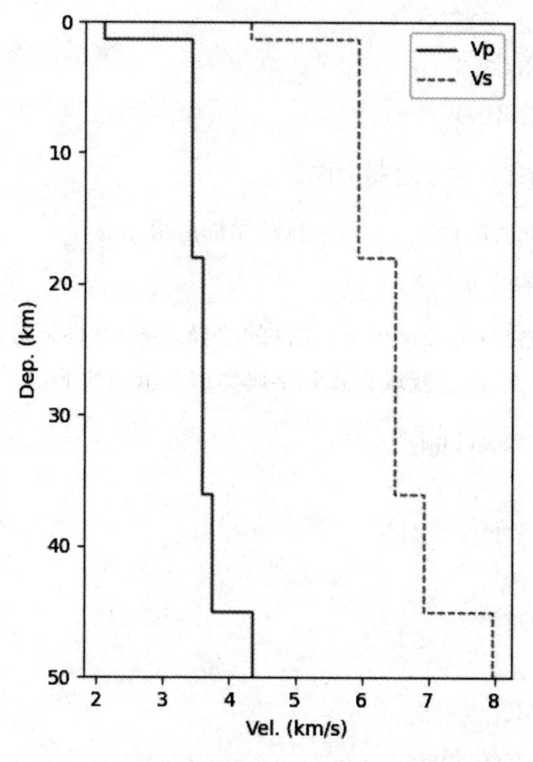

图3.3　使用matplotlib库绘制P和S波速度结构

最终实现的代码如下：

```
import numpy as np
import matplotlib.pyplot as plt
a=np.loadtxt("layered_model.dat")
nlayer=len(a)
vp=[]
vs=[]
h=[]
for i in range(nlayer-1):
    h.append(a[i,0])
    vp.append(a[i,1])
    vs.append(a[i,2])
    h.append(a[i+1,0])
    vp.append(a[i,1])
    vs.append(a[i,2])
h.append(a[nlayer-1,0])
vp.append(a[nlayer-1,1])
vs.append(a[nlayer-1,2])
```

```
h.append(a[nlayer-1,0]+5)
vp.append(a[nlayer-1,1])
vs.append(a[nlayer-1,2])
fig=plt.figure(figsize=(4,6))
plt.plot(vp,h,"b-",linewidth=1.0,label="Vp")
plt.plot(vs,h,"r--",linewidth=1.0,label="Vs")
plt.xlabel("Vel. (km/s)")
plt.ylabel("Dep. (km)")
plt.ylim([0,50])
plt.legend(loc="upper right")
plt.gca().invert_yaxis()
#plt.show()
plt.savefig("vel.png")
```

这段代码中最先导入了速度模型数据。但原有的数据不能建立前面展示的台阶状速度模型,因此需要对数据进行改造。通过一个for循环得到了绘制P波和S波速度随深度变化而变化的数据。在图形绘制过程中,首先使用figure语句创建一个绘图对象。figure语句的语法如下:

```
figure(num=None, figsize=None, dpi=None)
```

其中,num是个整型参数,主要用于指定图的序号。如果指定序号的图存在,则不创建新的对象,而只选择其为当前绘图对象。这点在同时绘制多图时有用。Figsize用于指定图的宽度和高度,单位为英寸。例如,在代码中指定了图的宽和高分别为4 inch和6 inch。Dpi用于指定图的分辨率。

创建好图形对象后,用plot方法进行速度曲线的绘制。实际上plot是在子图的axes对象上绘图。如当前figure中没有axes对象,则会自动创建,并使用该axes对象作为当前绘图对象。Plot的常用语法格式如下:

```
plot([x], y, [fmt], [x2], y2, [fmt2])
```

其中,(x, y),$(x2, y2)$分别表示x和y轴的数据。如只画一条曲线且x轴无量纲可以只输入y。fmt用于指定曲线的颜色和线型,一般由一组分别指定曲线颜色和样式的符号构成。例如,“b-”中b表示蓝色,“-”表示线型为实线。常用的颜色和线型参数如表3.14所示。

表3.14　Matplotlib中常用的颜色和线型

颜色参数		线型参数	
蓝色	b	实线	-
绿色	g	虚线	--
红色	r	点虚线	-.
黄色	y	点	.
黑色	b		
白色	w		

此外,还使用了xlabel、ylabel分别设置x和y坐标轴的标注。xlim和ylim分别设置x和y坐标轴的显示范围。Legend显示了图例,区分P和S波的曲线。此外,由于速度模型显示的习惯,一般深度是从上往下显示,即y轴向下为正。所以使用了当前绘图对象的invert_yaxis方法反转y轴。

图像绘制完成后可以使用show函数以弹窗形式显示图像,或用savefig函数保存成图像文件。Savefig函数的常用格式为

```
savefig(fname, dpi='figure', format=None)
```

其中,fname指定保存的图像文件名,如给定后缀则自动识别后缀的图像格式。Dpi指定图像的分别率,默认和figure函数一致。format指定图像文件的格式,默认不指定,即从fname的后缀识别。

对于绘制速度模型这个任务,基于Matplotlib函数,还有一种更简单的解决方案。即使用step函数。示例代码如下:

```
import numpy as np
import matplotlib.pyplot as plt
a=np.loadtxt("layered_model.dat")
h=a[:,0]
vp=a[:,1]
vs=a[:,2]
h=np.hstack((h,h[-1]+5))
vp=np.hstack((vp,vp[-1]))
vs=np.hstack((vs,vs[-1]))
fig=plt.figure(figsize=(4,6))
plt.step(vp,h,"b-",linewidth=1.0,label="Vp")
plt.step(vs,h,"r--",linewidth=1.0,label="Vs")
plt.xlabel("Vel. (km/s)")
plt.ylabel("Dep. (km)")
plt.ylim([0,50])
plt.legend(loc="upper right")
plt.gca().invert_yaxis()
#plt.show()
plt.savefig("vel1.png")
```

对比两个代码,step函数对数据的前处理很简单,只需在最后加一层,然后用step替换plot即可。step函数的格式如下:

```
step(x, y, [fmt], **kwargs)
```

其中,(x, y)分别表示X和Y轴的数据。Fmt参数和plot中的相同。**kwargs可选参数,用于指定2D曲线的属性。比较常用的参数有linewidth(曲线的粗细)和label(自动为每条曲线添

加图例)。

接下来,将以一个区域地震震级统计分析的例子来介绍另外几个常用函数。最终绘制效果如图3.4所示。

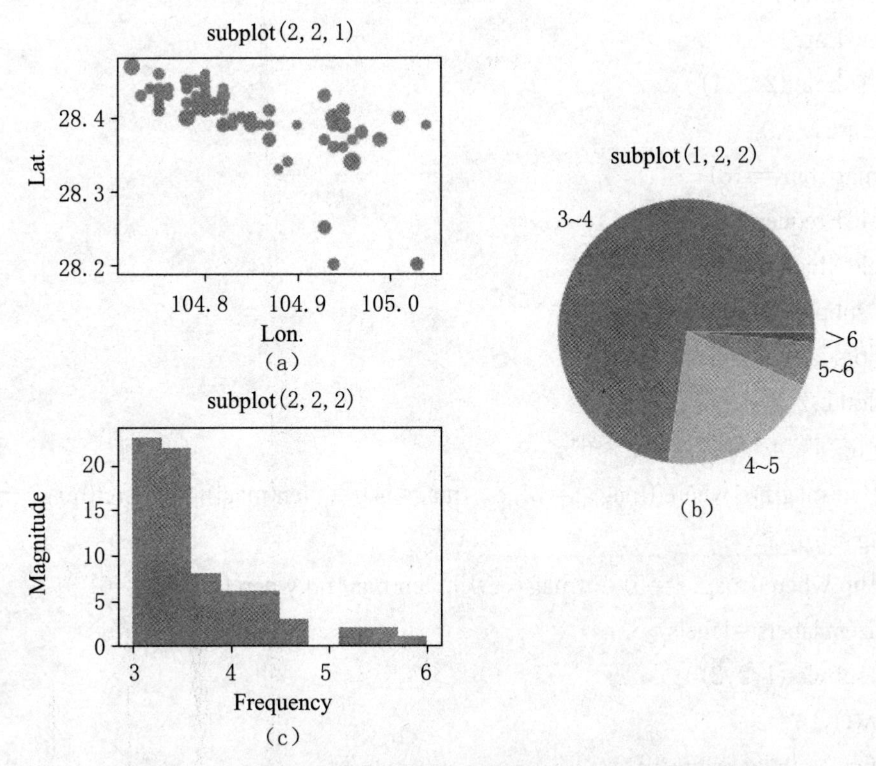

图3.4　使用Matplotlib中的函数绘制复杂布局的地球物理图件

示例中分别绘制了震源分布图(2,2,1),震级频度图(2,2,2)和震级分布饼图(1,2,2)。

绘制脚本如下所示:

```
import matplotlib.pyplot as plt
import numpy as np
f=open("cenc_catlog.txt","r")
lon=[]
lat=[]
mag=[]
for oneline in f:
    str1=oneline.split(" ")
    lon.append(float(str1[3]))
    lat.append(float(str1[2]))
    mag.append(float(str1[5]))
mag=np.array(mag)
plt.subplot(2,2,1)
plt.scatter(lon,lat,s=(mag-2.0)/6.0*100.0,vmin=2,vmax=6)
```

```
midx=np.where(mag>=6)[0]
plt.text(lon[midx[0]],lat[midx[0]],"mainshock")
plt.xlabel("Lon.")
plt.ylabel("Lat.")
plt.title("subplot(2,2,1)")
plt.subplot(2,2,3)
plt.hist(mag,bins=10)
plt.xlabel("Frequency")
plt.ylabel("Magnitude")
plt.title("subplot(2,2,2)")
plt.subplots_adjust(hspace=0.5)
plt.subplot(1,2,2)
labels="3~4","4~5","5~6",">6"
sizes= [len(mag[np. where((mag>=3) & (mag<4))]), len(mag[np. where((mag>=4) &
    (mag<5))]),
len(mag[np.where((mag>=5) & (mag<6))]), len(mag[np.where((mag>=6))])]
plt.pie(sizes,labels=labels)
plt.title("subplot(1,2,2)")
#plt.show()
plt.savefig("earthquake.png")
```

首先从附录中的地震数据文件(cenc_catlog.txt)中读入事件的经度(lon)、纬度(lat)和震级(mag)。在这个例子里,由于要将三个图绘制在一个figure对象中,因此使用了subplot函数。该函数的格式如下:

```
subplot(nrows, ncols, index, **kwargs)
```

其中,nrows和ncols分别为指定将绘图区域等分成nrows行和ncols列个子区域。这些区域按照从左到右、从上到下的顺序编号,编号从1开始。Index用于指定用第几个子区域绘图。如果nrows,ncols,index都小于10可以将其写成一个整数。例如,subplot(2,3,2)和subplot(232)等效。也可以使用subplot构建不同形状的多子图。如示例中展示的,左侧两个图分别绘制在subplot(2,2,1)和subplot(2,2,3)子图中。右侧的图单独绘制在subplot(1,2,2)子图中。

在第一个子图中,使用了scatter函数来绘制散点图,表示不同震级地震的空间分布。scatter函数的格式如下:

```
scatter(x, y, s=None, alpha=None)
```

其中,x和y分别表示数据的x和y轴坐标。s指定每个点上图标的大小。*alpha*指定图标的透明度,其值在0(透明)到1(不透明)之间。

为了在第一个子图中标注出主震的位置，使用了text函数。text函数的格式如下：

```
text(x, y, s)
```

其中，x和y分别表示要输出的文字的X和Y轴坐标。s为待输出的文字的内容。

在第二个子图中，使用hist函数，即直方图，统计了不同震级的地震出现的频次。hist函数的格式如下：

```
hist(x, bins=None)
```

其中，x为要统计的数据。bins指定直方图的柱数，默认值为10。

在第三个子图中，使用pie函数，即饼图，统计了不同震级地震在数据中所占的比例。这里将震级分成了四个区间，并使用np.where函数查找震级在每个范围内的序号，然后用len函数统计在该范围内的震级的数目。pie函数的格式如下：

```
pie(x, labels=None)
```

其中，x表示要绘制饼图的数据。labels为一个字符串序列，序列的内容将作为饼图中每个区块的标注。

最后，使用title函数为每个子图加上了标题。

需要注意的是，Matplotlib没有函数能够对子图进行自动编号，但可以借助title函数实现这一目的。plt.title函数有两种控制title位置的参数，一个是loc，可选值为'center', 'left', 'right'，只能简单控制title的位置；另一种是x和y，用于精确控制title在子图上的相对子图原点的位置。x和y的范围是[0,1]。示例代码如下：

```
import matplotlib.pyplot as plt
plt.figure()
for i in range(4):
...     plt.subplot(2,2,i+1)
...     plt.title('(' + str(i) + ')',x=0.8,y=0.8)
plt.show()
```

另外在plt.subplot命令中子图的编号是从1开始的，所以上述代码中需要使用“i+1”而不是“i”。成图效果如图3.5所示。

3.3.3　Obspy库

Obspy是python中专门用于地震资料处理的一个函数库。它提供了地震资料获取、处理和图形绘制的功能。Obspy创建了三个类专门用于存储地震目录（Catalog）、台站信息（Inventory）和波形数据（Stream）。

1. Catalog类

该类由Event列表构成（如图3.6）。每个Event列表包含存放地震事件位置和时间的origin，存放震级信息的magnitude，存放震相到时的pick和存放震源机制的focal_mechanism。

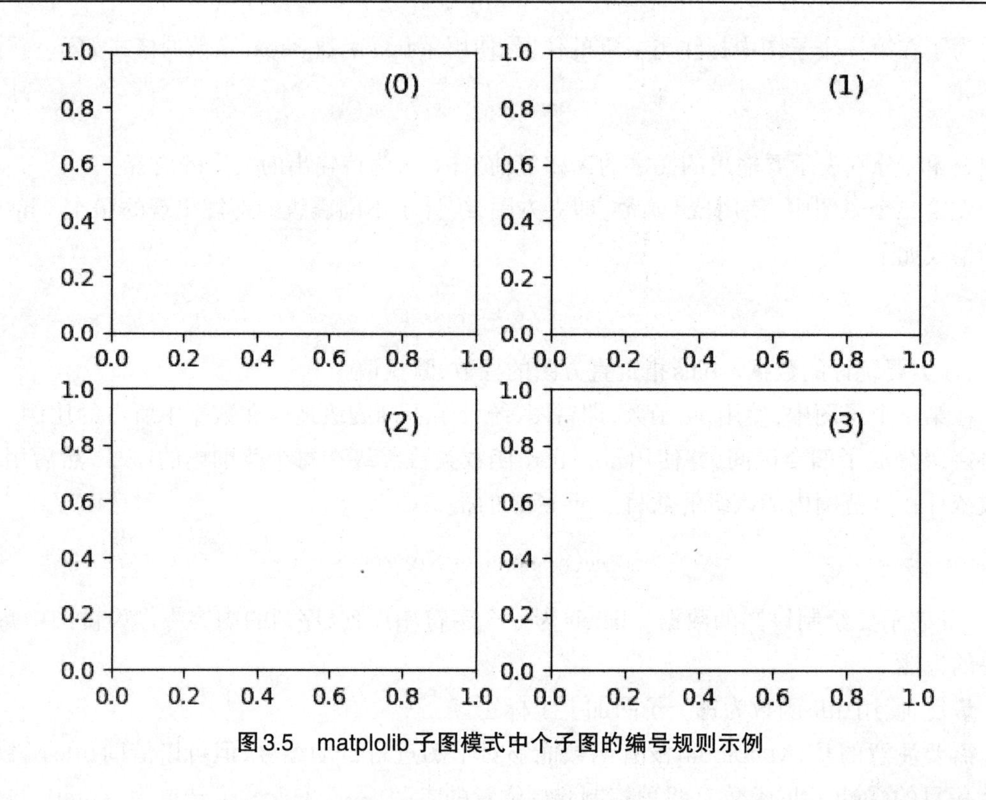

图3.5　matplolib子图模式中个子图的编号规则示例

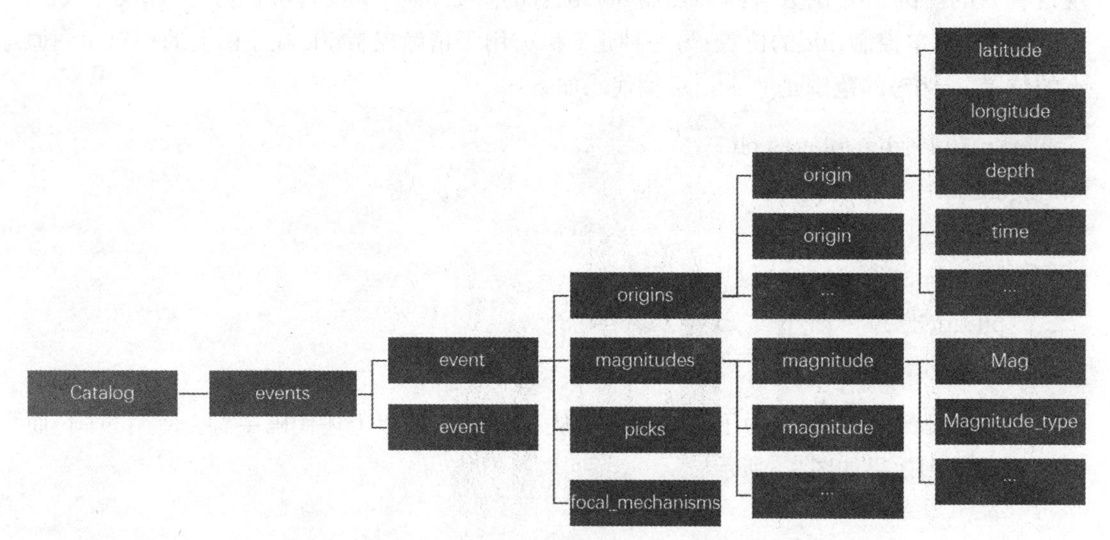

图3.6　Catalog类的数据结构示意图

2. Inventory类

该类主要用于存储台站相关数据(图3.7),由Network列表构成(图3.7)。每个Network列表包有一个station列表和描述台网的code和description等属性。每个station包含一个channel列表和描述台站的code、坐标(latitude、longitude等)和时间等属性。而每个channel则包含每个分量的code、坐标、方向(dip和azimuth)和仪器响应等属性。

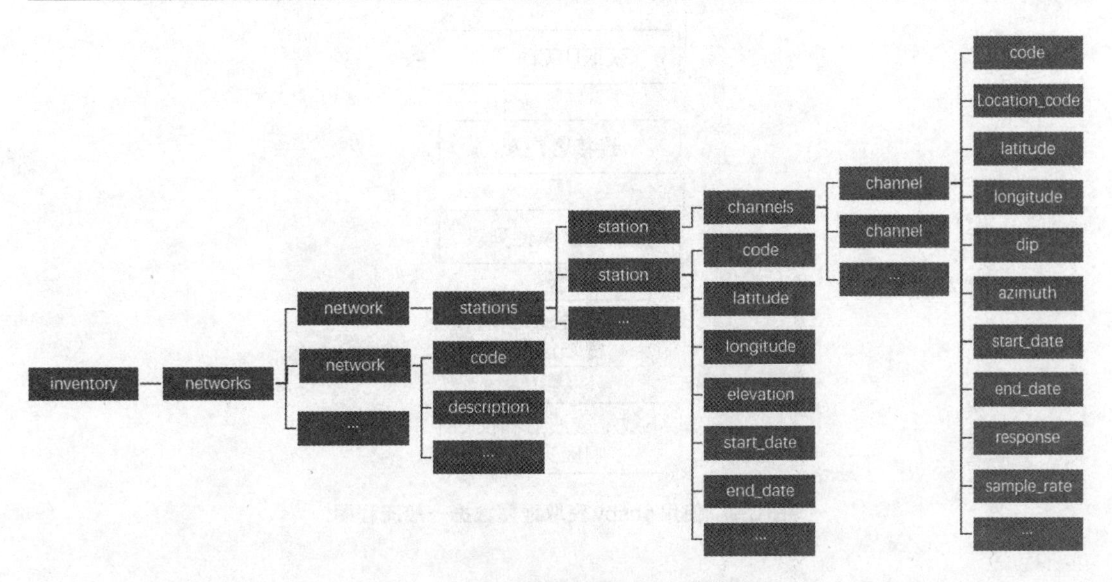

图3.7 Inventory类的数据结构示意图

3. Stream类

该类用于存储波形数据，由一个Trace列表构成(图3.8，彩图见书后插页)。每个Trace列表都包含data、stats以及taper、filter、resample、interpolate和decimate等属性，用于数据处理。其中data是一个Numpy数组，用于保存波形数据。Stats是一个列表，包含了台网、台站、记录开始/结束时间，采样率、采样间隔和数据点数等信息。

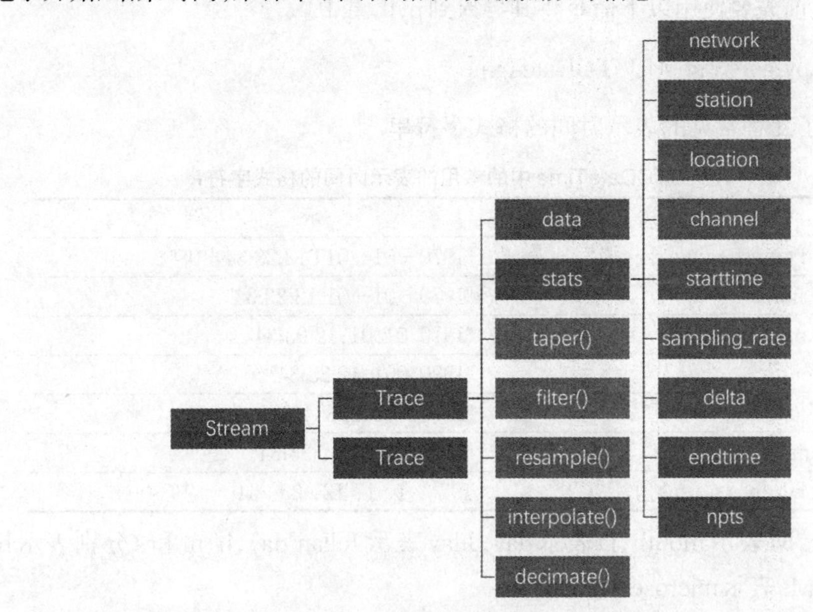

图3.8 Stream类的数据结构示意图
橘色表示数据处理方法

本章我们主要学习如何使用obspy获取地震波形数据。获取流程如图3.9所示。

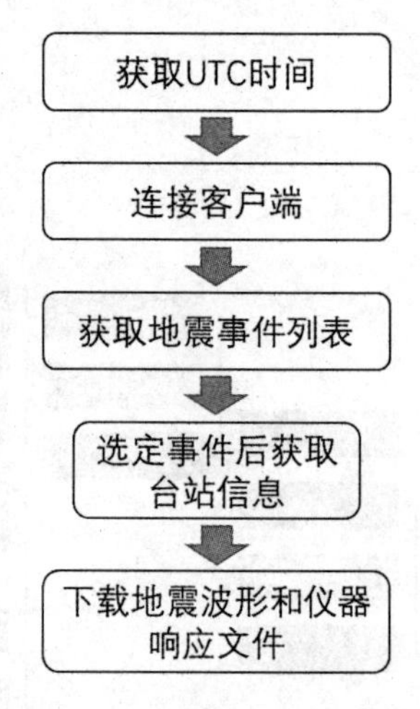

图3.9　使用obspy获取地震数据一般流程图

3.3.3.1　获取UTC时间

世界协调时间UTC(Coordinated Universal Time),又称格林尼治时间,是地震资料常用的计时方式。与之相对的是地方时(Local Time),地方时和UTC的差异取决于该地的地理经度。例如北京时间和格林尼治时间就相差8 h。北京时间11:00 am,对应的UTC时间是3:00 am。obspy中提供了一个专门的类UTCDateTime来处理各种时间。在使用UTCDateTime之前先要使用以下命令将其导入到python中。

```
>>> from obspy.core import UTCDateTime
```

表3.15给出了几种常见的表示时间的格式字符串。

表3.15　UTCDateTime中的常用的表示时间的格式字符串

格　式	示　例
"Y-M-DTh:m:s[+time zone]"	"1970-01-01T12:23:34+08"
"Y-M-D h:m:s"	"1970-01-01 12:23:34"
"Y,M,D,h:m:s"	"1970,01,01,12:23:34"
"Y,Jday,h:m:s"	"1970,001,12:23:34"
"YMDhms"	"19700101122334"
"Y/M/D h:m:s"	"1970/01/01 12:23:34"
Y, M, D[, h[, m[, s[, ms]]]	1970, 1, 1, 12, 23, 34

其中,Y表示year,M表示month,D表示day,Jday表示Julian day,h、m和s分别表示hour、minute和second,Ms表示microsecond。

使用格式字符串或直接输入表示时间的变量值就可以完成UTCDateTime对象的初始化。例如:

```
UTCDateTime("2012-09-07T12:15:00")
UTCDateTime(2012, 9, 7, 12, 15)
UTCDateTime(2012, 9, 7, 12, 15, 0)
```

```
UTCDateTime(2012, 9, 7, 12, 15)
```

在生成对象后可以很方便地查看相应的属性。例如：

```
>>> time=UTCDateTime('2022-03-09T15:30:01')
>>> time.year
2022
>>> time.julday
68
>>> time.weekday
2
```

也可以对时间对象进行处理。例如，查看time对象之后3600 s的时间：

```
>>> time=UTCDateTime('2022-03-09T15:30:01')
>>> print(time + 3600)
2022-03-09T16:30:01.000000Z
```

或者计算time和time1两个对象的时间差：

```
>>> time=UTCDateTime('2022-03-09T15:30:01')
>>> time1=UTCDateTime(2022, 1, 1)
>>> print(time-time1)
5844601.0
```

3.3.3.2 获取地震波形数据

1. 连接客户端

Obspy提供了多个数据中心的接口(表3.16)来进行数据下载任务。但需要注意的是这些数据中心提供的数据和数据的格式是实时变化的。其中FDSN和IRIS这两个数据服务最常用。

表3.16 常用的数据中心提供的数据类型及格式

数据中心	可获得数据类型	数 据 格 式
The FDSN Web Service	波形	MiniSEED或其他可选格式
	台站信息	StationXML或文本
	事件信息	QuakeXML或文本
ArcLink	波形	MiniSEED,SEED
	台站信息	Dataless SEED,SEED
IRIS Web Services	波形	MiniSEED或其他可选格式
	台站信息	StationXML或文本,也可以专门获取不同格式的仪器响应文件
	事件信息	QuakeXML或文本
Earthworm Wave Server	波形	自定义格式

续表

数据中心	可获得数据类型	数 据 格 式
NEIC	波形	MiniSEED
SeedLink	波形	MiniSEED
Syngine Service	波形	MiniSEED和SAC文件的zip压缩包

其中,IRIS还提供了三个有用的函数,尽管这三个函数在obspy也有相应的替代函数。

(1) obspy.clients.iris.client.Client.traveltime()对应obspy.taup()

功能:计算一维球层状介质中不同地震震相的走时。在计算走时的过程中需要指定地震事件到台站的沿地球大圆弧路径的距离。距离的设定有三种方式:

① 直接指定大圆弧路径,单位为°,使用参数distdeg

② 直接指定大圆弧路径,单位为km,使用参数distkm

③ 指定事件和台站的经纬度,使用参数evloc和staloc

参数说明如表3.17所示。

表3.17 taup方法的各个参数说明

参数	说 明
model	一维地球速度模型名。可用模型有三种:‘iasp91’(默认模型),‘prem’和‘ak135’
phases	需要计算走时的震相列表。默认列表为['p','s','P','S','Pn','Sn','PcP','ScS','Pdiff','Sdiff','PKP','SKS','PKiKP','SKiKS','PKIKP','SKIKS']。自定义列表中无效的震相将会被忽略
evdepth	地震事件的深度,单位为km,默认深度为0 km
distdeg	震源到台站的大圆弧路径,单位为°。多个震源使用列表对参数赋值
distkm	震源到台站的大圆弧路径,单位为km。多个震源使用列表对参数赋值
evloc	事件的位置(纬度,经度),单位为°。多个震源使用元组对参数赋值
stloc	台站的位置(纬度,经度),单位为°。多个震源使用元组对参数赋值
Noheader	是否输出表头,默认值False
Traveltimeonly	是否只输出走时,单位为s。默认值False
Rayparamonly	是否只输出射线参数,单位为s/deg。默认值False
Mintimeonly	对一个震中距,当震相有多个到时时,是否只输出最小到时。默认值False
Filename	输出文件名,为空则不输出。默认值为空

示例,计算位于(−36.122,−72.898)的地震事件到三个台站((−33.45,−70.67),(47.61,−122.33),(35.69,139.69))的到时,其中地震震源深度为22.9 km,需要计算出所有默认震相列表中的震相。

```
>>> from obspy.clients.iris import Client
>>> client=Client()
>>> result = client.traveltime(evloc=(-36.122,-72.898),
    staloc=[(-33.45,-70.67),(47.61,-122.33),(35.69,139.69)],
    evdepth=22.9)
>>> print(result.decode())
Model: iasp91
```

```
Distance   Depth   Phase    Travel      Ray Param   Takeoff  Incident  Purist    Purist
  (deg)     (km)   Name     Time (s)    p (s/deg)   (deg)    (deg)     Distance  Name
---------------------------------------------------------------------------------------
  3.24     22.9    P        49.39       13.750      53.77    45.82     3.24      = P
  3.24     22.9    Pn       49.40       13.754      53.80    45.84     3.24      = Pn
  3.24     22.9    P        56.77       17.043      89.08    62.75     3.24      = P
  3.24     22.9    P        56.90       16.969      84.58    62.27     3.24      = P
  3.24     22.9    S        87.99       24.724
  3.24     22.9    P        56.77       17.043      89.08    62.75     3.24      = P
  3.24     22.9    P        56.90       16.969      84.58    62.27     3.24      = P
  3.24     22.9    S        87.99       24.724      56.81    48.34     3.24      = S
  3.24     22.9    Sn       88.00       24.739      56.86    48.38     3.24      = Sn
  3.24     22.9    S        98.35       29.542      89.08    63.21     3.24      = S
  3.24     22.9    S        98.57       29.413      84.57    62.72     3.24      = S
  3.24     22.9    PcP      507.88      0.311       1.05     0.93      3.24      = PcP
  3.24     22.9    ScS      929.77      0.574       1.11     0.99      3.24      = ScS
  3.24     22.9    PKiKP    990.79      0.072       0.24     0.22      3.24      = PKiKP
  3.24     22.9    SKiKS    1412.27     0.081       0.16     0.14      3.24      = SKiKS
  94.66    22.9    P        799.03      4.557       15.51    13.75     94.66     = P
  94.66    22.9    PcP      799.26      4.436       15.09    13.38     94.66     = PcP
  94.66    22.9    PKiKP    1081.49     1.736       5.84     5.19      94.66     = PKiKP
  94.66    22.9    SKS      1432.58     5.403       10.54    9.40      94.66     = SKS
  94.66    22.9    S        1470.70     8.676       17.08    15.20     94.66     = S
  94.66    22.9    ScS      1471.57     8.315       16.35    14.55     94.66     = ScS
  94.66    22.9    SKiKS    1510.87     1.835       3.56     3.18      94.66     = SKiKS
  153.73   22.9    Pdiff    1061.45     4.439       15.09    13.39     153.73    = Pdiff
  153.73   22.9    PKIKP    1188.44     1.427       4.80     4.27      153.73    = PKIKP
  153.73   22.9    PKP      1196.98     2.221       7.49     6.65      153.73    = PKP
  153.73   22.9    PKiKP    1197.11     2.071       6.98     6.20      153.73    = PKiKP
  153.73   22.9    PKP      1209.41     4.249       14.43    12.81     153.73    = PKP
  153.73   22.9    SKIKS    1613.96     1.166       2.26     2.02      153.73    = SKIKS
  153.73   22.9    Sdiff    1963.18     8.323       16.36    14.57     153.73    = Sdiff
```

(2) obspy.clients.iris.client.Client.distaz()对应obspy.geodetics

功能：计算两点之间大圆弧路径的距离、方位角、后方位角。所有参数的单位均为°。方位角和后方位角从正北方向开始沿顺时针方向进行测量。所有返回值储存在字典变量中。

参数说明如表3.18所示。

表3.18　distaz方法的各个参数说明

参数	说明
Stalat	台站纬度
Stalon	台站经度
evtlat	事件纬度
evtlat	事件经度

示例,计算台站(1.1,1.2)到事件(3.2,1.4)的距离、方位角和反方位角。

```
>>> from obspy.clients.iris import Client
>>> client=Client()
>>> result = client.distaz(stalat=1.1, stalon=1.2, evtlat=3.2, evtlon=1.4)
>>> print(result)
{'ellipsoidname': 'WGS84', 'distance': 2.10256, 'distancemeters': 233272.79028, 'backazimuth': 5.46944, 'azimuth': 185.47695}
```

(3) obspy. clients. iris. client. Client. flinnengdahl() 对应 obspy. geodetics. flinnengdahl. FlinnEngdahl

功能:将一对经纬度值转换成Flinn-Engdahl地震区域代码或区域名。

参数说明如表3.19所示。

表3.19　flinnengdahl方法的各个参数说明

参　数	说　　明
Lat	纬度
Lon	经度
Rtype	返回值类型。可以是以下字符串中一个:'code','region'或'both'。默认值为'both'

示例:获取地址(−20.5,−100.6)的Flinn-Engdahl地震区域代码:

```
>>> from obspy.clients.iris import Client
>>> client=Client()
>>> client.flinnengdahl(lat=-20.5, lon=-100.6, rtype="code")
683
```

2. 获取地震事件信息

在初始化Client对象后就可以调用函数get_events来获取地震事件的信息。该函数的常用参数列表如表3.20所示。

表3.20　get_events方法的各个参数说明

参　数	说　　明
starttime	UTCDateTime对象,可选。代表给定要搜索的事件的起始时间
endtime	UTCDateTime对象,可选。代表给定要搜索的事件的结束时间
minlatitude、minlongitude、maxlatitude、maxlongitude	分别代表给定要搜索事件的范围,最小纬度、最小经度、最大纬度、最大经度

续表

参　数	说　　明
latitude、logitude minradius、maxradius	代表使用圆形区域搜索地震事件时指定搜索区域的圆心纬度、经度、最小半径、最大半径
mindepth、maxdepth	代表事件的最小深度、最大深度
minmagnitude maxmagnitude magnitudetype	代表事件的最小震级、最大震级、震级的类型
limit	代表指定输出地震的最大数目
orderby	代表指定搜索的地震事件在输出时的排列方式
filename	如果给定filename,将搜索到的地震事件信息以quakexml的格式保存到文件名中。否则返回值保存到Catalog对象中

例如,要搜索2008年5月12日当天发生的震级大于等于6级的地震事件。利用get_events函数可以搜索到两个地震事件。

```
>>> from obspy.core import UTCDateTime
>>> from obspy.clients.fdsn import Client
>>> client = Client("IRIS")
>>> starttime = UTCDateTime("2008-05-12")
>>> endtime = UTCDateTime("2008-05-13")
>>> cat = client.get_events(starttime=starttime, endtime=endtime,
                minmagnitude=6, catalog="ISC")
>>> print(cat)
2 Event(s) in Catalog:
2008-05-12T11:11:02.650000Z | +31.238, +103.627 | 6.1 MW
2008-05-12T06:27:59.980000Z | +31.064, +103.372 | 7.9 MW
```

get_events查找到的信息都保存在Catalog对象中。通过查看Catalog对象中的origins属性可以提取出地震事件的经纬度、以UTC DateTime对象保存的发震时刻等信息。例如,要提取上述查找结果中的第二个地震事件的信息,可以如下表示:

```
>>> evt = cat[1].origins[0]
>>> print("latitude: ", evt. latitude, "longitude: ", evt. longitude, "depth: ", evt. depth,
  "time:", evt.time)
latitude: 31.0636 longitude: 103.3718 depth: 7600.0 time: 2008-05-12T06:27:59.980000Z
```

3. 获取台站信息

和获取地震信息类似,也可以使用get_stations来获取台站信息。该函数常用参数列表如表3.21所示。

表3.21　get_stations方法的各个参数说明

参数	说　　明
starttime	UTCDateTime对象。代表给定要搜索的台站的起始时间
endtime	UTCDateTime对象。代表给定要搜索的台站的结束时间
minlatitude、minlongitude maxlatitude、maxlongitude	分别代表给定要搜索的台站范围,最小纬度、最小经度、最大纬度、最大经度
latitude、logitude minradius、maxradius	代表使用圆形区域搜索台站时指定搜索区域的圆心纬度、经度、最小半径、最大半径
network	代表台网代码。各台网代码由各个数据中心定义。如要搜索多个台网,台网名之间用逗号隔开。例如:“IU,TA”
station	代表台站代码。如要指定多个台站,台站名间用逗号隔开,例如:“ANMO,PFO”
location	选择一个或多个SEED位置标识符。多个标识符用逗号隔开。“——”是一个特例,将会被解释成两个字符的空格以匹配空的位置标识符
channel	选择一个或多个通道代码。多个通道代码用逗号隔开,例如:“BHZ,HHZ”
level	指定输出结果的详细程度。有四个层级:“network”只输出到台网信息;“station”只输出到台站信息;“channel”只输出到台站各通道信息;“response”输出所有信息,包括各通道的仪器响应
filename	如果给定,将搜索到的台站信息以StationXML的格式保存到文件名中。否则,返回值保存到Inventory对象中

需要说明的是,在指定network、station、channel时可以使用“*”和“?”通配符。例如,要获取在2008年5月12日当天,IC台网、BJT台站中所有BH分量的信息:

```
>>> inventory = client.get_stations(starttime=starttime, endtime=endtime,
                    network="IC", sta="BJT", channel="BH?",
                    level="response")
>>> print(inventory)
Inventory created at 2022-03-16T15:35:39.222000Z
  Created by: IRIS WEB SERVICE: fdsnws-station | version: 1.1.48
        http://service.iris.edu/fdsnws/station/1/query?station=BJT&starttim...
  Sending institution: IRIS-DMC (IRIS-DMC)
  Contains:
    Networks (1):
      IC
    Stations (1):
      IC.BJT (Baijiatuan, Beijing, China)
    Channels (3):
      IC.BJT.00.BHZ, IC.BJT.00.BHN, IC.BJT.00.BHE
```

Get_stations查找到的信息都保存在inventory对象中。利用inventory对象的函数可以分别获取台站的经纬度坐标(get_coordinates)、每个分量的方位(get_orientation)以及仪器响应文件(get_response,如需获取仪器响应,level一定要赋值为“response”)。例如:

```
>>> stnm = "IC.BJT.00.BHZ"
>>> inventory.get_coordinates(stnm)
{'latitude': 40.0183,
 'longitude': 116.1679,
 'elevation': 137.0,
 'local_depth': 60.0}
>>> inventory.get_orientation(stnm)
{'azimuth': 0.0, 'dip': -90.0}
```

其中台站坐标和方位都是存放在字典中，可以使用相应的键值访问。这里需要注意的是，台站分量方位的定义和SAC头段变量中的cmpaz和cmpinc有一点差别。inventory中使用的坐标系是右手系(NEZ)，而SAC头段变量中使用的是左手系(NEU)，因此azimuth和cmpaz相等，但dip和cmpinc相差90°。从图3.10中，可以看出obspy中台站方位的定义和SAC中定义的差别。

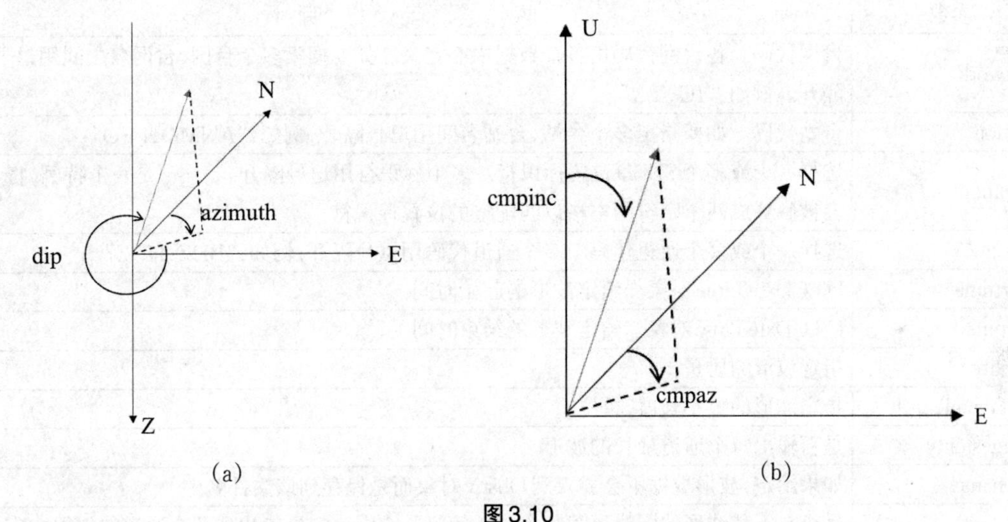

图3.10
(a) obspy中仪器方位坐标系，(b) SAC中的仪器方位坐标系。
灰色箭头表示仪器分量指向。虚线为仪器指向在NE平面和Z/U轴的投影。

用get_response函数获取的仪器响应会保存在response对象中，后续数据处理可能需要将其导出，一般会导出为SACPZ格式或RESP格式。例如，要获取汶川地震起震时刻(t1) BJT台BHZ分量的仪器响应，并保存为SACPZ格式。

```
stnm = "IC.BJT.00.BHZ"
response = inventory.get_response(stnm, t1)
pz = response.get_sacpz()
file = open(stnm + ".pz","w")
file.write(pz)
file.close()
```

输出结果将以文本格式保存在当前目录中的IC.BJT.00.BHZ.pz文件中，内容如下：

```
ZEROS 2
 +0.000000e+00 +0.000000e+00
 +0.000000e+00 +0.000000e+00
POLES 4
 -1.234000e-02 -1.234000e-02
 -1.234000e-02 +1.234000e-02
 -3.918000e+01 -4.912000e+01
 -3.918000e+01 +4.912000e+01
```

4. 数据下载

要获取地震波形数据则需要使用get_waveforms函数。该函数常用参数列表如表3.22所示。

表3.22 get_waveforms方法的各个参数说明

参数	说明
Network	台网代码。各台网代码由各个数据中心定义。如要搜索多个台网，台网名之间用逗号隔开。例如："IU，TA"
Station	台站代码。如要指定多个台站，台站名间用逗号隔开，例如："ANMO，PFO"
Location	选择一个或多个SEED位置标识符。多个标识符用逗号隔开。"－－"是一个特例，将会被解释成两个字符的空格以匹配空的位置标识符
Channel	选择一个或多个通道代码。多个通道代码用逗号隔开，例如："BHZ，HHZ"
Starttime	UTCDateTime对象。给定波形的起始时间
endtime	UTCDateTime对象。给定波形的结束时间
Quality	指定波形的质量
Minimumlength	指定波形的最小长度，单位s
Longestonly	是否输出每个通道最长的波形
Filename	如果给定，波形数据不会导入到Obspy对象而是保存到该文件名中
Attach_response	是否在下载波形的同时下载每个分量的仪器响应。如果未找到某个通道的仪器响应会报错。如果指定了文件名则该选项失效

和get_stations一样，在get_waveforms中也可以使用通配符。例如，要获取IC台网BJT台BH分量在汶川地震（2008-05-12T06:27:59.980000Z）起震时刻后1200 s的记录，内容如下：

```
>>> t1 = evt.time
>>> t2 = t1 + 1200
>>> st = client.get_waveforms(network="IC",station="BJT",
                location="00",channel="BH?",
                starttime=t1,endtime=t2,
                attach_response=True)
>>> print(st)
```

```
3 Trace(s) in Stream:
IC.BJT.00.BHE | 2008-05-12T11:11:02.660644Z-2008-05-12T11:31:02.610644Z | 20.0
Hz, 24000 samples
IC.BJT.00.BHN | 2008-05-12T11:11:02.660644Z-2008-05-12T11:31:02.610644Z | 20.0
Hz, 24000 samples
IC.BJT.00.BHZ | 2008-05-12T11:11:02.660644Z-2008-05-12T11:31:02.610644Z | 20.0
Hz, 24000 samples
```

获取到的波形数据保存在一个Trace对象列表中(st)。可以使用每个Trace对象的stats属性查看台站和分量等信息。波形数据保存在Trace对象的data中。例如,查看第一条波形记录的信息,如下所示:

```
>>> print(st[0].stats)
network: IC
              station: BJT
             location: 00
             channel: BHE
            starttime: 2008-05-12T06:28:00.010647Z
             endtime: 2008-05-12T06:47:59.960647Z
        sampling_rate: 20.0
                delta: 0.05
                 npts: 24000
                calib: 1.0
_fdsnws_dataselect_url: http://service.iris.edu/fdsnws/dataselect/1/query
              _format: MSEED
                mseed: AttribDict({'dataquality': 'M', 'number_of_records': 16, 'encoding':
                       'STEIM1', 'byteorder': '>', 'record_length': 4096, 'filesize': 200704})
           processing: ['ObsPy 1.2.2: trim(endtime=UTCDateTime(2008, 5, 12, 6, 47,
                       59, 960647):: fill_value=None:: nearest_sample=True:: pad=False::
                       starttime=UTCDateTime(2008, 5, 12, 6, 27, 59, 960647))']
```

如要将数据保存到本地目录,可以使用Trace对象的write函数。例如,将BJT三分量的数据保存到当前目录,文件名按“台网名台站.名位置.代码.通道.sac”方式命名。

```
for stc in st:
    stnm = stc.stats.network + "."\
        + stc.stats.station + "."\
        + stc.stats.location + "."\
        + stc.stats.channel
    stc.write(stnm + ".sac", format="SAC")
```

需要注意的是，get_waveforms从数据中心获取的只是MiniSeed格式的数据，数据的头段信息中不包含事件的信息和台站的经纬度等信息。上面的例子得到的SAC数据，其头段变量中也不含这些信息。如果要将这些信息写入到SAC头段变量（具体每个头段变量的意义参见5.3.2节）中则需要借助obspy.io.sac.sactrace对象。例如，将台站坐标和事件坐标写到SAC头段变量中，然后保存。

```
from obspy.io.sac import SACTrace         # 引入SACTrace
for stc in st:
    stnm = stc.stats.network + "."\
        + stc.stats.station + "."\
        + stc.stats.location + "."\
        + stc.stats.channel
    sac = SACTrace.from_obspy_trace(stc)   # 将obspy的Trace对象转换成sac对象
    sac.lcalda = True
    sac.evla = evt.latitude
    sac.evlo = evt.longitude
    sac.evdp = evt.depth*1e-3
    stcoor = inventory.get_coordinates(stnm)
    sac.stla = stcoor["latitude"]
    sac.stlo = stcoor["longitude"]
    sac.stdp = stcoor["local_depth"]
    cmp_ori = inventory.get_orientation(stnm)
    sac.cmpaz = cmp_ori["azimuth"]
    sac.cmpinc = cmp_ori["dip"] + 90
    sac.write(stnm + ".sac")                 #使用sactrace对象的write函数
```

5. 位置分布绘制

简单的底图绘制可以使用Inventory或Catalog对象的内置函数，例如，利用Inventory.plot()或Catalog.plot()来绘制。又例如，在获取了地震事件的信息后，可以使用catalog.plot()绘制出地震的分布。

```
t1 = UTCDateTime("2012-05-12T00:00:00")
t2 = UTCDateTime("2012-05-13T00:00:00")
cat = client.get_events(starttime=t1, endtime=t2, minmagnitude=5, catalog="ISC")
cat.plot()
```

或者使用inventory.plot()绘制出台站的分布图。

```
t1 = UTCDateTime("2012-05-12T00:00:00")
t2 = UTCDateTime("2012-05-13T00:00:00")
inventory = client.get_stations(starttime=t1, endtime=t2,
```

```
    network="*", sta="*", loc="*", channel="BHZ",
    latitude=38.656, longitude=70.373, maxradius=10,
    level="response")
inventory.plot()
```

用上述方式绘制图件时，坐标范围、投影方式等都无法自己定义。可以使用mpl_toolkits库中的Basemap对象来进行底图的设置。Basemap方法的常用参数如表3.23所示。

表3.23 Basemap方法的各个参数说明

参数	说明
Projection	投影方式
Llcrnrlon, llcrnrlat, urcrnrlon, urcrnrlat	需要绘制地图区域左下角的经度、纬度和右上角的经度、纬度。柱坐标投影("cyl","merc","mill","cea"和"gall")一般用这种方式设定投影区域
Width, height, lon_0, lat_0	需要绘制地图区域的宽度(m)、高度(m)和中心点的经度、纬度
Resolution	使用的边界数据库的分别率。可用参数有:"c"(粗糙),"l"(低),"i"(适中),"h"(高),"f"(全分辨)或无。如果无,则边界数据将不会读入
Ax	设置默认的坐标实例(默认为None,使用matplotlib.pyplot.gca()获取当前坐标实例)。如果不想使用matplotlib.pyplot导入,可以自行设置已设置的坐标实例或使用关键字"ax"在每个Basemap方法中调用。在第一种方式中,所有的Basemap方法的调用都会绘制到同一个坐标实例上。在第二种方式中,可以在一个Basemap实例上绘制不同的坐标,也可以使用关键字"ax"在每一次方法调用时有选择地覆盖默认的坐标实例
Lat_1	对lcc、aea和等距圆锥三种投影方式的第一个标准平行线。此外,如果lat_1未设置但lat_0已设,则lat_1将设为lat_0。对斜墨卡托投影,lat_1为两点间纬度的差异
Lat_2	对lcc、aea和等距圆锥三种投影方式的第一个标准平行线。此外如果lat_2未设置,则lat_2将设为lat_1。对斜墨卡托投影,lat_2为两点间纬度的差异

在Basemap中可用的投影方式如表3.24所示。

表3.24 Basemap方法可用的投影方式说明

参数	说明
cyl	Cylindrical Equidistant (默认投影方式)
merc	Mercator
tmerc	Transverse Mercator
omerc	Oblique Mercator
mill	Miller Cylindrical
gall	Gall Stereographic Cylindrical
cea	Cylindrical Equal Area
lcc	Lambert Conformal
laea	Lambert Azimuthal Equal Area
nplaea	North-Polar Lambert Azimuthal
splaea	South-Polar Lambert Azimuthal

续表

参数	说　　明
eqdc	Equidistant Conic
aeqd	Azimuthal Equidistant
npaeqd	North-Polar Azimuthal Equidistant
spaeqd	South-Polar Azimuthal Equidistant
aea	Albers Equal Area
stere	Stereographic
npstere	North-Polar Stereographic
spstere	South-Polar Stereographic
cass	Cassini-Soldner
poly	Polyconic
ortho	Orthographic
geos	Geostationary
nsper	Near-Sided Perspective
sinu	Sinusoidal
moll	Mollweide
hammer	Hammer
robin	Robinson
kav7	Kavrayskiy VII
eck4	Eckert IV
vandg	van der Grinten
mbtfpq	McBryde-Thomas Flat-Polar Quartic
gnom	Gnomonic
rotpole	Rotated Pole

根据实际情况，可能需要绘制海岸线、国境线、经度/纬度线等，则需要以下函数：

(1) drawcoastlines绘制海岸线

drawcoastlines绘制海岸线的参数说明如表3.25所示。

表3.25　drawcoastlines方法的参数说明

参　数	说　　明
Linewidth	海岸线线条宽度(默认0.5)
Linestyle	海岸线线条线型(默认solid)
Color	国境线线条颜色(默认black)
Antialiased	国境线去锯齿开关(默认True)
Ax	坐标实例(覆盖默认坐标实例)
Zorder	设置国境线的zorder(如未指定则使用matplotlib.patches.LineCollections默认值。默认为None)

(2) drawcountries绘制国境线

drawcountries绘制国境线的参数说明如表3.26所示。

表3.26 drawcountries方法的参数说明

参数	说明
Linewidth	国境线线条宽度(默认1.0)
Linestyle	国境线线条线型(默认solid)
Color	海岸线线条颜色(默认black)
Antialiased	海岸线去锯齿开关(默认True)
Ax	坐标实例(覆盖默认坐标实例)
Zorder	设置海岸线的zorder(如未指定则使用matplotlib.patches.LineCollections默认值。默认为None)

(3) fillcontinents填充陆地颜色

fillcontinents填充陆地颜色的参数说明如表3.27所示。

表3.27 fillcontinents方法的参数说明

参数	说明
Color	填充陆地的颜色(默认gray)
Lake_color	填充内陆湖泊的颜色(默认坐标的背景颜色)
Ax	坐标实例(覆盖默认坐标实例)
Zorder	设置陆地多边形的zorder(如未指定则使用默认的多边形块的zorder。如果想用颜色填满陆地则设置为0)
Alpha	设置陆地多边形的透明度(默认不透明)

(4) drawparallels绘制和标记纬度线

drawparallels绘制和标记纬度线的参数说明如表3.28所示。

表3.28 drawparallels方法的参数说明

参数	说明
Color	纬度线的颜色(默认black)
textcolor	纬度线的标注(默认black)
Linewidth	纬度线的线宽(默认1.0)
Zorder	设置纬度线的zorder(如未指定则使用matplotlib.lines.LineD对象的zorder)
Dashes	纬度线的线型(默认[1,1],例如,1为像素开启,1为像素关闭)
Ax	坐标实例(覆盖默认坐标实例)

(5) drawmeridians绘制和标记经度线

drawmeridians绘制和标记经度线的参数说明如表3.29所示。

表3.29 drawmeridians方法的参数说明

参数	说明
Color	经度线的颜色(默认black)
textcolor	经度线的标注(默认black)
Linewidth	经度线的线宽(默认1.0)
Zorder	设置经度线的zorder(如未指定则使用matplotlib.lines.LineD对象的zorder)
Dashes	经度线的线型(默认[1,1],例如,1为像素开启,1为像素关闭)
Ax	坐标实例(覆盖默认坐标实例)

（6）drawmapboundary绘制投影区域的边界

drawmapboundary绘制投影区域的边界的参数说明如表3.30所示。

表3.30 drawmapboundary方法的参数说明

参　数	说　　明
Linewidth	边界的线宽（默认1.0）
Color	边界线的颜色（默认black）
Fill_color	对地图区域的背景填充此颜色（默认填充坐标的背景色）。如果设为字符串“none”，则不会填充
Zorder	设置填充地图背景的zorder（默认0）
Ax	使用的坐标实例（默认为None，使用默认的坐标实例）

例如，要将前面例子中查找到的汶川地震和BJT台绘制在同一张图上，可以使用Basemap等函数先生成一个底图，然后分布绘制震源和台站的位置。

```
from mpl_toolkits.basemap import Basemap
import numpy as np
import matplotlib.pyplot as plt
fig, ax = plt.subplots()
m = Basemap(width=4000000, height=3500000,
            resolution='c', projection='aea',
            lat_1=20., lat_2=50, lon_0=110, lat_0=30, ax=ax)
#m.drawcoastlines()                # 绘制海岸线
m.fillcontinents(color='wheat', lake_color='skyblue')    #设置各种地形填充
m.drawparallels(np.arange(-80., 81., 10.))               #绘制纬度线
m.drawmeridians(np.arange(-180., 181., 10.))             #绘制经度线
m.drawmapboundary(fill_color='skyblue')                  #绘制地图边界
fig.bmap=m
inventory.plot(fig=fig, show=False)
cat.plot(fig=fig, show=False, title=" ", colorbar=False)
plt.show()
```

运行后得到如下震源—台站分布图。当然，也可以将地震事件和台站的经纬度信息导出，然后使用GMT绘制类似的图件。

3.3.3.3　波形数据处理

1. 读取地震波形数据

地震波形数据的存储格式有很多，例如：SAC、MiniSEED、GSE2、SEISAN等。这些格式都能通过read()函数将数据导入到一个Stream对象中。Stream对象是一个对象列表，其包含了多个Trace对象。而每个波形数据，例如，无间隔的连续时间序列和相应的头段/元信息，会保存到Trace对象中。每个Trace对象中都有一个data的属性和一个stats属性。

data属性是一个Numpy.ndarray的数组，用于保存波形序列。Stats属性是一个包含所有元信息的字典对象。Stats对象中的starttime和endtime都是UTCDateTime对象。

下例展示了如何从一个GSE2格式的地震数据文件读取数据并导入到一个Obspy的Stream对象中。在这个地震记录中只包含了一个Trace。

```
>>> from obspy import read
>>> st = read('http://examples.obspy.org/RJOB_061005_072159.ehz.new')
>>> print(st)
1 Trace(s) in Stream:
.RJOB..Z | 2005-10-06T07:21:59.849998Z-2005-10-06T07:24:59.844998Z | 200.0 Hz,
        36000 samples
>>> len(st)
1
>>> tr = st[0]  # assign first and only trace to new variable
>>> print(tr)
.RJOB..Z | 2005-10-06T07:21:59.849998Z-2005-10-06T07:24:59.844998Z | 200.0 Hz,
        36000 samples
```

地震记录的元数据是对实际波形数据的描述，可以通过每个Trace中的stats关键字来访问。例如：

```
>>> print(tr.stats)
       network:
       station: RJOB
      location:
       channel: Z
     starttime: 2005-10-06T07:21:59.849998Z
       endtime: 2005-10-06T07:24:59.844998Z
 sampling_rate: 200.0
         delta: 0.005
          npts: 36000
         calib: 0.0948999971151
       _format: GSE2
          gse2: AttribDict({'instype': '      ', 'datatype': 'CM6', 'hang': -1.0, 'auxid':
'RJOB', 'vang': -1.0, 'calper': 1.0})
tr.stats.station
'RJOB'
tr.stats.gse2.datatype
'CM6'
```

而实际的波形数据可以通过每个Trace中的data关键字访问。

```
>>> tr.data
array([-38, 12, -4, ..., -14, -3, -9])
>>> tr.data[0:3]
array([-38, 12, -4])
>>> len(tr)
36000
```

2. 地震波形数据转存

在使用地震波形数据的过程中,可能会遇到各种数据格式的转换以方便后续对地震波形数据进行处理。例如,可以将地震波形数据转存为Matlab的mat格式。这里需要借助scipy中的savemat函数。

```
from scipy.io import savemat
import obspy
st = obspy.read("https://examples.obspy.org/BW.BGLD..EH.D.2010.037")
for i, tr in enumerate(st):
    mdict = {k: str(v) for k, v in tr.stats.items()}
    mdict["data"] = tr.data
    savemat("data-%d.mat" % i, mdict)
```

在本例里,首先用read函数读入一个台站三分量的数据,然后提取每个分量的元数据和波形数据并将其存储到mdict字典中,最后用savemat函数将其保存为mat格式。三分量的数据分别保存到data-0.mat、data-1.mat和data-2.mat中。在Matlab中使用时直接使用load函数读入即可。

像SAC、MiniSeed等格式均为二进制格式,无法直接查看其内容,有时可能需要将地震波形数据转存为ASCII格式。可以利用Stream对象中的write函数来实现。write函数的参数如表3.31所示。

表3.31 write函数参数说明

参数	说明
Filename	字符串,要写入的文件名
Format	字符串,可选。要写入的文件的格式(例如:"MSEED")。如设为None,则根据文件名的后缀推断文件的格式。Write支持的格式有:AH、GSE2、MSEED、PICKLE、Q、SAC、SACXY、SEGY、SH_ASC、SLIST、SU、TSPAIR、WAV

在write支持的格式中,SLIST、TSPAIR和SH_ASC三种格式就是ASCII。例如:

```
from obspy.core import read
stream = read('https://examples.obspy.org/RJOB20090824.ehz')
stream.write('outfile.ascii', format='SH_ASC')
```

如果需要转存为自定义格式的数据,可以编写一个简单的Python脚本来实现。

```
from scipy.io import savemat
import numpy as np
import obspy
st = obspy.read("https://examples.obspy.org/BW.BGLD..EH.D.2010.037")
calibration = 1.0
for i, tr in enumerate(st):
    f = open("%s_%d.txt" % ("data", i), "w")
    f.write("# STATION %s\n" % (tr.stats.station))
    f.write("# CHANNEL %s\n" % (tr.stats.channel))
    f.write("# START_TIME %s\n" % (str(tr.stats.starttime)))
    f.write("# SAMP_FREQ %f\n" % (tr.stats.sampling_rate))
    f.write("# NDAT %d\n" % (tr.stats.npts))
    np.savetxt(f, tr.data * calibration, fmt="%f")
    f.close()
```

在本例中，从每个Trace中获取元数据信息后，自定义要输出的头段信息的格式和内容。利用np.savetxt函数将波形数据保存到文本中。导入的三分量数据分别被存储到data_0.txt、data_1.txt和data_2.txt中。

3. 波形绘制

当读入一个波形数据后，直接使用Stream对象中的plot()方法即可绘制地震记录的波形。Stream.plot()方法常用的参数列表如表3.32所示。

表3.32　Streem.plot方法参数说明

参　数	说　　明
Outfile	输出图像文件名。同时也用于自动识别输出文件的格式。支持的格式依赖matplotlib库。大部分都会支持png、pdf、ps、eps和svg。默认为"None"
Format	输出图像的格式。如果format未设置，输出图像文件名将用来尝试自动设定图像格式。如无法确定格式，则默认设置为png格式。如果未设置outfile但format被设置，则会返回一个二进制的图像字符串，默认为"None"
Starttime，endtime	以obspy.core.utcdatetime.UTC Date Time对象描述的图形的起始时间和结束时间。如果未设定，则图形从数据的开始绘制到结束时间为止，默认值均为"None"
Fig	使用一个已经存在的matplotlib图像作为对象。默认为"None"
Size	输出文件的大小(以元组方式赋值，单位为像素)。对于矢量格式，这个值和图像分辨率有关。默认值为：当"type='normal'"和当"type='relative'"时，每个通道大小为"(800pixels，250pixels)"像素；"type='dayplot'"为"(800，600)"；"type='section'"为"(1000，600)"

续表

参　数	说　　明
Type	类型(Type)可以设为:"normal"绘制标准图形;"dayplot"绘制单个Trace一整天的图形;"relative"将所有日期/时间信息转换为从0 s开始的地震记录;"section"将所有的地震记录按相对某个参考点的距离进行排序后绘制在同一图像上,默认为"normal"
Color	图形的颜色,和matplotlib中的颜色字符串一样。如果"type='dayplot'",则需要输入一个颜色字符串的列表/元组,它将会对每条要绘制的线周期性重复。如果"type='section'",那么"'network'","'station'"或"'channel'"也可以作为颜色字符串,而且根据给定的信息,每道记录或每类记录将会用唯一的颜色绘制。默认是"black"或者当"type='dayplot'"时是"('#B2000F', '#004C12', '#847200', '#0E01FF')"
Linewidth	线宽,默认为1.0
linestyle	线型,默认为"—"
Grid_color	网格线的颜色,默认为"black"
Grid_linewidth	网格线的线宽,默认为0.5
Grid_linestyle	网格线的线型,默认为":"

例如,在obspy的官方示例中,有DK台网COP台站BHZ分量一天的观测记录,需要将其绘制出来,如图3.11所示。需要注意的是,图像的默认大小为800 pixels*250 pixels。如有需要,可以使用size参数进行大小设置。

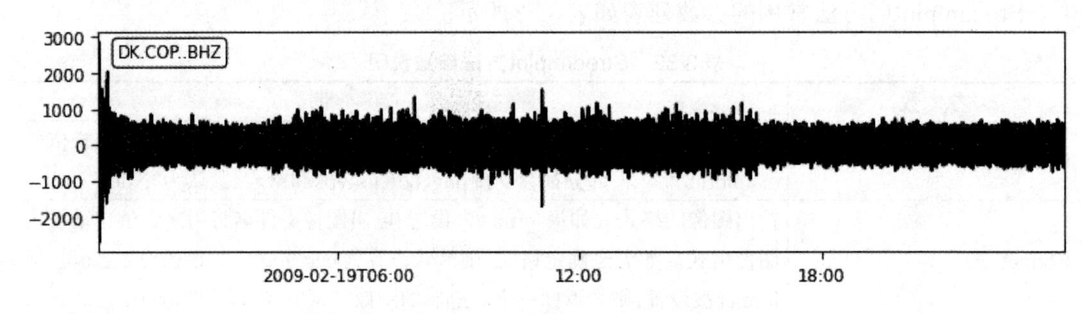

图3.11　stream.plot绘制单道波形示例

```
from obspy.core import read
singlechannel = read('https://examples.obspy.org/COP.BHZ.DK.2009.050')
singlechannel.plot(show=False)
```

如果要绘制多道记录,可以将波形数据读入到Stream对象列表中,然后绘制。如图3.12所示。

```
threechannels = read('https://examples.obspy.org/COP.BHE.DK.2009.050')
threechannels += read('https://examples.obspy.org/COP.BHN.DK.2009.050')
threechannels += read('https://examples.obspy.org/COP.BHZ.DK.2009.050')
```

```
threechannels.plot(size=(800,600),show=False)
```

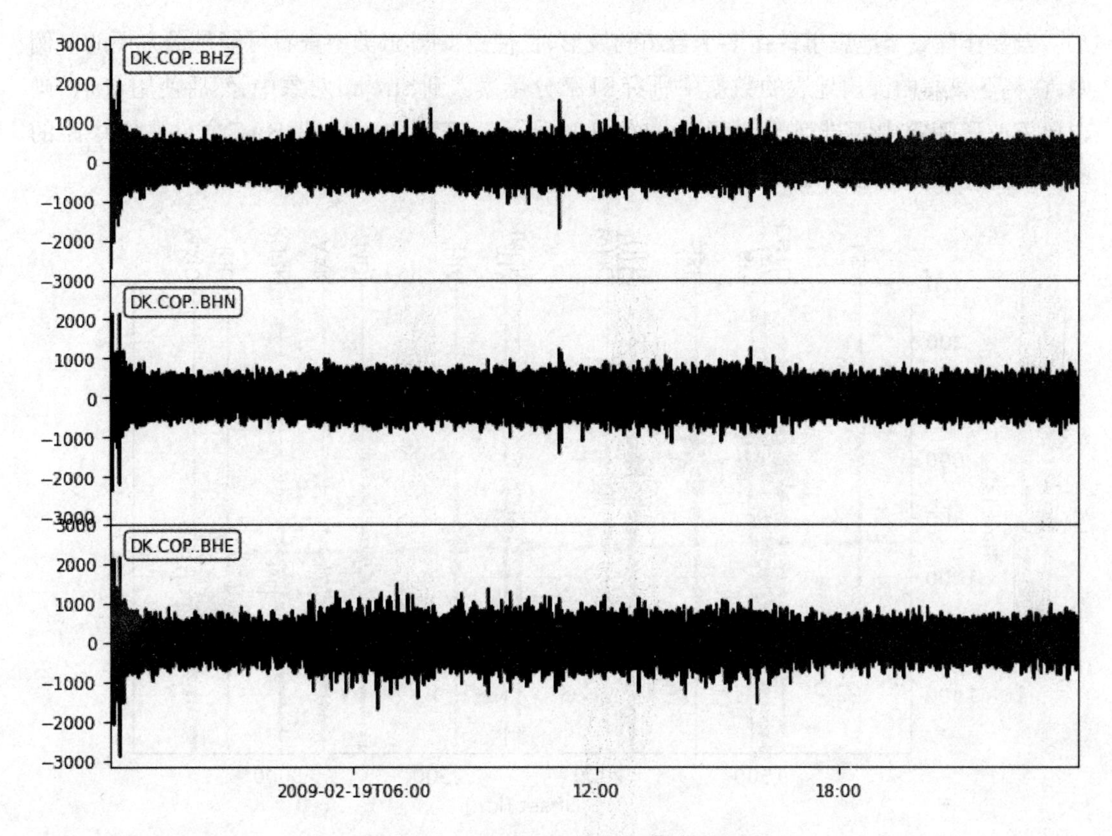

图3.12 stream.plot绘制多道波形示例

如果希望定制波形，可以借助matplotlib的参数和Stream.plot()的参数来实现。例如，要截取记录开始后3600 s到3720 s的数据，并用红色曲线绘制，如图3.13所示。

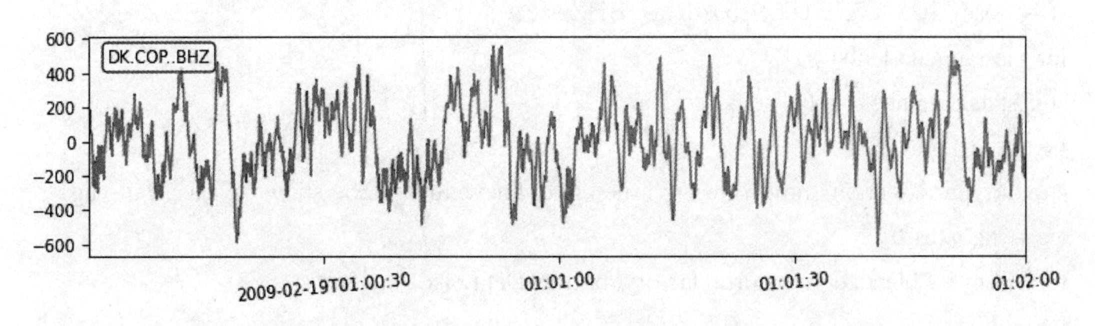

图3.13 matplotlib库和stream.plot结合绘制定制波形示例

```
cut_st = singlechannel[0].stats.starttime
singlechannel.plot(color="red", number_of_ticks=7,
```

```
        tick_rotation=5, tick_format="%I:%M %p",
        starttime=cut_st + 60*60, endtime=cut_st + 60*60 + 120,
        show=False)
```

当要查看一个地震事件在多个台站的波形时,使用section类型查看可能是最方便的。例如,在将下载好的汶川地震的数据中所有BHZ分量读入到Stream对象中,然后使用plot()画出地震波形随震中距排列的剖面图,如图3.14所示。需要注意的是,SAC文件中震中距的单位一般为km,obspy中的单位为m。

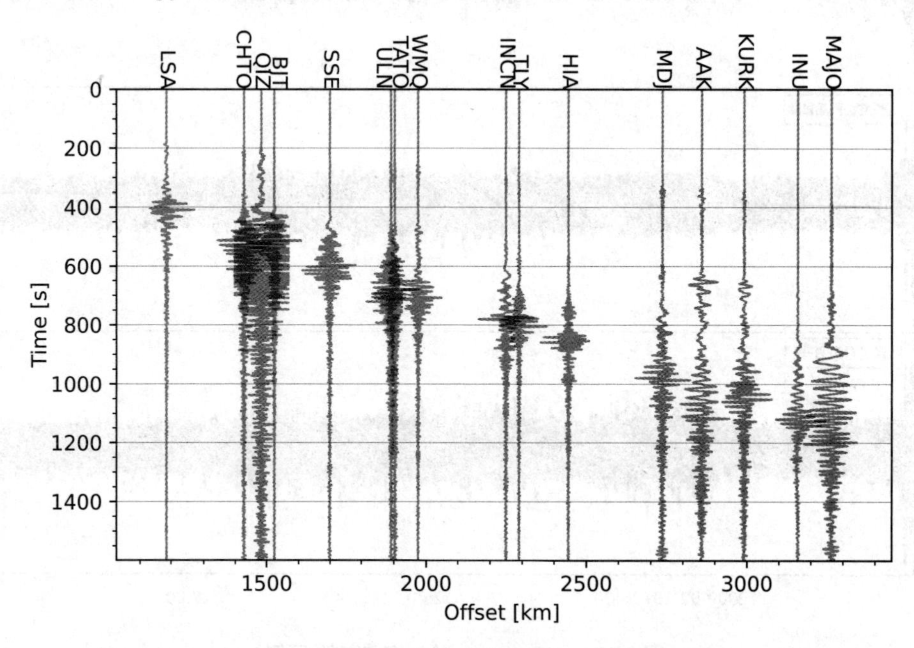

图3.14　matplotlib库和stream.plot绘制波形按指定参数排列的剖面示例

```
from obspy import read
import matplotlib.pyplot as plt
from matplotlib.transforms import blended_transform_factory
st = read("2008.05.12.06.27.59/data/*BHZ.sac")
for i in range(0,len(st)):
st[i].stats.distance = st[i].stats.sac["dist"]*1e3
fig = plt.figure()
st.plot(type="section",time_down=True, grid_linewidth=0.25, show=False, fig=fig)
ax = fig.axes[0]
transform = blended_transform_factory(ax.transData, ax.transAxes)
for tr in st:
    ax.text(tr.stats.distance/1e3, 1.0, tr.stats.station,          # obspy中震中距单位为m
            rotation=270, va="bottom", ha="center",
            transform=transform, zorder=10)
```

4. 数据拼接

在处理地震波形数据时经常会遇到从一个台站下载的数据被分割成多个数据文件保存。这种情况就需要获取数据后对其进行拼接，这时就需要使用到merge()方法，其具体参数设定如表3.33所示。

表3.33　merge方法参数说明

参　数	说　　明
Method	拼接过程中对重叠/空缺数据的处理方法，整型数，可选。默认值为0。取值为“0”和“1”的详情参见“obspy.core.trace.Trace.__add__”方法中的说明。取值为“−1”的详情参见“obspy.core.stream.Stream._cleanup”
Fill_value	对于空缺数据的填充值，可以输入整型数、浮点数、字符串或“None”，可选参数。如果没有设定值且数据又有空缺，那么所有的Trace都将会转换为Numpy数组。赋值为“latest”将会使用空缺数据前最近的值。如赋值为“interpolate”，缺失的数据将根据已有数据线性插值(不会改变数据类型)。当“method=−1”时，不要使用该参数
Interpolation_samples	可选，整型数。当“method=1”时，使用该参数。其指定了重叠数据之间用于插值的采样点数，默认为“0”。如设为“−1”，所有的重叠采样点均参与插值

例如，obspy官方示例中提供G.SCZ台站BHE分量的数据，这个台的数据被分割成三段，因此需要对其进行拼接。在拼接前一般会使用sort方法根据starttime将所有记录对齐，效果如图3.15(彩图见书后插页)所示。

```
import matplotlib.pyplot as plt
import obspy
st = obspy.read("https://examples.obspy.org/dis.G.SCZ.__.BHE")
st += obspy.read("https://examples.obspy.org/dis.G.SCZ.__.BHE.1")
st += obspy.read("https://examples.obspy.org/dis.G.SCZ.__.BHE.2")
st.sort(['starttime'])                          #对齐记录
ax = plt.subplot(4,1,1)
for i in range(3):
# 共享x坐标
    if i == 0:
        plt.subplot(4,1,i+1)
    else:
        plt.subplot(4,1,i+1, sharex=ax)
    plt.plot(st[i].times(),st[i].data)
    plt.gca().axes.get_xaxis().set_visible(False)      # 隐藏图的x坐标
st.merge(method=1)                               # 合并数据并绘图
plt.subplot(4,1,4, sharex=ax)
plt.plot(st[0].times(),st[0].data,'r')
```

```
plt.show()
```

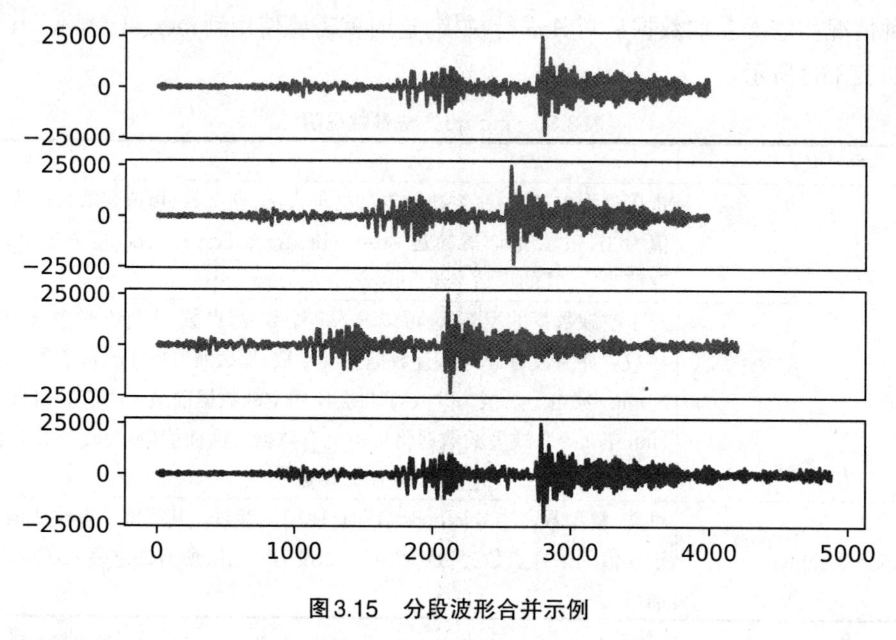

图3.15　分段波形合并示例

5. 数据滤波

地震波形数据包含不同频率成分的信息，有时需要对其进行滤波处理从而查看特定频率成分的波形特征。要对地震波形数据进行滤波可以直接使用Trace对象的filter()方法实现。filter()方法需要两组参数，一个参数为type，以字符串方式指定滤波器的类型，常用的是Butterworth滤波器中的带通(bandpass)、带阻(bandstop)、低通(lowpass)和高通(highpass)，也可以使用低通的Cheby2滤波器(lowpass_cheby_2)。实际运行时，Trace.filter()方法会调用obspy.signal.filter单元中对应的滤波器函数进行滤波。另一组参数为相应滤波器所需的关键字参数。例如，带通滤波器(bandpass)需要"*freqmin*=1.0"和"*freqmax*=20.0"两个参数控制其下限截止频率和上限截止频率；用"*corners*=4"来控制滤器的阶数；需用"zerophase=True"进行一次前向和一次后向滤波，这样滤波器的实际阶数是*corners*值的两倍，但滤波后的波形实现零相移。

例如，对前面下载的汶川地震BJT台BHZ分量的波形数据进行零相位低通滤波如图3.16所示，滤波器的阶数为2，频率为1.0 Hz。

```
import matplotlib.pyplot as plt
import obspy
# 从目录中读取BJT台BHZ分量数据
st = obspy.read('2008.05.12.06.27.59/data/IC.BJT.00.BHZ.sac')
tr = st[0]
tr_filt = tr.copy()      # 备份后用于滤波
tr_filt.filter("lowpass", freq=1.0, corners=2, zerophase=True)      # 低通、零相位滤波
plt.subplot(211)
```

```
plt.plot(tr.times(), tr.data, "k")
plt.ylabel("Raw Data")
plt.subplot(212)
plt.plot(tr_filt.times(), tr_filt.data, "k")
plt.ylabel("Lowpassed Data")
plt.xlabel("Time (s)")
plt.suptitle(tr.stats.starttime)
plt.show()
```

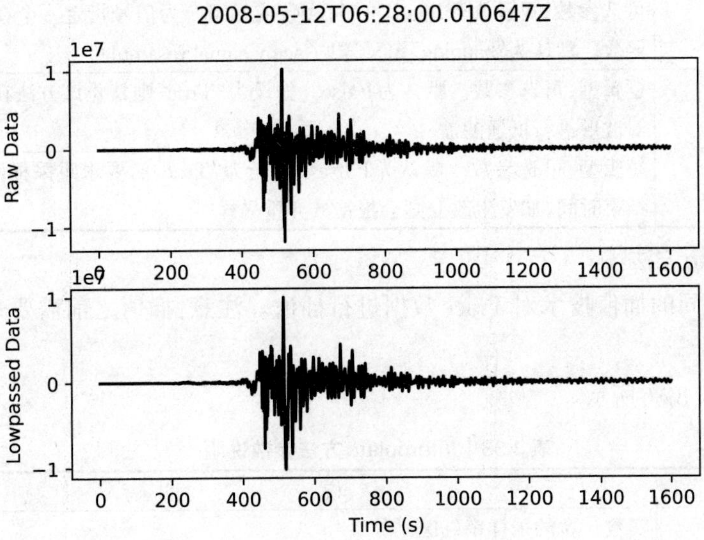

图3.16　低通滤波示例

6. 数据重采样

不同的目的,对数据的采样率也不同。Trace对象提供了三个函数来改变其采样率。Decimate方法用于降采样;interpolate方法用于插值,提高采样率;resample使用傅里叶方法对Trace进行重采样。

(1) Decimate方法

用法:对Trace以整数倍进行降采样。

参数说明如表3.34所示。

表3.34　Decimate方法参数说明

参　数	说　　明
Factor	整型数。每个Trace的采样率将被降低factor倍。即每factor个采样点保留一个Trace数据,其他数据扔掉
No_filter	逻辑型,可选参数,默认为“False”。如设为“True”则禁止该方法在降采样前自动对波形进行低通滤波。在这里进行低通滤波的目的是为了消除人为引起的混叠效应

续表

参　数	说　　　明
Strict_length	逻辑型,可选参数,默认为False。当Trace的采样点数不能整除factor时,如果设为True则要求Trace的结束时间保持不变,此时运行会报错放弃降采样

(2) Resample方法

用法:以傅里叶方法对Trace进行重采样。如有必要可对Trace的频谱进行插值。

参数说明如表3.35所示。

表3.35　Resample方法参数说明

参　数	说　　　明
Sampling_rate	实数。重采样后信号的采样率
Window	可选参数,可设为数组,字符串,实数或元组。为信号指定一个在傅里叶域的窗函数。默认为“hanning”窗。详见“scipy.signal.resample”
No_filter	逻辑型,可选参数。默认为False。如设为“True”则禁止该方法在降采样前自动对波形进行低通滤波
Strict_length	逻辑型,可选参数。默认为False。当设为“True”时要求重采样不改变Trace的结束时间,如发生改变则会报错放弃重采样

(3) Interpolate方法

用法:使用不同的插值技术对Trace数据进行插值。注意:插值之前需要采用适当的抗混响低通滤波。

参数说明如表3.36所示。

表3.36　Interpolate方法参数说明

参　数	说　　　明
Sampling_rate	实数。新的采样率(Hz)
Method	插值的类型,字符串。可用的有:“linear”“nearest”“zeros”“slinear”“quadratic”“cubic”“lanczos”或“weighted_average_slopes”。默认值为“weighted _ average_slopes”
Starttime	整型数或“obspy.core.utcdatetime.UTCDateTime”对象。插值得到的stream的开始时间(或时间戳)。如未设置,则设为当前道的开始时间
Npts	整数,新的采样点数。如未设置,则会设为每道当前结束时间最合适的点数
Time_shift	实数。在当前道的开始时间上增加time_shift。时移的值一般以s为单位。正时移意味着将数相对于起始参考时刻向右移动。注意:该参数只影响元数据

下面将继续以汶川地震BJT台BHZ分量的数据来对比三种重采样方法的差异,如图3.17所示。图3.17a对比了对记录进行低通滤波、降采样和重采样的差异。Resmaple方法处理后的波形(绿线)和原始波形(黑线)基本一致。因为采用的是非零相位滤波,低通滤波后(蓝线)和Decimate方法处理后的波形(红线)相对原始波形有明显的相移。原始波形的采样点数为32000,Decimate方法和Resample方法4倍降采样后采样点数均为8000。Interpolate(红线)和resample后的波形和原始波形基本类似,但插值会在某些时间点和原始波形不一致(图3.17(b))。此外,Interpolate升采样后采样点数为127996,而resample后为128000(彩图见书后插页)。

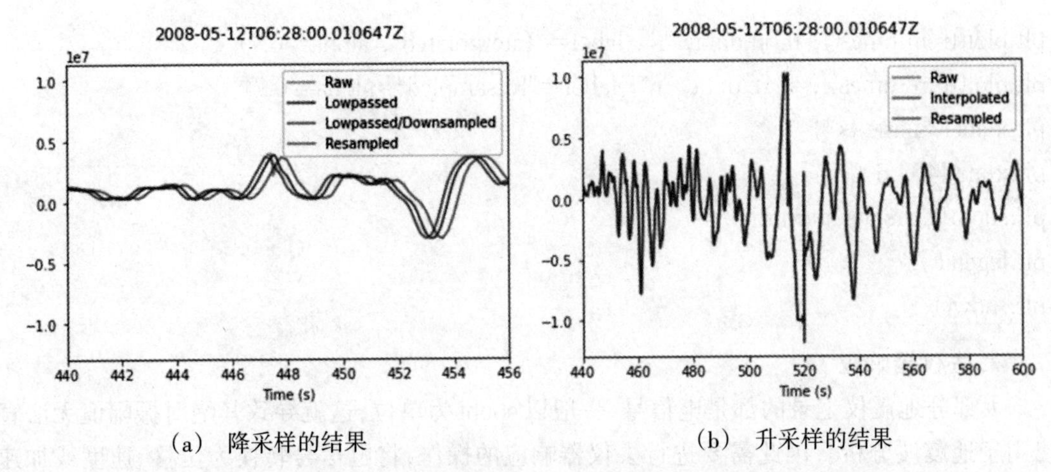

（a）降采样的结果　　（b）升采样的结果

图3.17　BJT台BHZ分量数据使用不同方法重采样后波形对比

详细代码如下所示：

```
import matplotlib.pyplot as plt
import obspy
st = obspy.read('2008.05.12.06.27.59/data/IC.BJT.00.BHZ.sac')
tr = st[0]
tr_new = tr.copy()
tr_new.decimate(factor=4, strict_length=False)
tr_filt = tr.copy()
tr_filt.filter("lowpass", freq=0.4 * tr.stats.sampling_rate / 4.0)
tr_re = tr.copy()
tr_re.resample(tr.stats.sampling_rate * 0.25)
plt.plot(tr.times(), tr.data, "k", label="Raw", alpha=0.3)
plt.plot(tr_filt.times(), tr_filt.data, "b", label="Lowpassed", alpha=0.7)
plt.plot(tr_new.times(), tr_new.data, "r", label="Lowpassed/Downsampled", alpha=0.7)
plt.plot(tr_re.times(), tr_re.data, "g", label="Resampled", alpha=0.7)
plt.xlabel("Time (s)")
plt.xlim(440, 456)
plt.suptitle(tr.stats.starttime)
plt.legend()
plt.show()
tr_in = tr.copy()
tr_in.interpolate(tr.stats.sampling_rate * 4)
tr_re = tr.copy()
tr_re.resample(tr.stats.sampling_rate * 4)
plt.plot(tr.times(), tr.data, "k", label="Raw", alpha=0.3)
```

```
plt.plot(tr_in.times(), tr_in.data, "r", label="Interpolated", alpha=0.7)
plt.plot(tr_re.times(), tr_re.data, "g", label="Resampled", alpha=0.7)
plt.xlabel("Time (s)")
plt.xlim(440, 600)
plt.suptitle(tr.stats.starttime)
plt.legend()
plt.show()
```

7. 去仪器响应

大部分地震仪记录的都是电信号，一般以count为单位，这就导致其绝对振幅值无法直接用于地震波分析。因此需要进行去仪器响应的操作，将电信号转换为位移、速度或加速度。仪器响应是指当输入单位脉冲时仪器的响应，可以用一组零点(zero)和极点(pole)来描述。去仪器响应的过程可以看作仪器记录的地震信号和仪器响应函数做反褶积的过程。在3.6.2节中学习了如何从Inventory对象中使用get_response方法获取台站的仪器响应并转存为SACPZ格式的仪器响应文件。在本节将学习如何直接利用obspy中的remove_response方法去仪器响应。该函数的参数说明如表3.37所示。

表3.37　remove_response函数参数说明

参　数	说　　明
Inventory	“obspy.core.inventory.inventory”类或None。由于搜索准确仪器响应的台站元数据。如果inventory参数未提供，那么仪器响应必须使用“Trace.attach_response”方法附加在每个Trace后
Output	字符串。输出的单位有以下三种：“DISP”，位移，单位为m；“VEL”，速度，单位为m/s；“ACC”，加速度，单位为m/s^2
Water_level	实数。反褶积水准
Pre_filt	在反褶积前对频率域的数据带通滤波。使用列表或元组定义四个拐角频“(f1，f2，f3，f4)”。该滤波器从“f2”和“f3”以cosine函数开始逐渐在“f1”和“f4”处尖灭为零。其中f1＜f2＜f3＜f4
Zero_mean	逻辑型。如为True，则在反褶积前在时间域移除波形的平均值
Taper	逻辑型。如为True，则在反褶积前在波形两端加上一个cosine尖灭
taper_fraction	实数。Cosine尖灭占整个记录的比例
Plot	逻辑型或字符串。默认为False。如为True，则绘制出处理过程中各阶段的谱和波形。首先使用“pre_filt”在频率域对数据进行尖灭，然后将加上/不加“water_level”参数后的仪器响应求倒，最后显示数据在频率域与求倒后的仪器响应的乘积。同时会显示原始和去除仪器响应后时域波形的对比结果。如果值为字符串，则该图像会以该字符串为文件名保存(文件名必须为有效的matplotlib可识别的图像后缀，例如，“.png”)

Obspy提供了两种去除响应的方法：一种是在get_waveforms时获取附加仪器响应的波形数据然后去除仪器响应。这里仍然以汶川地震BJT台BHZ分量数据为例。需要注意的是，在获取波形数据的时候要选择合适的客户端，因为有的客户端不提供仪器响应。此外get_waveforms中的attach_response应设为“True”。代码如下：

```
from obspy import UTCDateTime
from obspy.clients.fdsn import Client
t1 = UTCDateTime("2008-05-12T11:11:02.650000Z")
t2 = t1 + 1600
fdsn_client = Client('IRIS')
# 使用IRIS FDSN网页服务获取Stream同时自动附件仪器响应
st = fdsn_client.get_waveforms(network='IC', station='BJT', location='00',
                               channel='BHZ', starttime=t1, endtime=t2,
                               attach_response=True)
# 预设一个滤波频带以防止反褶积过程中放大噪声
pre_filt = (0.005, 0.006, 30.0, 35.0)
st_d = st.copy()
st_d.remove_response(output='DISP', pre_filt=pre_filt, plot=True)
```

在本示例中plot参数设为True，则会自动生成一个图像，显示去除仪器响应过程中记录波形和频谱的变化（图3.18）。

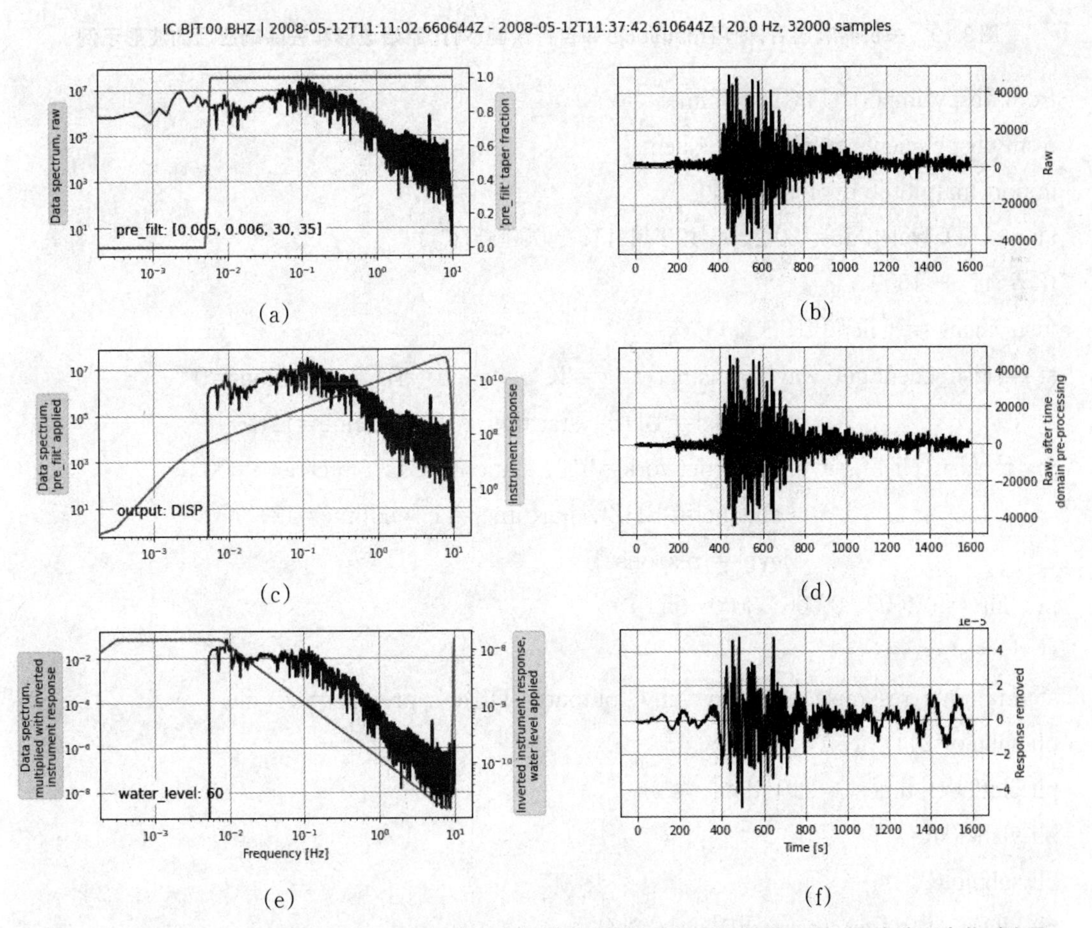

图3.18　使用stream.remove_response方法去仪器响应并自动绘制去仪器响应过程中波形变化对比图

另一种是分别获取波形和Inventory然后从Inventory获取仪器响应并去除。同上例，分别用get_waveforms和get_stations获得Stream和Inventory，然后去除仪器响应。需要注意在get_stations时level应设为“response”。在这个例子中使用matplotlib自定义了输出，只显示了原始波形和去仪器响应后的波形(图3.19)。代码如下：

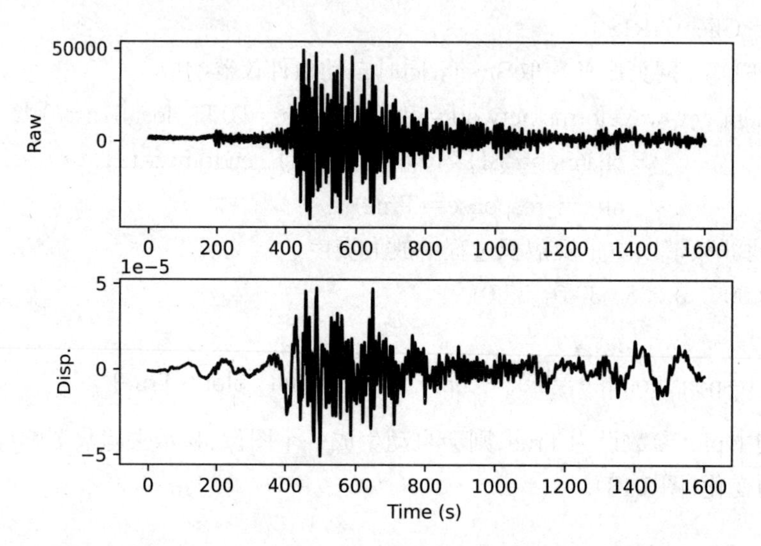

图3.19　去仪器响应后，使用matplotlib库自行绘制、对比原始波形和去除响应后的波形示例

```
from obspy import UTCDateTime
from obspy.clients.fdsn import Client
import matplotlib.pyplot as plt
t1 = UTCDateTime("2008-05-12T11:11:02.650000Z")
t2 = t1 + 1600
fdsn_client = Client('IRIS')
st = fdsn_client.get_waveforms(network='IC', station='BJT', location='00',
                               channel='BHZ', starttime=t1, endtime=t2)
inv = fdsn_client.get_stations(network='IC', station='BJT', location='00',
                               channel='BHZ', starttime=t1, endtime=t2,
                              level="response")
pre_filt = (0.005, 0.006, 30.0, 35.0)
st_d = st.copy()
st_d.remove_response(inventory=inv, output="DISP", pre_filt=pre_filt)
plt.subplot(211)
plt.plot(st[0].times(), st[0].data, "k")
plt.ylabel("Raw")
plt.subplot(212)
plt.plot(st_d[0].times(), st_d[0].data, "k")
```

```
plt.ylabel("Disp.")
plt.xlabel("Time (s)")
plt.show()
```

练　　习

(1) 以90 min为间隔生产10个UTCDateTime对象。

(2) 下载一个6级以上的地震的波形记录,台站的震中距小于等于5°。要求保存为含有事件和台站信息的SAC格式。同时获取相应台站的仪器响应文件。

(3) 绘制练习2中下载的数据的震源台站分布图。

(4) 对练习2中的数据去除仪器响应并滤波。

附录

3.3.2节绘图所用的地震数据"cenc_catlog.txt"来自中国地震台网(http://www.ceic.ac.cn/history)。文件中每列分别为事件发生日期,发生时刻、纬度、经度、深度、震级和震级类型。

```
2019/06/17 22:55:43 28.34 104.96 8.00 6.0 Mb
2019/06/17 22:56:27 28.42 104.78 8.00 3.5 Mb
2019/06/17 22:57:33 28.40 104.85 7.00 3.0 Mb
2019/06/17 23:02:36 28.40 104.85 3.00 3.1 Mb
2019/06/17 23:03:07 28.39 104.87 6.00 3.3 Mb
2019/06/17 23:03:59 28.40 104.84 4.00 3.1 Mb
2019/06/17 23:09:01 28.40 104.85 3.00 3.5 Mb
2019/06/17 23:23:31 28.39 104.90 4.00 3.0 Mb
2019/06/17 23:36:03 28.47 104.72 10.00 5.3 Mb
2019/06/18 00:29:08 28.43 104.93 8.00 4.2 Mb
2019/06/18 00:37:56 28.41 104.95 8.00 4.3 Mb
2019/06/18 00:39:10 28.36 104.94 3.00 3.6 Mb
2019/06/18 01:01:24 28.41 104.79 5.00 3.1 Mb
2019/06/18 02:58:18 28.41 104.81 5.00 3.1 Mb
2019/06/18 04:11:08 28.43 104.75 8.00 3.4 Mb
2019/06/18 05:03:24 28.37 104.99 8.00 4.6 Mb
2019/06/18 05:04:03 28.43 104.80 2.00 3.7 Mb
2019/06/18 05:49:15 28.41 104.80 7.00 3.7 Mb
2019/06/18 07:34:32 28.39 104.95 9.00 5.1 Mb
2019/06/18 08:14:52 28.42 104.81 8.00 3.4 Mb
2019/06/18 13:23:42 28.42 104.79 7.00 3.2 Mb
2019/06/18 14:38:36 28.43 104.73 9.00 3.5 Mb
2019/06/18 18:53:58 28.39 104.86 4.00 3.1 Mb
```

```
2019/06/19 03:25:29 28.41 104.82 6.00 3.0 Mb
2019/06/20 01:44:32 28.42 104.75 7.00 3.2 Mb
2019/06/20 10:55:52 28.40 104.83 5.00 3.0 Mb
2019/06/20 13:17:12 28.43 104.75 10.00 3.1 Mb
2019/06/20 14:28:59 28.43 104.76 8.00 3.1 Mb
2019/06/20 20:58:45 28.43 104.73 9.00 3.5 Mb
2019/06/20 22:01:16 28.41 104.75 6.00 3.6 Mb
2019/06/21 06:56:49 28.44 104.78 5.00 3.3 Mb
2019/06/21 10:01:36 28.42 104.79 8.00 3.1 Mb
2019/06/21 15:09:55 28.44 104.76 7.00 3.4 Mb
2019/06/22 09:28:04 28.42 104.82 8.00 3.1 Mb
2019/06/22 09:29:24 28.42 104.81 6.00 3.2 Mb
2019/06/22 20:30:26 28.39 104.83 6.00 3.4 Mb
2019/06/22 22:29:56 28.40 104.94 10.00 5.6 Mb
2019/06/23 05:08:23 28.44 104.78 9.00 3.4 Mb
2019/06/23 08:28:18 28.39 104.82 7.00 4.5 Mb
2019/06/23 16:06:50 28.33 104.88 3.00 3.1 Mb
2019/06/24 04:47:22 28.43 104.79 6.00 3.2 Mb
2019/06/24 07:34:58 28.40 104.84 6.00 3.6 Mb
2019/06/24 09:23:15 28.45 104.79 8.00 4.0 Mb
2019/06/26 00:33:17 28.42 104.81 8.00 3.3 Mb
2019/06/26 00:33:39 28.42 104.80 5.00 3.2 Mb
2019/06/27 04:55:53 28.44 104.80 7.00 3.3 Mb
2019/06/27 16:01:20 28.20 104.94 5.00 3.7 Mb
2019/06/29 22:08:17 28.44 104.75 8.00 3.4 Mb
2019/06/30 21:32:30 28.46 104.80 6.00 3.1 Mb
2019/07/03 12:26:53 28.39 104.85 9.00 4.6 Mb
2019/07/04 06:45:19 28.40 104.85 8.00 3.4 Mb
2019/07/04 10:17:57 28.40 104.78 8.00 5.5 Mb
2019/07/22 16:26:37 28.39 104.94 8.00 4.0 Mb
2019/08/13 06:31:53 28.37 104.87 10.00 4.3 Mb
2019/08/18 20:41:19 28.44 104.78 6.00 3.3 Mb
2019/09/06 15:25:34 28.45 104.78 7.00 4.1 Mb
2019/09/12 20:17:54 28.41 104.80 10.00 4.0 Mb
2019/10/21 08:25:38 28.37 104.93 3.00 3.5 Mb
2019/11/07 05:46:18 28.37 104.96 5.00 3.2 Mb
2019/11/10 06:46:53 28.20 105.03 10.00 4.1 Mb
2019/11/10 21:28:06 28.44 104.74 7.00 3.3 Mb
2019/11/27 21:03:03 28.40 105.01 10.00 4.1 Mb
2019/12/26 18:45:16 28.44 104.82 4.00 3.2 Mb
2019/12/29 08:47:13 28.38 104.97 13.00 4.2 Mb
```

第4章 地震资料的获取

地震资料包括以下几种:震源位置和发震时刻、震源矩张量解、地震波形数据。对于一些比较大的地震,一般都可以在GCMT的网站上找到地震的震源信息和矩张量解。在ISC网站基本可以查找到所有公开的地震震源位置和发震时刻信息。地震波形数据可以到各个地震数据中心下载,国内可以到中国地震学科数据中心下载,国外可以到南加州地震数据中心或USGS网站下载,日本的可以到NIED的强震台网中心下载。表4.1中列出了常用的一些获取地震资料的网站。

表4.1 常用的获取地震资料的网站

网 址	全 名
https://www.globalcmt.org/	Global CMT Web Page
http://www.isc.ac.uk/	International Seismological Centre
http://www.esdc.ac.cn/	地震科学国际数据中心
http://ncedc.org/	Northern California Earthquake Data Center
http://www.kyoshin.bosai.go.jp/	the National Research Institute for Earth Science and Disaster Resilience (NIED)
http://www.iris.edu	Incorporated Research Institutions for Seismology

4.1 连续波形数据获取

各类网站上都有获取数据的相关说明。在这里,以从IRIS网站的获取数据为例进行介绍。IRIS网站是一个国际地震数据的整合网站,各国记录到的地震数据大部分都会上传到这个网站。网站除了提供各种地震观测数据,还有一些地震科普视频以及提供大部分常用的地震数据处理软件。在"research"栏下面可以找到数据下载界面,iris提供多种数据申请方式。另外在该栏也可以找到一些常用的地震数据处理软件,如图4.1所示。

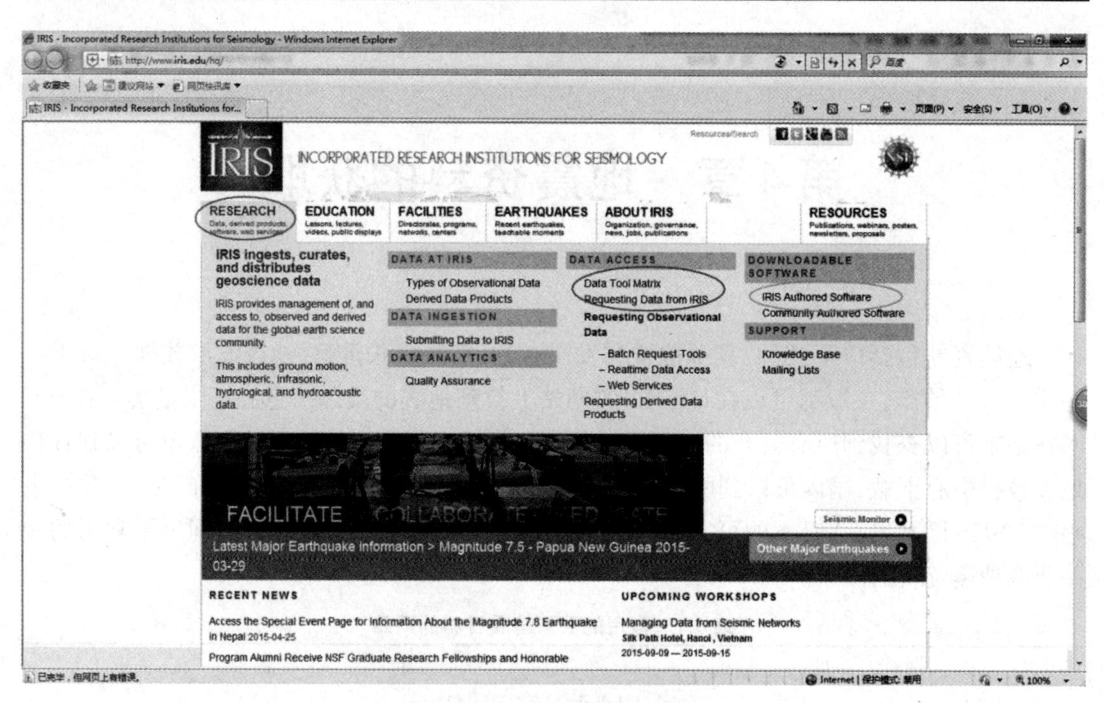

图4.1　IRIS官方网站界面示例

4.1.1　通过 Wilber 3 获取数据

在“Data Tool Matrix”里面IRIS提供了多种数据获取方式(图4.2)。其中有一种Wilber 3的获取方式,这是一种通过网页,能够比较直观地获取地震波形数据的方式。

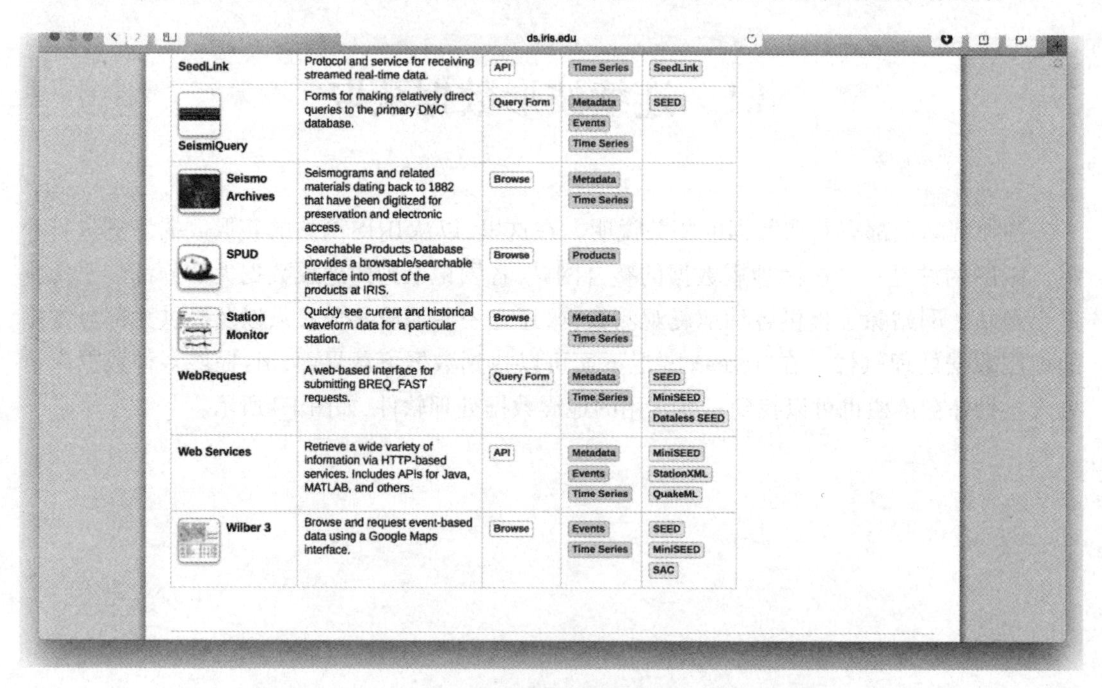

图4.2　IRIS官方网站提供的数据获取途径页面示例

点击Wilber 3的链接，就会跳到Wilber 3方式获取数据的界面，主要包括三部分，分别为google地图上标示地震位置、用户设定地震事件搜索范围和查找到的事件列表。这里提供了多种地震事件加载方式，默认只列出最近30天内的地震数据。如果需要查找指定时间、指定地区的地震数据，就需要将数据加载方式改为“custom query”。这时就可以在搜索区设定地震事件的经纬度范围，事件的事件范围和震级范围，详细如图4.3所示。

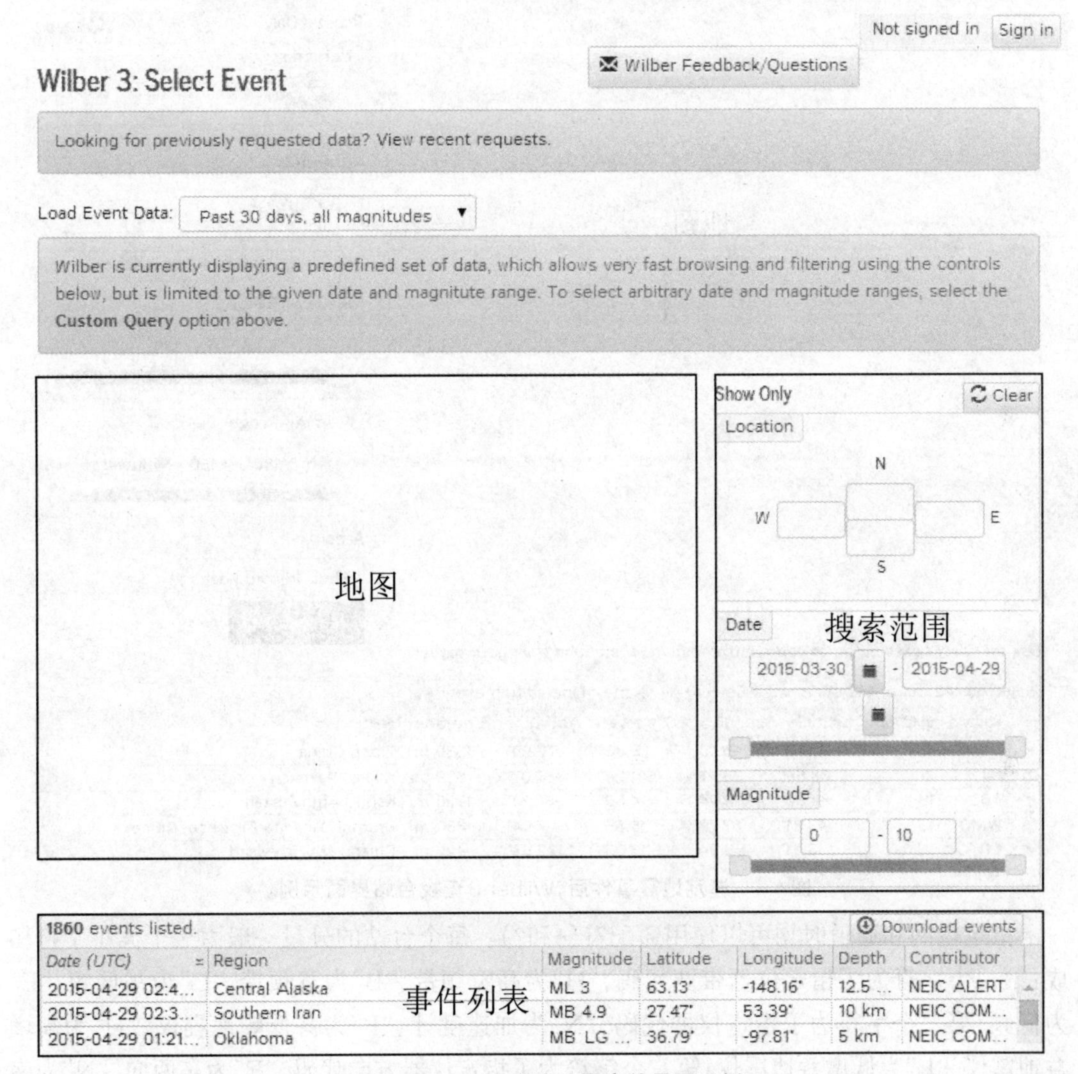

图4.3　Wilber 3查找地震事件界面示例

在查找到的事件列表里点击需要下载的事件就可以进入台站选择页面。页面布局和事件选择页面类似。可以在右上的搜索区，设置要下载的台网、分量、台站震中距和方位角信息。可以点击“Show Record Section”查看选取的波形记录的情况。选好台站后点击“Request Data”按钮就可以进行数据申请的提交，如图4.4所示。

Wilber Feedback/Questions

2015-04-25 MWW7.8 Nepal

Latitude	Longitude	Date	Depth	Magnitude	Description	Related Pages
28.1473° N	84.7079° E	2015-04-25 06:11:26 UTC	15.0 km	MWW7.8	Nepal	IRIS Event Page

The map below shows stations operational during this event, filtered by the criteria in the form to the right.

Use the checkboxes below to add/remove individual stations from your request.

Selected **142** out of **142** stations. Select All None One station every

	Station	Network	Latitude	Longit...	Distance	Azimuth	Elevation	Name
☑	LSA	IC	29.70°	91.13°	5.83°	72.98°	3660 m	Tibet, China
☑	NIL	II	33.65°	73.27°	11.24°	-57.87°	629 m	Nilore, Pakistan
☑	KBL	IU	34.54°	69.04°	14.80°	-60.51°	1920 m	Kabul, Afghanistan
☑	WMQ	IC	43.81°	87.70°	15.85°	7.94°	850 m	Urumqi, Xinjiang Province, China
☑	CHTO	IU	18.81°	98.94°	16.03°	122.53°	420 m	Chiang Mai, Thailand

图4.4　选定地震事件后,Wilber 3查找台站界面示例。

指定台网和通道时均可以使用通配符(*和?)。每个台站的分量一般由三个大小字符构成:第一个字符为了指定仪器带宽代码,“H”为高宽频带、“B”为宽频带、“D”为甚低频、“E”为低频;第二个字符为了指定仪器代码,“N”为加速度计、“P”为甚低频地震仪、“H”为高增益地震仪、“L”为低增益地震仪;第三个字符为了指定仪器方向代码,“E”为东西向、“N”为南北向、“Z”为垂向。

在提交数据申请时,需要提供以下信息:波形数据的时间窗、数据格式和申请信息,如图4.5所示。大多数情况下数据格式都要选择SEED格式。

Build Data Request

Requesting **133** channels from **47** stations. Estimated size: **8.3 megabytes***

** Rough estimate only; variability in compression and data gaps may result in download size up to 2x this value.*

Time Range

Starting 1 minutes

before P arrival

Ending 10 minutes

after P arrival

Data Output

Output Format: SEED

SEED output is requested through the BREQ_FAST system.
These requests cannot be tracked using Wilber.

Institution: ustc

Address: China

Phone: 18788856186

Data Quality: B - Best Data

Request Information

Your Name: wenj

Request Label: 2015-04-27 MB4.3 Nepal

Your name and the request label are used to uniquely identify your request, so you cannot reuse a label you used before.

Email Notification: firewen@hotmail.com

Save these settings as defaults　Submit　Cancel

图4.5　选好事件和台站后，Wilber 3数据申请界面示例

当IRIS的DMC中心打包好数据后会根据申请信息中的email进行通知。通知邮件里会有一个ftp链接，点进去就会看到申请的数据，下载保存即可。

4.1.2　通过JWEED获取数据

Jweed是基于Java编写的交互式获取地震数据的软件。该软件可以从IRIS DMC和其他支持FDSN网页服务协议的数据中心获取数据。该软件在Mac、Linux和Windows等系统中均可使用。软件的下载地址为：https://ds.iris.edu/ds/nodes/dmc/software/downloads/。

4.1.2.1　软件安装

Jweed软件安装非常简单，在下载相应系统的安装包后直接双击运行（Mac/Windows），或在进入软件包目录后在终端中运行“sh ./install.bin”即可。

4.1.2.2　软件使用

Jweed软件的界面如图4.6所示，中间部分是地图，用于显示检索到的台站和地震事件。

在地图上部是一组下拉菜单,用于控制检索条件修改、数据下载、地图控制选项和文件的保存和载入。左下是事件区,用于检索和显示检索到的事件的信息。右下是台站区,用于检索和显示检索到的台站的信息。

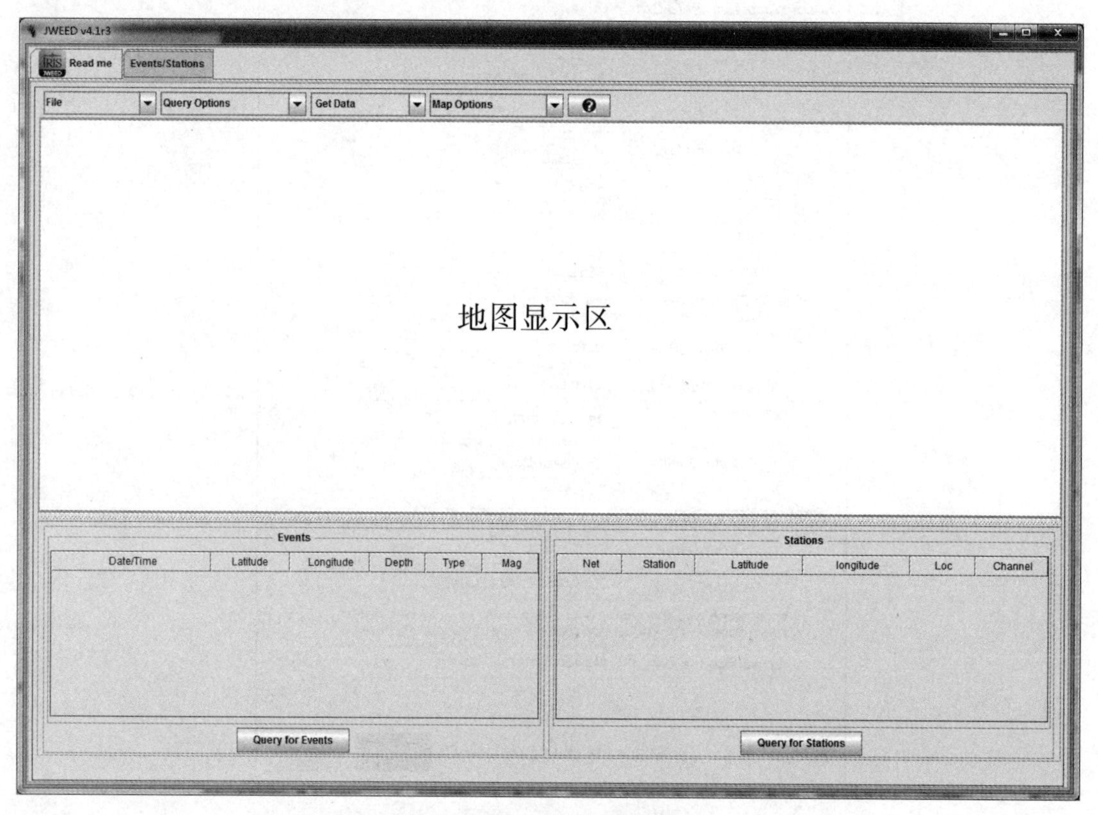

图4.6 Jweed软件界面示例

下面给出一个简单的示例来查找地震事件和台站。用户只需按住鼠标左键在地图上画出一个矩形框即可,该矩形框用于限定要查找的地震事件和台站的经纬度范围。设定好区域后分别点击“Query for Events”和“Query for Stations”进行地震事件和台站的查询。查询到的地震事件和台站信息会分别在相应栏中显示。同时在地图中用黄色圆点表示地震,红色三角表示台站。鼠标左键点击列表中的事件,该事件会在地图中以绿色圆点表示,并闪烁。点击列表中的台站,该台站会在地图中以黄色三角表示,并闪烁。如果要选择多行或移除已选行,可以使用组合键,在Window/Linux系统中,使用“Ctrl+鼠标左键”;在Mac中,使用“〈Apple〉〈mouse btn〉”。此外,还可以使用“shift+鼠标左键”来进行范围选择。在屏幕的底部会输出查找的参数和结构。被选中的行会高亮显示,详细见图4.7所示。

Jweed软件中有四个下拉菜单。“File”用于保存和读取文件。“Query Options”允许用户修改地震事件和台站的查询条件。“Get Data”用于下载和查看数据。“Map Options”用于擦除已绘制的事件、台站和其他项目。当用户点击向上和向下箭头时,将会弹出菜单并显示其中的选项。

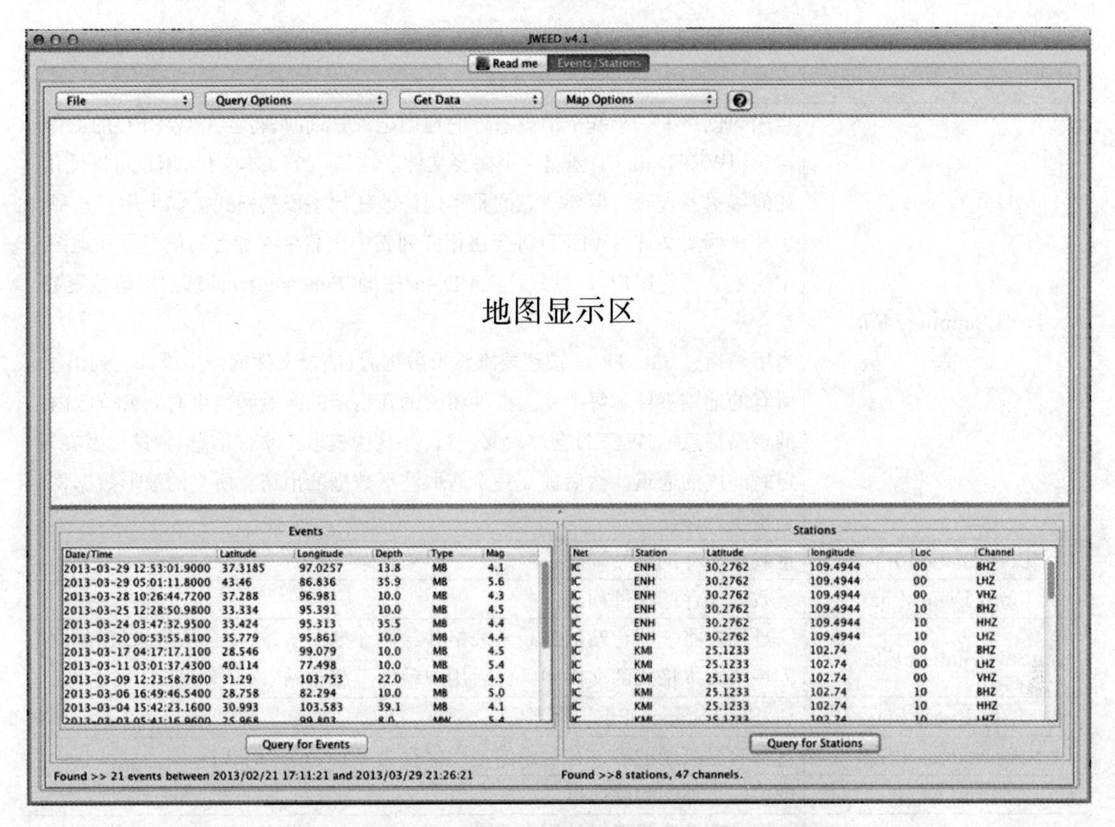

图4.7　使用Jweed查找到地震事件和台站后，结果展示

1. File下拉栏

File下拉栏如图4.8所示。

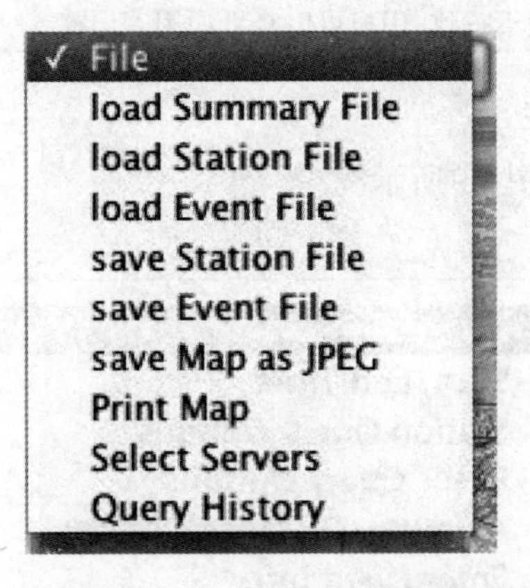

图4.8　File下拉栏功能示例

列表中的每一项说明如表4.2所示。

表4.2　File下拉栏选项功能列表

选　　项	功　　能
Load Summary File	当用户创建了一个基于地震事件的地震记录查询时,将会在JWEED的工作目录(JWEED.dir)中创建一个摘要文件。这是一个文本文件,用户可以使用任何编辑器查看。但要注意的是不用修改任何字段的格式。如果用户选择了一个摘要文件,JWEED将会在相应列表中重载事件和台站信息并在地图中绘制。然后用户可以通过"Get Data"中的"Seismograms"选项申请地震数据。 当用户通过"Get Data"按钮要求波形数据时,摘要文件就会生成。它列出了所有的地震事件和每个地震事件相关的在给定的开始和结束时间窗范围内的台站信息。JWEED会读取每一行,并从中提取出事件信息、台站以及在规定时间内的通道。然后提交一个获取波形数据的申请。所有的波形数据将会按事件保存
Load Station File	重载已保存的台站列表
Load Event File	重载已保存的事件列表
Save Station File	一旦用户将一些台站信息载入表格并绘制在地图中,这些台站信息就能被存入一个文本格式的文件中。此后用户就能重载台站
Save Event File	和"Save Station File"类似
Save Map as JPEG	将含有已绘制的事件和台站的地图保存为JPEG格式的文件
Print Map	创建一个地图的硬拷贝
Select Servers	使用该菜单选择可以的网页服务。在此用户可以发现JWEED可以使用的一个或多个网页服务数据中心。用户可以调整数据中心的优先级和选择打开或关闭它。这个列表会根据IRIS DMC动态更新
Query History	用户查询事件和台站的列表将会保存并用于追踪。如果用户的查询结果和期望不一致,用户可以查看原因

2. Query Options下拉栏

Query Options下拉栏如图4.9所示。

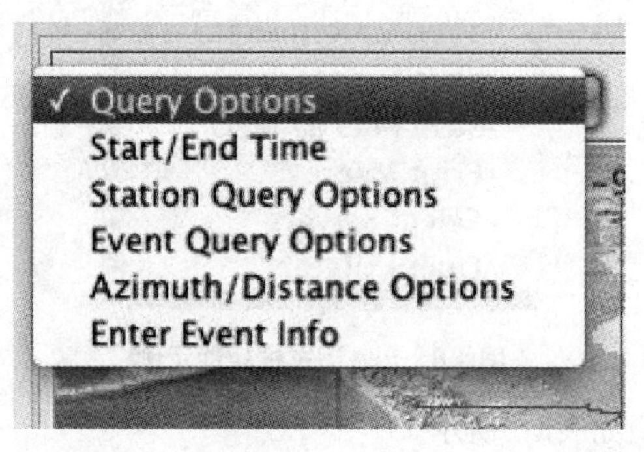

图4.9　Query Options下拉栏功能示例

列表中的每项说明如表4.3所示。

表4.3　Query Options下拉栏选项功能列表

选　　项	功　　　　能
选项默认值	在程序启动时每个选项都会初始化： Start/End Time："现在"前4 h到"现在"前15 min Station Query： • Network＝_GSN(全球地震台网)； • Station，location＝*(全部)； • Channel＝*HZ(高增益，垂向地震仪)。 Event Magnitude：0.，10 Depth：0.，6371 All magnitude types and all catalogs： 如果用户未对查询参数做任何调整且点击了"Query for Stations"按钮，用户将会获得当前时间前4 h所有的GSN台站垂向分量的列表。 如果用户未对查询参数做任何调整且点击了"Query for Events"按钮，JWEED执行上会有所不同。在默认的时间窗(前4 h到前15 min)内，很可能没有或只有很少的事件。那么JWEED将会搜索当前时间前一天的事件直到其搜索到至少20个以上的事件。这个功能只在程序刚启动且未修改任何查询选项时有效，目的是显示一个成功的首次查询
Start/End Time	使用该选项调整感兴趣的时间窗口。这对检索事件最有用，但也能用于限定检索的台站。对于基于台站的数据检索，JWEED将使用Start和stop时间作为数据的开始和结束时间
Station Query Options	用户可以输入台网、台站、位置代码和通道来精炼台站检索。这里可以使用通配符，例如：BH*将检索所有的宽频带高增益的通道
Event Query Options	该选项用于现在事件检索的地震震级范围和类型、深度和目录
Azimuth/Distance Options	Azimuth： 一旦用户载入了台站和事件，用户可以使用该参数来限定台站的方位角或后方位角范围。首先用户需要载入台站和事件，JWEED将移除不在参数限定范围的台站。 Map a Distance有三种方式可用： • 绘制与事件的距离，然后根据距离检索台站； • 绘制与台站的距离，然后检索在该范围内的事件； • 用户可以在地图上手动指定一个点(见Map Options中的Point工具)，然后根据到该点的距离来检索事件或台站
Enter Event Information	用户可以输入一个地震事件的信息和震级。据此，JWEED将会从数据库中获取地震事件。最少要输入经纬度、时间和深度

3. Get Data下拉栏

Get Data下拉栏如图4.10所示。

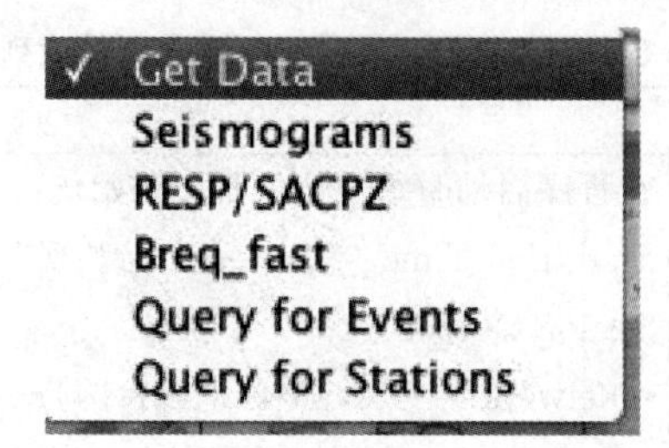

图4.10　Get Data下拉栏功能示例。

列表中的每项说明如表4.4所示。

表4.4　Get Data下拉栏选项功能列表

选　　项	功　　能
Seismograms	该选项可以获取地震波形数据。有两种地震记录获取模式:基于事件的和基于台站的
RESP/SACPZ	该选项用于下载所列台站的RESP格式的仪器响应和SAC零极点格式的仪器响应。用户需要提供一个用于存储仪器响应文件的目录。这些文本格式的文件可用于evalresp/jevalreap(RESP)或SAC(SAC Poles and Zeros)。 更多关于RESP文件的信息参见:http://www.iris.edu/KB/questions/69/What+is+a+RESP+file%3F 而SAC Poles and Zeros格式和SAC参见第5章
Breq_fast	Breq_fast申请格式用于发送一个包含台站及通道开始和结束时间信息的邮件给IRIS DMC。IRIS DMC会确认邮件,处理申请,然后创建一个可以通过ftp下载的seed文件
Query for Events, Query for Stations	这两个选项的功能和事件和台站列表下方的按钮功能一样

4. Map Options下拉栏

Map Options下拉栏如图4.11所示。

图4.11　Map Options下拉栏功能示例

列表中的每项说明如表4.5所示。

表4.5　Map Options下拉栏选项功能列表

选　　项	功　　能
Clear All	清除所有经纬度框、事件、台站或点、表示距离的圆和清空事件和台站列表

续表

选　项	功　　能
Zoom In	要放大某个区域,必须首先绘制一个包含要放大区域的经纬度框。如果绘制了多个经纬度框,则会报错
Zoom Out	恢复到上一次缩放前的区域
Lat/Lon Bos Tool	这是JWEED默认的绘制模式。用户单击并拖拽从而在地图上绘制一个矩形框,如有需要可重复。检索的事件和台站将会局限在这些区域中
Point Tool	使用该模式,鼠标将会变成十字光标,点击左键会在地图上标记一个红色十字。和Query Options中的Azimuth/Distance Tool配合非常有用。用户可以在地图上确定一个点,然后用Azimuth/Distance Tool设定到该点的距离。最后确定在该距离内的地震事件或台站
Enter Lat/Lon, Poinst	如果用户觉得绘图工具的精度不够,可以直接手动输入经纬度框或点的值
Toggle Lat/Lon display	选择该选项,鼠标在地图上移动时左下角会显示鼠标所在位置的经纬度
Remove Events	从地图上移除地震事件(黄色圆),并清空事件列表
Remove Stations	从地图上移除台站(红色三角),并清空台站列表
Remove Lat/Lon boxes	移除所有经纬度框
Remove Distances	移除所有距离圆
Remove Points	移除用户定义的所有点

下面将介绍JWEED两种获取数据的方式:

1. 基于地震事件的数据获取

如果用户既检索了事件又检索了台站,JWEED将执行基于事件的申请。JWEED会计算每个台站到每个事件用户指定的震相的到时。用户需要指定一个震相用于确定起始和结束时间。每个台站的波形数据将从相应时刻开始到结束。

点击Seismograms会弹出如图4.12所示的对话框。

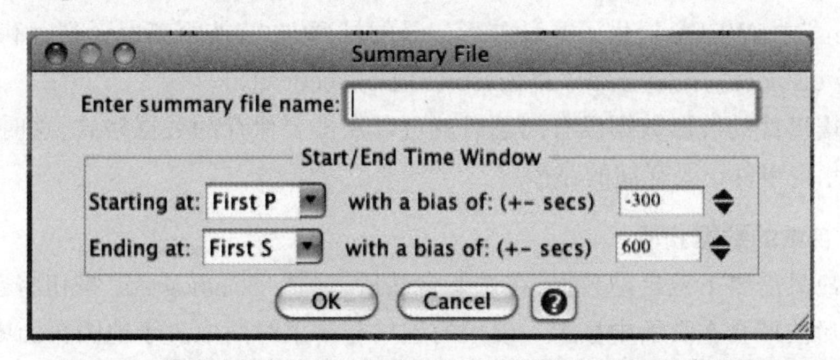

图4.12　基于地震事件的数据获取需要进行波形定制时的参数界面

其中,"Enter summary file name",摘要文件是一个文本文件,其中包含了和数据申请相关的信息。每个列表中的事件和每个事件在列表中的所有台站都会保存到摘要文件中。每行台站记录都详细记录了起始和结束时间窗。摘要文件可以保存起来备用。"Start/End Time Window":基于事件的数据获取,利用到时用户可以定义一个时间窗。用户选择一个到时用于确定时间窗的开始和结束。JWEED计算要检索的事件和台站的时间。然后在到时上加上或减去"Bias"中输入的时间(单位为s)。正数表示加,负数表示减。"Phase Arrivals"提供了一个可供选择的震相列表,或者用户自行输入一个震相。列表中提供的震相有P、S、p、s、

Pn、Sn、PcP、ScS、Pdiff、Sdiff、PKP、SKS、PKiKP、SKiKS、PKIKP、SKIKS。如果用户需要的震相不在其中可以自行输入。

摘要文件示例如下：

Weed_version 4.0

EVENT：时间,纬度,经度,深度,震级类型,震级

EVENT: 2008−05−12 06:27:59.980,31.0636,103.3718,7.6,MW,7.9

Station:台站名,台网名,纬度,经度

STATION: 365 Z8 35.988 105.1317

PHASE:用户选择计算起始时间的的震相,相对震相的时间偏移量,计算结束时间的震相,相对时间偏移量,通道名,位置代码,数据起始时间,结束时间,计算到时的速度模型:

PHASE: P −300 S 600 "BHZ" "− −" 2008,133,06:29:16.0 2008,133,06:30:16.0 iasp91

一旦用户创建了一个摘要文件,JWEED就会开始基于事件的数据获取流程。一个新的页面会出现(Event View Pane 1,如图4.13所示)。当JWEED读入摘要文件中每一行时,将会获取每个事件的波形,同时处理信息会在“Messages”中显示。处理完一个事件,该事件的信息就会显示在“Events”中。然后接着处理下一个事件。重复这一过程,直到所有的事件处理完。在“Events”中选中某一事件就可以查看该事件在指定台站中的波形。选中“Anti−Aliasing”波形线将会被平滑。选中“Show Markes”将会在每道记录中标记计算时间的零点,第一个到时和第二个到时。在“File”下拉栏中可以选择要保存的数据格式。这里提供了SAC, SAC ASCII, miniSEED和两种简单的ASCII格式。如果未在“Events”中选中事件,则所有的事件将会保存。如果用户选择了事件和其显示的波形,那么只会保存用户选择的事件。如果选择保存JPEG或“Print ALL”,用户需要在视图中选择一个事件。在“View options”中JWEED提供了几种波形记录的排列方式,按距离由近到远和由远到近排列(sorted by distance),按字母顺序排列(sorted alphabetically)。

确认地震事件的波形数据没有问题后就可以点击要保存的数据格式,这时会弹出一个对话框用于指定事件记录存储的路径。

2. 基于台站的数据获取

如果用户只需要下载台站数据,在选好台站后,选择“Seismogram”按钮将会启动页面。数据下载完后波形会在页面中显示。波形的起始与结束时间取决于地图页面中“Start/End Time”中的输入。所有的波形都会有相同的起始和结束时间。这是一种简单快速的查看和保存地震记录的方式。JWEED默认每屏显示60 min的数据。用户可以点击界面上向左或向右的大箭头来查看当前时间前一段或后一段的数据,如图4.14所示。

此外,要获取台站的仪器响应,可以在选好台站后,直接选择“RESP/SACPZ”按钮进行下载。选择后会弹出一个对话框指定仪器响应文件保存的目录(图4.15)。可以在“Create Directory”中输入一个新的目录名然后创建,也可以选择一个已有的目录。

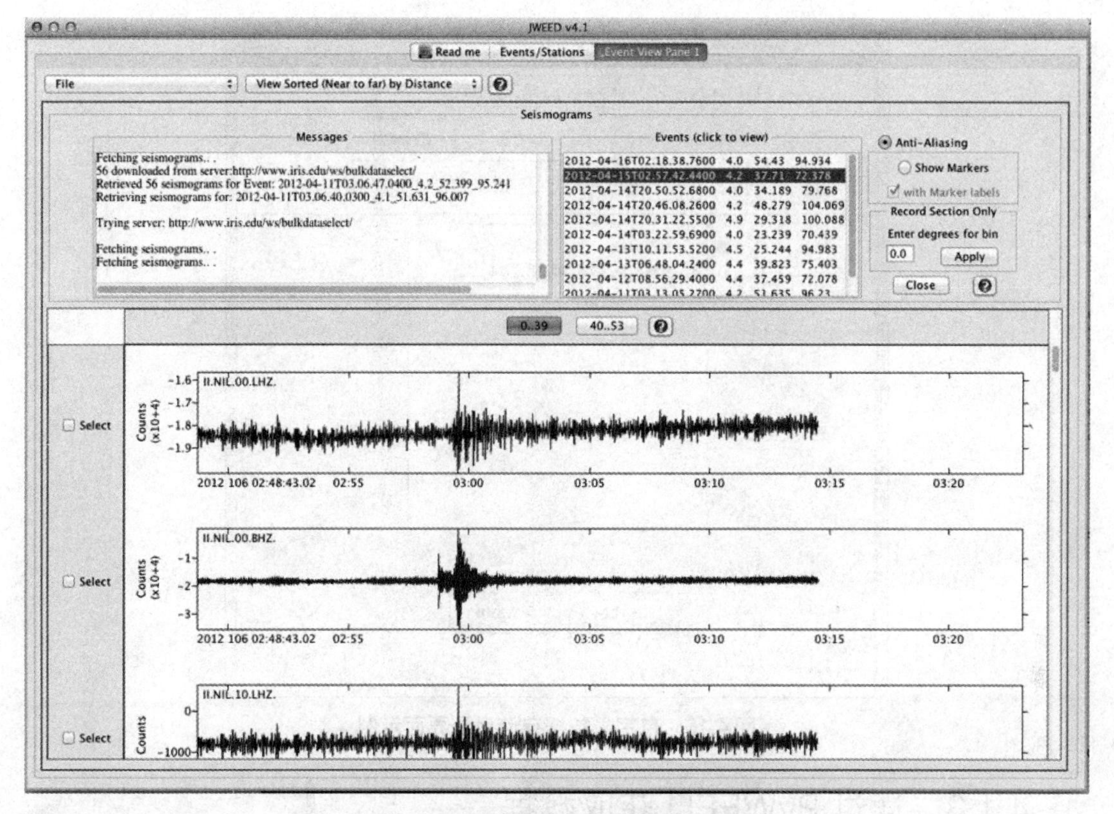

图4.13　波形显示以及存储界面示例

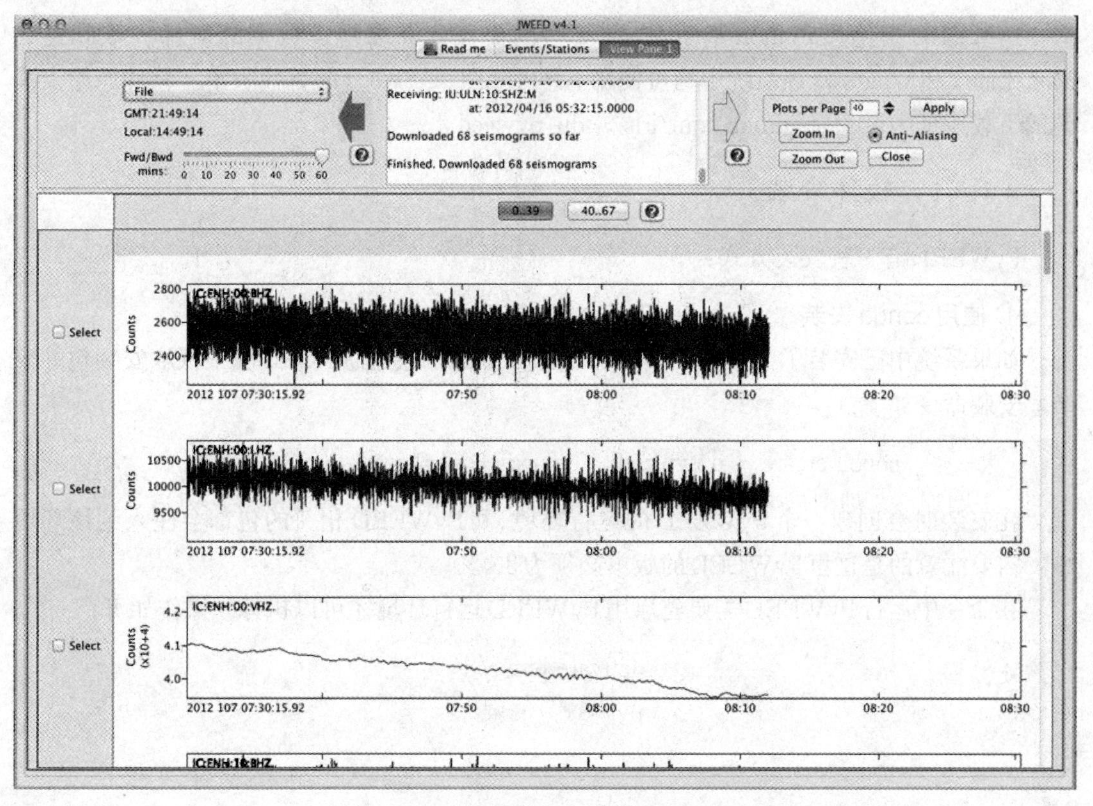

图4.14　单台数据波形显示及存储界面示例

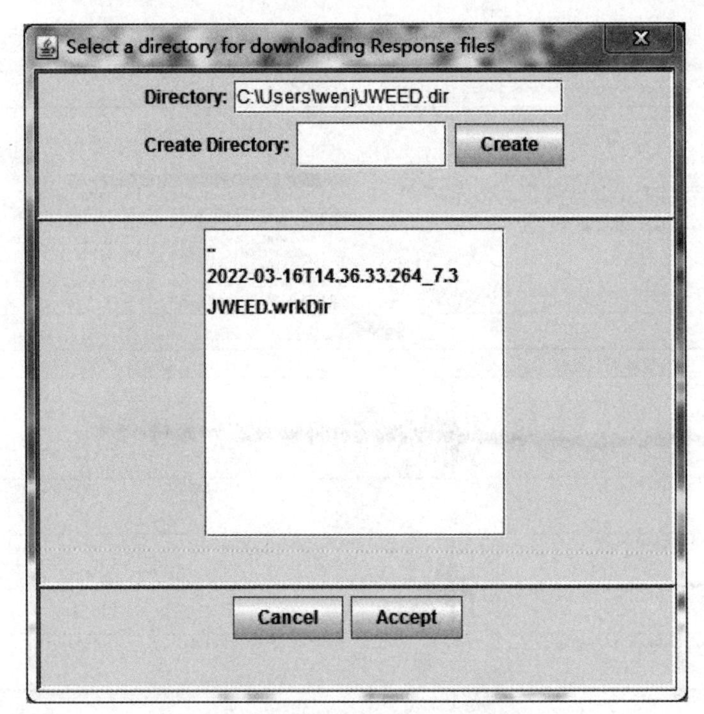

图4.15　自定义数据存储目录界面示例

4.1.3　通过 PyWEED 获取数据

PyWEED是使用Python基于obspy编写的交互式获取地震数据的软件。该软件在Mac、Linux和Windows等系统中均可使用。PyWEED是Jweed的替代版本。软件原始安装包的下载地址为https://github.com/iris－edu/pyweed。

4.1.3.1　软件安装

PyWEED有三种安装方式：

1. 使用conda安装

如果系统中已安装了Anaconda，则可以使用conda命令指从conda源中获取安装包并安装。安装命令如下：

```
conda create －n pyweed －c conda－forge python＝3 pyweed
```

在安装时会创建一个PyWEED的运行环境，和PyWEED相关的包都会注入到该环境中。需要注意的是这里PyWEED的版本必须为3.0。

在命令中运行PyWEED需要先启用PyWEED运行环境才可以执行。操作如下：

```
activate pyweed
pyweed
```

2. 网络安装

该方式只适合Mac/Linux系统。在bash中直接运行以下命令，然后按提示进行安装即可。

```
bash <(curl -Ss https://raw.githubusercontent.com/iris-edu/pyweed/master/installer/
    install.sh)
```

3. 自行编译安装

从https://github.com/iris-edu/pyweed网址下载安装包。解压后进入目录，最好先创建一个单独用于PyWEED的环境，避免和其他包冲突。

```
conda env create -f pyweed37.yml  # for Linux
conda env create -f pyweed37-mac.yml     # for MAC
conda activate pyweed37
```

按顺序执行以下命令即可完成安装：

```
python setup.py build
python setup.py install
```

由于该方式不会检查安装包和其他安装包的依赖关系，安装完成后在终端运行PyWEED时可能会提示缺少库(大部分情况下会提示缺少basemap和pyproj两个库)。根据提示使用conda安装即可。

如果是Mac/Windows系统，可能习惯使用快捷方式双击运行PyWEED。可以分别使用以下命令在桌面和快速启动栏上创建。

对Mac

```
source activate pyweed
pyweed_build_launcher
mv PyWEED.app /Applications/
```

对Windows

```
activate pyweed
pyweed_build_launcher
move PyWEED.bat Desktop
```

4.1.3.2　软件使用

PyWEED软件界面如图4.16所示。界面的左侧为事件检索信息，右侧为台站检索信息。中间上部为地图，同时用于显示检索到的地震事件和台站的位置。中下右侧为检索到的事件列表，左侧为台站列表。

事件检索需要提供四类信息：

(1) 时间：需要搜索的地震事件的时间范围，可以直接修改Start和End中的数值，也可以使用日历选择。

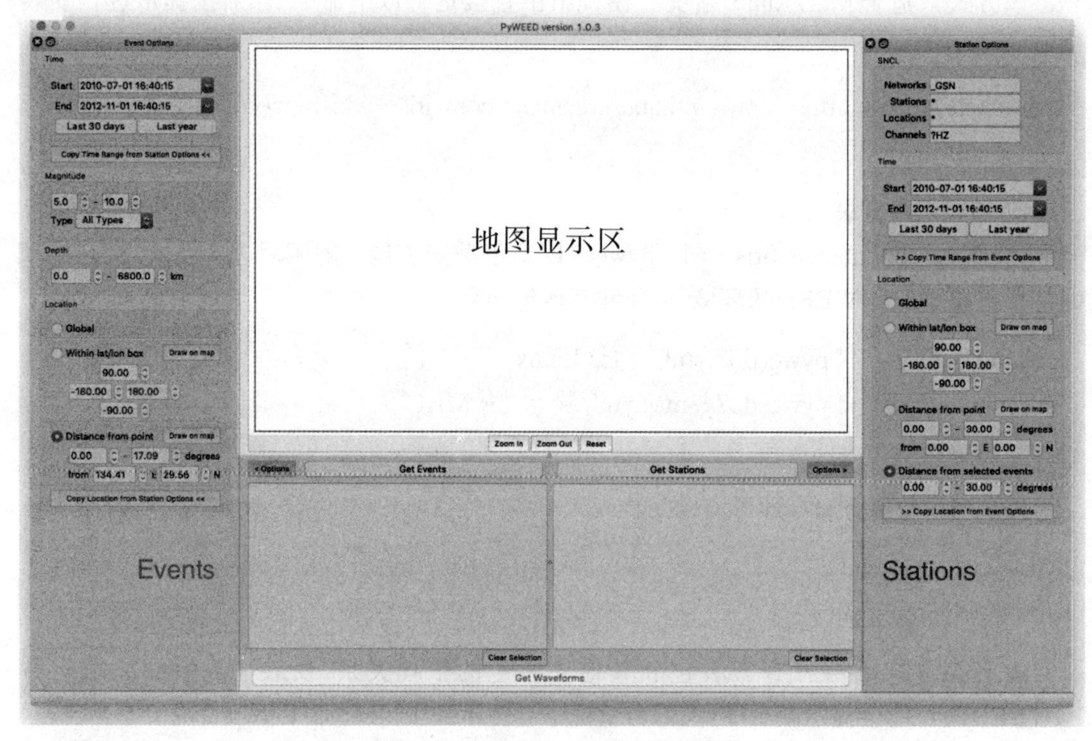

图4.16 PyWEED软件界面

(2) 震级:设定地震震级的范围。

(3) 深度:地震震源深度范围。

(4) 位置:地震事件的地理位置。有三种方式指定:① 搜索全球(global);② 给定经纬度范围搜索;③ 指定圆心,搜索相应半径范围内的事件。搜索参数设定好后点击界面中间左下的按钮“Get Events”开始搜索。检索到的地震事件显示在中间左下的列表中,同时在中间的地图上以黄色圆点表示。在列表中选中地震后该地震会以带红色虚线的橙色圆点显示。如图4.17所示。

台站检索和事件检索类似,需要三类信息:

(1) 时间:设置台站运行的时间范围。

(2) 台站信息:需要检索的台网(net)、台站(sta)、位置代码(loc)和通道(cha)。在设置台站信息时可以使用通配符(*和?)。

(3) 位置:台站的地理位置。前三种方式和地震事件搜索位置设置一样。多了一种以选定震源位置为中心搜索指定半径范围内台站的搜索方式。点击界面中间左下的按钮“Get Stations”开始搜索。检索到的台站显示在中间右下的列表中,同时在中间的地图上以红色三角表示。在列表中选中台站后,该台站会以带放大的深红色三角显示。如图4.18所示。

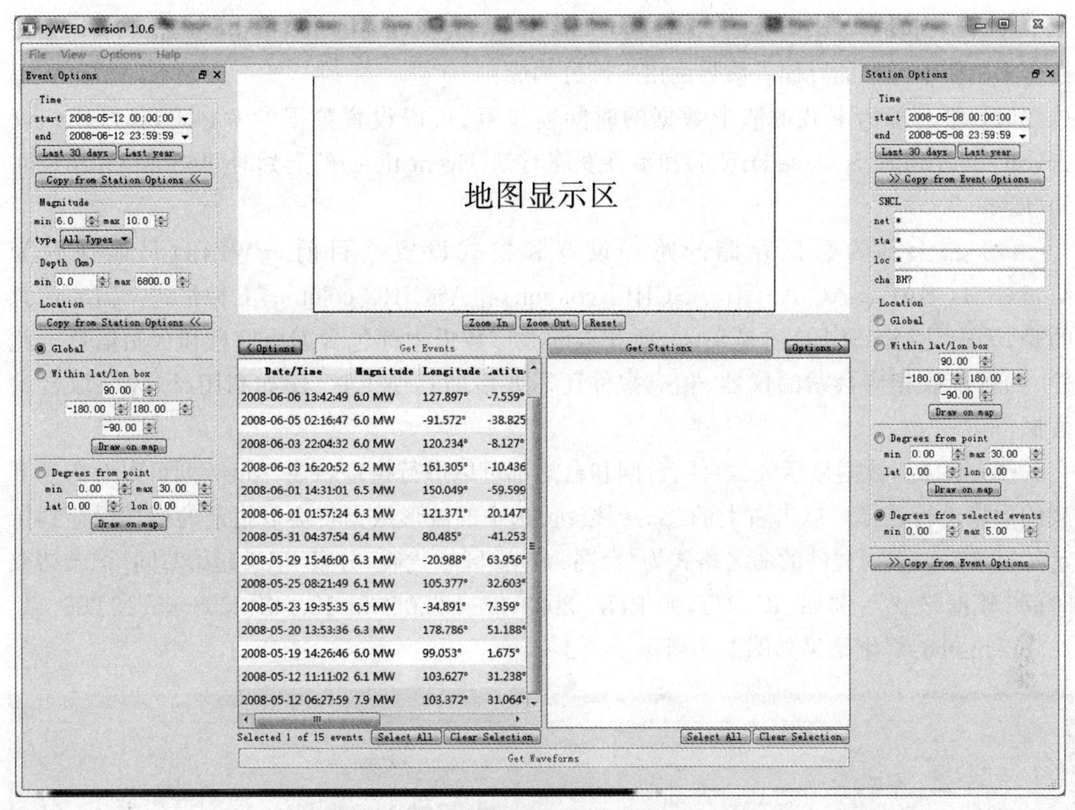

图4.17　事件查找及显示示例

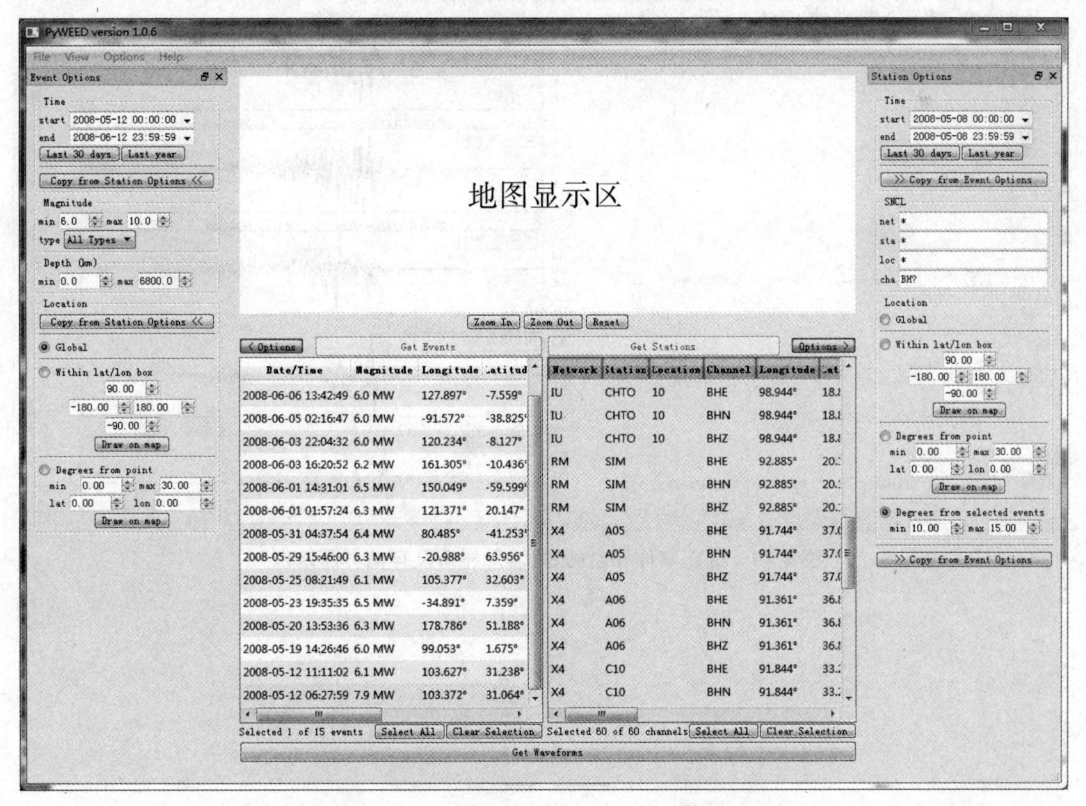

图4.18　选定事件后,进行台站查找及显示示例

在台站列表中选中需要的台站，在中间底部的“Get Waveforms”按钮会点亮。点击该按钮会弹出获取波形的界面。该界面由三部分构成：

(1) 左上部为下载的波形数据的时间窗设置，可以设置数据参考P波到时(P wave arrival)、S波到时(S wave arrival)和事件发震时刻(Event time)的起始时间(Start)和结束时间(End)。

(2) 右上部为数据存储的路径设置和格式设置。目前PyWEED只能保存为MiniSEED、SAC、SAC ASCII、ASCII(1 column)和ASCII(2 column)五种格式。需要注意的是，无论是MiniSEED还是SAC，所获取的波形数据中都包含震源信息和台站信息。此外，如需获取相应台站的仪器，相应文件还需要借助其他工具，例如利用obspy获取台站数据。

(3) 下部为数据显示区，事件、台网和台站都可以进行指定。在“Keep”列可以对需要下载的数据进行选择。点击右上的“Save”按钮，选中的波形数据将会以指定的格式保存到指定的目录中。数据文件的命名格式为“台网.台站.区域代码.分量_记录起始时间_记录结束时间.数据格式”，例如：IC.BJT.00.BHE_2008-05-12T06_30_15.142_2008-05-12T06_44_35.142.mseed，详细结果如图4.19所示。

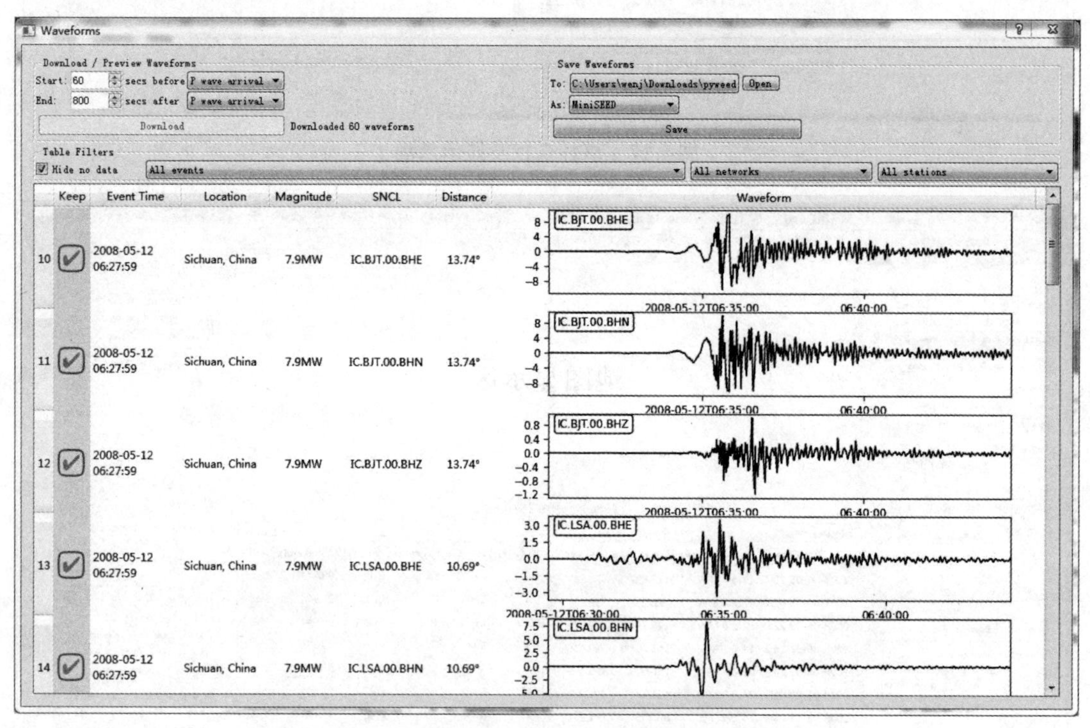

图4.19　选定事件和台站后，波形显示及存储界面示例

4.2　数据解压

地震数据中比较常用的两种压缩数据格式seed和miniseed,seed需要使用rdseed软件进行解压,并将解压出来的波形数据保存为SAC、AH、SEGY或ASCII等多种数据格式。seed格式里一般包含的信息比较多,除了波形数据,一般还有台站坐标信息,有时还会有震源位置等信息,此外还有相应的台站仪器响应的数据。miniseed格式一般只包含有单纯的波形数据。仪器响应等信息需要自己查找、下载。表4.6给出了两个软件最新的下载地址,这两个软件均有Linux/Unix/MacOSX/Windows等版本,可以根据需要进行下载。如表4.6所示,下面将分别介绍两个软件的用法。

表4.6　两种常用的压缩格式的解压软件下载地址

软件名	下载地址
rdseed	https://github.com/iris－edu－legacy/rdseed
mseed2sac	https://github.com/iris－edu/mseed2sac/releases

4.2.1　rdseed软件用法

1. 安装

从网上下载rdseed的软件包,例如:rdseedv5.3.1.tar.gz,使用第1章中学过的tar命令进行解压,如下:

```
tar －zxvf rdseedv5.3.1.tar.gz
```

然后进入rdseedv5.3.1目录,可以发现安装包里有在不同平台下编译好的二进制文件。表4.7列出了现在比较常用的各个系统对应的二进制文件。

表4.7　rdseed不同系统对应的可执行程序名

系统	二进制文件
Linux 64位系统	rdseed.rh6.linux_64
Mac 64位系统	rdseed.mac.x86_64
32位Windows 7下运行的Cygwin系统	rdseed.windows.cygwin_32.exe

2. 使用

rdseed有两种运行方式,一种是交互式,一种是命令行方式。

① 交互式

直接在终端输入(以Linux 64位系统为例)

```
./rdseed.rh6.linux_64
```

会出现如下输入提示:

```
〈〈 IRIS SEED Reader, Release 5.3.1 〉〉
Input  File (/dev/nrst0) or 'Quit' to Exit:
```

根据提示输入相应的参数即可解压出波形数据或仪器响应文件。交互式执行时会要求输入以下信息,斜体的信息是必须输入的。

```
<< IRIS SEED Reader, Release 5.3.1  >>
Input  File (/dev/nrst0) or 'Quit' to Exit: seed文件名或输入“quit”退出
Output File (stdout)    :                  # 输出文件(默认是标准输出)
Volume # [(1)-N]   :                       # 卷号
Options [acCsSpRtde] : d
# 选项,具体每个选项的含义会在下一小节详细说明,如果要提取数据的话输入“d”选项
Summary file (None)  :                     # 总结文件(默认无)
Station List (ALL)    :                    # 指定提取的台站列表(默认为全部台站)
Channel List (ALL)    :                    # 指定提取的分量列表(默认为全部分量)
Network List (ALL)    :                    # 指定提取的台网列表(默认为全部台网)
Loc Ids (ALL ["--" for spaces]) :
Output Format [(1=SAC), 2=AH, 3=CSS, 4=mini seed, 5=seed, 6=sac ascii, 7=
        SEGY] :                            # 输出文件格式
Output poles & zeroes ? [Y/N]              # 是否输出仪器响应的零极点文件,Y为输出;N
为不输出
Check Reversal [(0=No), 1=Dip.Azimuth, 2=Gain, 3=Both]:
# 是否进行正负进行校正
Select Data Type [(E=Everything), D=Data of Undetermined State, R=Raw waveform
      Data, Q=QC'd data] : E
# 选择输出数据的类型(E为所有数据,默认值;D为数据状态不确定的数据;R为原始数
据;Q为经过质量检查后的数据)
Start Time(s) YYYY,DDD,HH:MM:SS.FFFF : # 记录起始时间
End Time(s)  YYYY,DDD,HH:MM:SS.FFFF : # 记录结束时间
Sample Buffer Length [2000000]:              # 最大采样点数(默认为2000000)
Extract Responses [Y/(N)]     :              # 是否提取仪器响应文件(默认为否)
```

② 命令行方式

从上面可以看到交互式运行只适合数据文件比较少的情况,当有大量的seed数据文件需要进行处理时,命令行方式是比较好的选择。rdseed命令行方式的语法如下:

```
rdseed -f seed文件名 -{a | d [list] | l | s | t}
```

在使用时“{}”里的选项必须选择一个。例如:仅提取“infile.seed”文件中的波形数据,命令如下:

```
./rdseed.rh6.linux_64 -df infile.seed
```

使用命令“rdseed —h”可以查看命令的选项和语法说明。rdseed命令选项众多,表4.8中列出了比较常用的选项的说明。

表4.8 rdseed各个选项和参数说明

选项	说明
—f 文件名	输入seed文件名
—d	从seed数据中提取波形数据
—o *n*	输出波形数据的格式,*n*可以取1—9,默认值为1。不同的*n*值分别表示SAC(1)、AH(2)、CSS(3)、miniSEED(4)、SEED(5)、SAC ASCII(6)、SEGY(7)、Simple ASCII(SLIST)(8)和Simple ASCII(TSPAIR)(9)
—R	输出RESP格式的仪器响应文件
—p	输出零极点格式的仪器响应文件
—q	指定输出目录,该目录必须已经存在。默认为输出到当前目录
—Q	指定输出的波形数据的质量,可取值为:E为所有数据,默认值;D为数据状态不确定的数据;M为已合并的数据;R为原始数据;Q为经过质量检查后的数据
—b *n*	输出波形数据的最大采样点数,默认值为2000000。如果波形数据的采样点数超过该值则会报警并把数据分割成多个文件
—z *n*	检查并校正数据极性

通过不同选项的组合可以使rdseed命令同时提取多种信息,例如:从“infile.seed”文件中同时提取波形数据和RESP格式的仪器响应文件:

```
./rdseed.rh6.linux_64 -Rdf infile.seed
```

4.2.2 mseed2sac软件用法

1. 安装

和rdseed类似,下载软件包(例如:mseed2sac—2.2.tar)后也需要进行解压,如下:

```
tar -xvf mseed2sac-2.2.tar
```

然后进入mseed2sac—2.2目录。mseed2sac只提供源代码没有提供二进制文件,因此需要对源代码进行编译。在终端下运行以下命令:

```
make
```

如果没有任何报错,且mseed2sac—2.2目录多出了一个名为“mseed2sac”的二进制文件则说明编译成功。

2. 使用

mseed2sac软件仅支持命令行方式运行,且只能解压出SAC格式的文件。其语法如下:

```
mseed2sac [选项] input1.mseed [input2.mseed]
```

和rdseed不同,mseed2sac可以同时处理多个mseed文件。表4.9中列出了几个比较常用的选项。

表4.9　mseed各个选项和参数说明

<table>
<tr><th>选　项</th><th>说　　明</th></tr>
<tr><td>－h</td><td>查看命令的选项和语法说明</td></tr>
<tr><td>－V</td><td>显示软件的版本</td></tr>
<tr><td>－f format</td><td>指定输出的SAC文件的格式(默认输出为2,即二进制):
1＝文本格式,2＝二进制格式</td></tr>
<tr><td colspan="2">前面提到mseed格式里只有波形数据,因此台站信息,震源信息需要从其他途径获取然后添加到SAC格式的文件中。下面两个选项可以用来在解压的同时添加这些信息</td></tr>
<tr><td>－k lat/lon</td><td>指定台站的坐标,格式“经度/纬度”,单位为°</td></tr>
<tr><td>－E event</td><td>指定事件信息,格式“时间[/经度][/纬度][/深度][/事件名]”,例如:“2006,123,15:27:08.7/－20.33/－174.03/65.5/Tonga”。需要注意的是,这里的日期使用的是Julian Day</td></tr>
</table>

练　习

从IRIS上下载2008年5月12日汶川地震的距离震中500 km以内台站记录的数据,并解压。

第5章　SAC软件使用

SAC(Seismic Analysis Code),是在天然地震学领域最广泛使用的数据分析软件之一,同时也是一种用于存储天然地震波形数据的最常用的标准数据格式。基本上所有的地震数据处理都可以通过SAC软件来实现,这些处理包括重采样、插值、去均值、去趋势、震相拾取、滤波等。

5.1　获取SAC软件

通过在IRIS网站上提交申请,可以获取SAC源代码包和二进制包。SAC软件包的申请地址:http://ds.iris.edu/ds/nodes/dmc/forms/sac/

在申请时需要填写如图5.1、图5.2所示的个人信息(包括姓名、地址、工作单位、单位网站和电子邮箱等)。需要注意的是,电子邮箱最好是学术邮箱(一般是edu结尾的邮箱),一般邮箱需要提供相关信息以证明申请人是地震学相关人员。所有信息都要认真填写,否则可能会被拒绝。IRIS提供SAC最新版的源代码包、Linux 64位和macOS 64位的二进制包。其中,二进制包可以在相应平台设置好相关环境变量以后直接使用,源代码包则需要编译后才能使用。

Name / Institution

Full name*

Position*

Institution*

Institution URL*

Email*

图5.1　获取SAC软件时需提交个人和机构信息

Address

Address*

Postal code*

Country* ---------

IRIS adheres to the ISO 3166 standard for country names and codes.

Platform

Platform* Linux 64-bit (3.8MB)

Mac 64-bit (3.3MB)

Source Code (6.0MB)

图5.2　获取SAC软件时需提交地址信息和软件平台信息

5.2　SAC软件安装

SAC软件安装分两步,分别为编译源代码和配置环境变量。MacOS版和Linux版的安装过程基本相同,下面将以Linux版为例来解释SAC的安装过程。

5.2.1　编译源代码

将获得的源代码按以下命令解压、配置、编译、安装即可:

```
tar -xvf sac－101.6a－linux_x86_64.tar.gz
cd sac－101.6a
./configure －－prefix=[指定路径,一般设为/usr/local]/sac
make
sudo make install
```

5.2.2　配置环境变量

在编译成功后即可进行环境变量的设置。可以在~/.bashrc或~/.bash_profile中选择一个添加以下语句以配置环境变量和SAC全局变量:

```
export SACHOME=/usr/local/sac
export SACAUX=${SACHOME}/aux
```

```
export PATH=${SACHOME}/bin:${PATH}
export SAC_DISPLAY_COPYRIGHT=1
export SAC_PPK_LARGE_CROSSHAIRS=1
export SAC_USE_DATABASE=0
```

其中,SACHOME定义了SAC的安装目录;SACAUX定义了SAC运行所需的辅助文件所在的目录;PATH为Linux的系统环境变量,通过该变量,系统能正确找到SAC的可执行文件;SAC_DISPLAY_COPYRIGHT用于控制是否在SAC启动时显示版本和版权信息,一般设为1。SAC_PPK_LARGE_CROSSHAIRS用于控制震相拾取时光标的大小,这点在震相拾取时非常有用;SAC_USE_DATABASE用于控制是否允许将SAC格式转换为GSE2.0格式,一般用不到,因此可以设为0。

修改完~/.bashrc或~/.bash_profile,需要执行以下命令使配置的环境变量生效:

```
source ~/.bashrc[~/.bash_profile]
```

或者使用SAC的配置脚本快速进行设置,在修改完之后同样要用source命令配置环境使得变量生效。

```
export SACHOME=/usr/local/sac
. ${SACHOME}/bin/sacinit.sh
export SAC_PPK_LARGE_CROSSHAIRS=1
```

5.2.3 启动SAC

配置完环境变量后,在终端键入小写sac,出现如下界面则表示SAC安装成功,可以用SAC处理地震数据。

```
$ sac
 SEISMIC ANALYSIS CODE [11/11/2013 (Version 101.6a)]
 Copyright 1995 Regents of the University of California
SAC>
```

如果要退出SAC,只需要在命令行中输入“quit”或“q”,回车即可。

5.3 SAC数据格式

5.3.1 SAC数据格式简介

一个SAC数据文件会包含一个台站中一个分量记录到的地震波在连续时间上的一系

列数据点,这些数据点可以是等间隔或不等间隔采样。同时还会包含描述地震的信息、观测台站的信息等等。因此每个SAC文件包含两个部分:头段区和数据区。头段区位于每个文件的起始,大小固定,专门用来存储地震、台站等信息;而数据区则紧跟头段区之后,用来存储地震波波形数据。

SAC数据文件有两种格式:二进制格式和文本格式。两种格式是完全等价的,只是文本格式可以直接阅读,而二进制格式需要通过机器阅读。二进制格式占用的磁盘空间小,读写速度快,因此最为常用。当文件出现问题时,文本格式更便于查看文件内容。

例如,利用以下两条SAC命令可以生成一个名为"a.sac"的文本格式的SAC数据文件,其内容如下所示:

```
SAC> funcgen
SAC> w alpha a.sac
```

使用"cat a.sac"就可以看到文件内容,如图5.3所示。其中第1—30行是头段区,31行以后是数据区。在下一小节将详细说明头段区各个变量的含义。

5.3.2 SAC头段变量

SAC头段区的变量一般称为头段变量,这些变量存储着包括台站经纬度、地震事件经纬度、发震时刻等信息。表5.1列出了头段区的全部头段变量。

SAC共有133个头段变量,占用632个字节。比如,头段区前四个字节存储第一个头段变量delta,第5—8个字节存储第二个头段变量depmin,以此类推。表的第一列给出了每行第一个头段变量在文件中的起始字节,而第二列给出了当前行的头段变量的变量类型。

表5.2列出了SAC头段变量的类型及相关信息。第一列为头段变量类型代码;第二列为头段变量的变量类型;第三列给出了在某个头段变量未定义时,该头段变量的值;第四列给出了头段变量类型对应的C语言中的类型定义;第五列给出了不同类型的简单描述。对照上表可以看到,除了F型变量,其他头段变量均以变量类型码开头。例如:nvhdr是N型变量,leven是L型变量。此外,变量名为internal表示该变量是SAC内部使用的头段变量,用户不能对其进行操作;变量名为unused表示该变量未使用,是为以后可能出现的新头段变量的预留位。当某个头段变量未定义时,其包含未定义值,从表5.2中可以看到不同类型的头段变量有不同的未定义值,如果在查看该头段变量时,发现其取值为下表中的对应值,则可认为该变量未定义。在实际设定时,可以直接用undef表示所有类型的头段变量的未定义值,SAC会根据头段变量的类型将其自动转换为相应类型的未定义值。

```
      1.000000        0.000000        1.000000       -12345.00       -12345.00
      0.000000        99.00000       -12345.00       -12345.00       -12345.00
     -12345.00       -12345.00       -12345.00       -12345.00       -12345.00
     -12345.00       -12345.00       -12345.00       -12345.00       -12345.00
     -12345.00       -12345.00       -12345.00       -12345.00       -12345.00
     -12345.00       -12345.00       -12345.00       -12345.00       -12345.00
     -12345.00       -12345.00       -12345.00       -12345.00       -12345.00
     -12345.00       -12345.00       -12345.00       -12345.00       -12345.00
     -12345.00       -12345.00       -12345.00       -12345.00       -12345.00
     -12345.00       -12345.00       -12345.00       -12345.00       -12345.00
     -12345.00       -12345.00       -12345.00       -12345.00       -12345.00
     -12345.00      0.01000000       -12345.00       -12345.00       -12345.00
     -12345.00       -12345.00       -12345.00       -12345.00       -12345.00
     -12345.00       -12345.00       -12345.00       -12345.00       -12345.00
  -12345    -12345    -12345    -12345    -12345
  -12345         6    -12345    -12345       100
  -12345    -12345    -12345    -12345    -12345
       1    -12345    -12345    -12345    -12345
  -12345    -12345    -12345    -12345    -12345
  -12345    -12345    -12345    -12345    -12345
  -12345    -12345    -12345    -12345    -12345
       1         0         1         1         0
-12345  FUNCGEN: IMPULSE
-12345  -12345  -12345
-12345  -12345  -12345
-12345  -12345  -12345
-12345  -12345  -12345
-12345  -12345  -12345
-12345  -12345  -12345
-12345  -12345  -12345
      0.000000        0.000000        0.000000        0.000000        0.000000
      0.000000        0.000000        0.000000        0.000000        0.000000
      0.000000        0.000000        0.000000        0.000000        0.000000
      0.000000        0.000000        0.000000        0.000000        0.000000
      0.000000        0.000000        0.000000        0.000000        0.000000
      0.000000        0.000000        0.000000        0.000000        0.000000
      0.000000        0.000000        0.000000        0.000000        0.000000
      0.000000        0.000000        0.000000        0.000000        0.000000
      0.000000        0.000000        0.000000        0.000000        0.000000
      0.000000        0.000000        0.000000        0.000000        1.000000
      0.000000        0.000000        0.000000        0.000000        0.000000
      0.000000        0.000000        0.000000        0.000000        0.000000
      0.000000        0.000000        0.000000        0.000000        0.000000
      0.000000        0.000000        0.000000        0.000000        0.000000
      0.000000        0.000000        0.000000        0.000000        0.000000
      0.000000        0.000000        0.000000        0.000000        0.000000
      0.000000        0.000000        0.000000        0.000000        0.000000
      0.000000        0.000000        0.000000        0.000000        0.000000
      0.000000        0.000000        0.000000        0.000000        0.000000
      0.000000        0.000000        0.000000        0.000000        0.000000
```

图5.3 文本格式SAC文件示意图

前30行是头段区,31行以后是波形数据区

表5.1 sac数据文件中的头段变量的类型和字节位置

字节	类型	头段变量名				
0	F	DELTA	DEPMIN	DEPMAX	SCALE	ODELTA
20	F	B	E	O	A	INTERNAL
40	F	T0	T1	T2	T3	T4
60	F	T5	T6	T7	T8	T9
80	F	F	RESP0	RESP1	RESP2	RESP3
100	F	RESP4	RESP5	RESP6	RESP7	RESP8
120	F	RESP9	STLA	STLO	STEL	STDP
140	F	EVLA	EVLO	EVEL	EVDP	MAG
160	F	USER0	USER1	USER2	USER3	USER4
180	F	USER5	USER6	USER7	USER8	USER9
200	F	DIST	AZ	BAZ	GCARC	INTERNAL
220	F	INTERNAL	DEPMEN	CMPAZ	CMPINC	XMINIMUM
240	F	XMAXIMUM	YMINIMUM	YMAXIMUM	UNUSED	UNUSED
260	F	UNUSED	UNUSED	UNUSED	UNUSED	UNUSED
280	I	NZYEAR	NZJDAY	NZHOUR	NZMIN	NZSEC
300	I	NZMSEC	NVHDR	NORID	NEVID	NPTS
320	I	INTERNAL	NWFID	NXSIZE	NYSIZE	UNUSED
340	I	IFTYPE	IDEP	IZTYPE	UNUSED	IINST
360	I	ISTREG	IEVREG	IEVTYP	IQUAL	ISYNTH
380	I	IMAGTYP	IMAGSRC	UNUSED	UNUSED	UNUSED
400	I	UNUSED	UNUSED	UNUSED	UNUSED	UNUSED
420	L	LEVEN	LPSPOL	LOVROK	LCALDA	UNUSED
440	K	KSTNM	KEVNM*			
464	K	KHOLE	KO	KA		
488	K	KT0	KT1	KT2		
512	K	KT3	KT4	KT5		
536	K	KT6	KT7	KT8		
560	K	KT9	KF	KUSER0		
584	K	KUSER1	KUSER2	KCMPNM		
608	K	KNETWK	KDATRD	KINST		

表5.2 头段变量的数据类型定义以及和C语言数据类型对照和说明

类型码	类型定义	未定义值	对应C语言类型	描述
F	浮点型	−12345.0	float	单精度值
N	整型	−12345	int	变量名以“N”开头
I	枚举型	−12345	int	变量名以“I”开头。只有几个有限的int型值可用。每个值有其特定的名字,且代表一个特定条件
L	逻辑型	FALSE	int	变量名以“L”开头,取值为TRUE和FALSE,本质上分别是整型的1和0

续表

类型码	类型定义	未定义值	对应C语言类型	描　　述
K	字符型	"−12345.."	char *	变量名以"K"开头，长度一般为8个字节，只有kevnm比较特殊，长度为16字节
A	辅助型			不在SAC头段区，是从其他头段变量推导得到

下面将详细介绍一些常用的头段变量的具体含义。

1. 基本变量

(1) **nzyear、nzjday、nzhour、nzmin、nzsec、nzmsec**

分别表示"年""一年的第几天(即Julian day，使用这种方式比直接使用"月+日"的方式会少一个变量)""时""分""秒""毫秒"。这六个头段变量构成了SAC中唯一的绝对时刻，其他的时刻都以该时刻为起点转换成了相对时间(单位为s)。根据这六个头段变量可以推导出其他和时间相关的头段变量。

kzdate：字符型的参考日期，由nzyear和nzjday导出。

kztime：字符型的参考时间，由nzhour、nzmin、nzsec、nzmsec导出。

例如，如果有nzyear = 1981、nzjday = 88、nzhour = 10、nzmin = 38、nzsec = 14、nzmsec = 0，那么可以推导出kzdate和kztime的值分别为"MAR 29 (088), 1981"和"kztime = 10:38:14.000"。

(2) **idep**

该头段变量可以不定义，其可以取如下枚举值：

① IUNKN：未知类型；

② IDISP：位移量，单位为nm；

③ IVEL：速度量，单位为nm/s；

④ IVOLTS：速度量，单位为V(电压单位)；

⑤ IACC：加速度量，单位为nm/s^2。

2. 数据相关变量

(1) **npts**

数据点数，其值决定了数据区内有多少个数据点。

(2) **delta**

等间隔数据的数据点采样周期。

(3) **b、e**

文件的起始时间和结束时间(相对于参考时刻的秒数)。

(4) **leven**

若数据为等间隔则为TRUE，否则为FALSE。

(5) **depmin、depmax、depmen**

记录的最小值、最大值和均值。在读入SAC文件以及对数据进行处理时，这三个头段变量的值会被自动计算并更新。

3. 事件相关变量

（1）**kevnm**

事件名，长度为16个字节。

（2）**evla、evlo、evel、evdp**

分别代表事件的纬度（−90°—90°）、经度（−180°—180°）、高程（单位为m，未使用）和深度（单位为km，以前为m）。

（3）**mag**

事件震级。

4. 台站相关变量

（1）**knetwk、kstnm**

地震台网名和台站名。

（2）**stla、stlo、stel、stdp**

台站纬度（−90°—90°）、经度（−180°—180°）、高程（单位为m）、相对地表的深度（单位为m）。

（3）**gcarc、dist、az、baz**

这四个变量的定义如下：

① gcarc：全称Great Circle Arc，即震中到台站的大圆弧的长度，单位为°；

② dist：震中到台站的距离，等于gcarc乘上地球半径，单位为km；

③ az：方位角，震中到台站的连线与地理北向的夹角；

④ baz：反方位角，台站到震中的连线与地理北向的夹角。

如图5.4(a)所示。其中台站的经纬度坐标为(λ_s,ϕ_s)，震源的经纬度坐标为(λ_e,ϕ_e)，红色虚线表示台站到震中的距离，Az为台站方位角，Baz为台站后方位角。

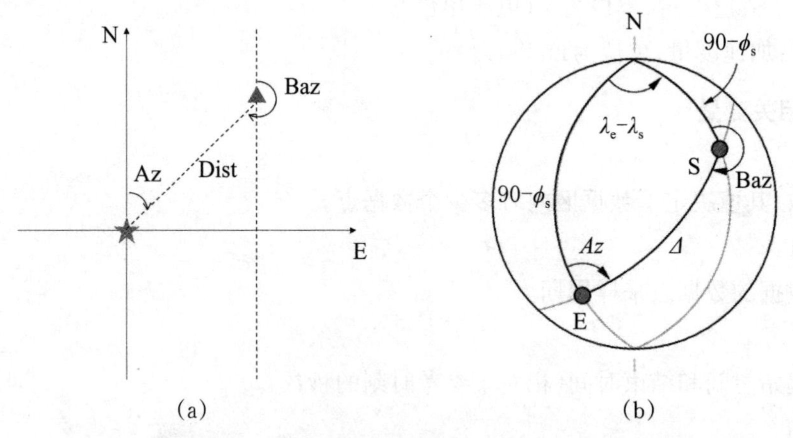

图5.4　地球球面上台站到震源的震中距、方位角和后方位角示意图

图5.4(b)给出了这个四个变量的示意图。已知台站的经纬度(λ_s,ϕ_s)和震源的经纬度(λ_e,ϕ_e)，将台站和震源的纬度转换为地心余纬度后，利用球面三角余弦定理，可以得到台站到震中的距离，可以表示为

$$\cos\Delta = \cos\phi_e'\cos\phi_s' + \sin\phi_e'\sin\phi_s'\cos(\lambda_e - \lambda_s) \tag{5.1}$$

其中,ϕ_e'和ϕ_s'分别为震源和台站的地心余纬度。地心纬度ψ和地理纬度ϕ有如下关系:

$$\tan\psi = (1-f)^2\tan\phi \tag{5.1a}$$

其中,f为地球的扁率:

$$f = \frac{1}{298.25} \tag{5.1b}$$

地心余纬度的定义为

$$\phi' = \begin{cases} 90-\psi & (\text{北纬}) \\ 90+\psi & (\text{南纬}) \end{cases} \tag{5.1c}$$

根据球面三角正弦定理可得

$$\frac{\sin(360-\mathrm{Az})}{\sin(90-\phi_s')} = \frac{\sin(\lambda_e-\lambda_s)}{\sin\Delta} = \frac{\sin\mathrm{Baz}}{\sin(90-\phi_e')} \tag{5.2}$$

根据球面三角余弦定理可得

$$\cos(90-\phi_s') = \cos\Delta\cos(90-\phi_e') + \sin\Delta\sin(90-\phi_e')\cos\mathrm{Az} \tag{5.3}$$

公式(5.1)可改写为

$$\cos\phi_e'\sin\Delta\sin\mathrm{Az} = -\cos\phi_e'\cos\phi_s'\sin(\lambda_e-\lambda_s) \tag{5.4a}$$

$$\cos\phi_e'\sin\Delta\cos\mathrm{Az} = \sin\phi_s' - \cos\Delta\sin\phi_e' \tag{5.4b}$$

因此台站方位角Az可由下式求得

$$\mathrm{Az} = \tan^{-1}\frac{-\cos\phi_e'\cos\phi_s'\sin(\lambda_e-\lambda_s)}{\sin\phi_s' - \cos\Delta\sin\phi_e'} \tag{5.5}$$

将公式(5.4)代入公式(5.5)可得

$$\mathrm{Az} = \tan^{-1}\frac{-\cos\phi_e'\sin(\lambda_e-\lambda_s)}{\sin\phi_e'\cos\phi_s' - \cos\phi_e'\sin\phi_s'\cos(\lambda_e-\lambda_s)} \tag{5.6}$$

类似地,台站后方位角Baz可由下式求得

$$\mathrm{Baz} = \tan^{-1}\frac{\cos\phi_s'\sin(\lambda_e-\lambda_s)}{\sin\phi_s'\cos\phi_e' - \cos\phi_s'\sin\phi_e'\cos(\lambda_e-\lambda_s)} \tag{5.7}$$

比较常用的一个求解震中距的函数为distaz,在SAC的源代码包下的"src/ucf"目录下有个"distaz.c"的程序可以用来计算多个台站和相对同一个震源的震中距、方位角和后方位角。

(4) **cmpaz、cmpinc、kcmpnm、kstcmp**

一个台站至少需要三个正交的通道/分量才能完整地记录地面运动物理量。cmpaz和cmpinc指定了单个通道记录的方向矢量。图5.5给出了SAC中使用的NEU坐标系,实线为单分量记录的方向矢量。其中cmpaz表示分量的方位角,即由正北(N)顺时针旋转到虚线的角度ϕ,cmpinc表示分量的入射角,即U方向向下旋转的角度θ。

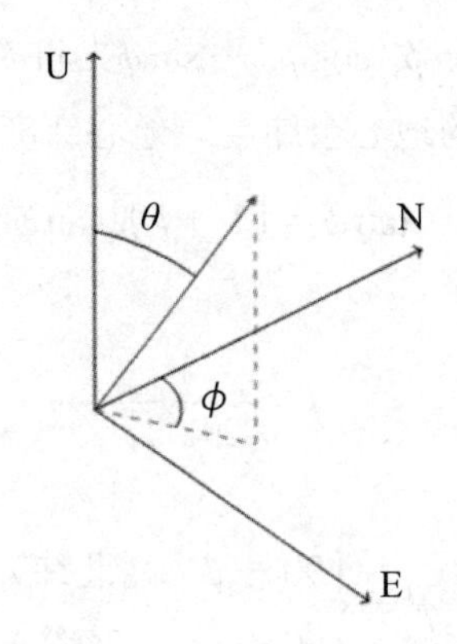

图5.5　cmpaz和cmpinc示意图

根据定义，地震仪的标准分量对应的cmpaz和cmpinc值如表5.3所示。

表5.3　台站各分量对应的cmpaz和cmpinc值

方向	cmpaz	cmpinc
N	0	90
E	90	90
U	0	0

对于非标准方向的地震分量，利用rotate函数很容易将其旋转到NEU或RTZ坐标系，具体函数使用将在下一小节介绍。

kcmpnm用于存储分量名称。SEED格式中规定分量名一般由三个字符构成，其中最后一个字符表示分量的方向，例如，BHE分量表示该分量为东西向。一般情况下kcmpnm的最后一个字符分别取为E、N、Z。但实际上很多台站的水平分量并不是严格的沿着东西、南北方向，因此有时也用1和2代替N和E。

kstcmp是辅助型变量，表示台站分量，由kstnm、cmpaz和cmpinc推导得到。

5. 震相相关变量

震相相关段变量有a、f、tn三个。a和f用于存储事件的初动时刻和结束时刻相对于参考时刻的秒数。tn(n=0—9)用于存储用户自定义的时刻相对于参考时刻的秒数，常用于存储震相到时。

5.4　SAC软件使用

5.4.1　SAC命令基础

一条完整的SAC命令一般由“命令＋选项＋参数”三部分构成，其中命令是必须有的，选项和参数一般成对出现。命令、选项、参数三者之间用空格隔开。如果需要将多个命令写在一行则需要用分号分隔每条命令。例如：

```
SAC> funcgen random delta 0.1 npts 1000
SAC> rmean; rtrend; taper [一行内多个命令用分号隔开]
SAC> write rand.SAC
```

大部分的SAC命令和选项都有相应的缩写形式，例如：

```
SAC> fg r d 0.1 n 1000
SAC> rmean; rtr; taper
SAC> w rand.SAC
```

这三条命令就和前三条命令等价，只是使用了对应命令和参数的缩写来执行。如果要查看命令的详细说明可以在SAC命令行下执行“help <命令名>”命令。此外，在SAC软件的执行过程中，如果在执行该SAC命令前未使用过该命令且SAC命令未设置选项和参数，那么该命令会使用默认设置；如果在执行该SAC命令前使用过该命令且SAC命令未设置选项和参数，那么该命令会继承上一次执行该命令时的选项和参数。例如：funcgen命令，默认的选项和参数分别是“IMPULSE NPTS 100 DELTA 1.0 BEGIN 0.”，即生成一个脉冲波形，采样点数为100，采样时间为1，起始时间为0。分别执行以下命令后可以看到，第一条“funcgen”使用的是默认设置。而第二条“funcgen”命令设置了新的波形类型、采样点数和采样时间，但起始时间是继承的第一条“funcgen”命令。而第三条“funcgen”命令只设置了新的波形类型，其他的选项和参数是继承的第二条“funcgen”命令，而不是使用的默认设置。

```
SAC> funcgen
SAC> lh kevnm npts delta b
 FILE: IMPULSE - 1
 -----------
   kevnm = FUNCGEN: IMPULSE
   npts = 100
   delta = 1.000000e+00
   b = 0.000000e+00
SAC> funcgen step delta 0.1 npts 1000
SAC> lh kevnm npts delta b
 FILE: STEP - 1
 ---------
   kevnm = FUNCGEN: STEP
   npts = 1000
   delta = 1.000000e-01
   b = 0.000000e+00
SAC> funcgen boxcar
SAC> lh kevnm npts delta b
 FILE: BOXCAR - 1
```

```
------------
    kevnm = FUNCGEN: BOXCAR
    npts = 1000
    delta = 1.000000e-01
    b = 0.000000e+00
```

5.4.2 SAC 常用命令详解

在获取地震数据后,根据实际需要,大致将地震数据的处理流程分为以下几个步骤:

(1) 检查数据,选择合适台站,可使用map命令来查看已下载数据的震源和台站的分布情况。

(2) 在实际观测过程中,经常会出现仪器记录中断,一段一个数据文件的情况,这时可以使用merge命令将多段记录合并。

(3) 添加或修改事件信息和台站信息。有的SAC文件里面只有简单的波形数据,事件信息和台站信息都需要用户根据情况自行添加,这时需要用到listhdr和chnhdr两个命令来进行查看和修改相关头段变量。

(4) 地震仪偶尔会出现问题,导致在连续地震数据中出现尖峰或数据丢失。这些所谓的毛刺在使用程序自动处理时很容易被误认为是地震信号,因此需要用rglitches去除毛刺。此外,由于地震仪本身会有零漂导致记录有非零均值或长周期的线性趋势,这会影响数据分析,因此需要用到rmean和rtrend移除非零均值和线性趋势。另外,在对数据进行谱域操作(例如FFT、滤波等)时,要求数据两端为零,否则会出现谱域假象,因此需要用taper命令做两端尖灭处理,使数据两端在短时间窗内逐渐变为零。

(5) 如果只需要拾取各个台站的震相到时,可能需要用到traveltime命令来计算各个台站的不同震相的理论到时,以辅助震相到时的准确拾取。震相到时拾取需要用到plotpk命令来进行。拾取完成后,使用writehdr将拾取的到时保存到SAC数据文件相应的头段变量中。如果还需要地震波形的真实振幅信息,则需要进行后续操作。

(6) 因为地震仪默认记录到的是电信号,要转换成真实振幅信息,则需要进行去仪器响应的操作,这时需要用到transfer命令。

(7) 像震源机制反演等处理只需要用到部分波形记录和特定的分量,这时就需要用到cut命令对数据截断,用rotate命名将N、E、U方向的三个分量旋转到R、T、Z方向的三分量数据。另外,还需要根据情况对波形数据重采样(decimate)和插值(interpolate),以及对波形进行各种滤波(带通滤波,bandpass;低通滤波,lowpass;高通滤波,highpass;带阻滤波,bandrej)。

在实际处理时,可根据情况调整上述步骤的顺序。下面将对要用到的这些常用命令的用法进行详细说明。其他SAC命令可以根据需要查看参考文献中相应的中、英文手册。在下面的说明中有两个约定,一是每个命令中大写的字符对应该命令或选项的缩写形式;二是

“[]”表示该选项和参数为可选值。

5.4.2.1　BandPass 命令

功能：对读入的内存数据使用无限脉冲(IIR)带通滤波器滤波。

语法：

```
BandPass [BUtter|BEssel|C1|C2] [Corners v1 v2] [Npoles n] [Passes n] [Tranbw v] [Atten v]
```

说明：

第一个选项为滤波器的类型，可以用四种滤波器：butter 指使用 butterworth 滤波器；bessel 指使用 bessel 滤波器；c1 指使用 cheyshev Ⅰ型滤波器；c2 指使用 cheyshev Ⅱ型滤波器。

第二个选项为指定拐角频率，其中下限拐角频率为 $v1$，上限拐角频率为 $v2$，即频率的通带为 $[v1, v2]$。

第三个选项为设置滤波器极点的个数(n)，n 为1—10之间的整数。一般来说，n 越大滤波器从通带到阻带的过渡会越尖锐。但随着 n 的增加，滤波器的群延迟会变宽，进而导致滤波后的波形频散更严重。因此，一般推荐 n 小于5。

第四个选项为设置通道数 n，其取值为1或2。

第五个选项为将 Chebyshev 转换带宽设置为 v。

第六个选项为将 Chebyshev 衰减因子设置为 v。

缺省值：bandpass butter corner 0.1 0.4 npoles 2 passes 1 tranbw 0.3 atten 30

示例：

利用下面的代码生成一个脉冲函数，然后用不同的参数组合对其进行带通滤波，得到滤波后的波形(图5.6)。图中第一条为原始脉冲波形，后面两条分别是 p 取1和2时的滤波结果。当 p 取1时，对波形做一次带通滤波，由于滤波器存在相位延迟，会导致波形的峰值出现时间延迟，因而会影响最大峰值的拾取；当 p 取2时，对波形做正反两次带通滤波，此时不存在相位延迟，因此不会影响最大峰值的拾取。

```
SAC> fg impulse delta 0.01 npts 1000          #生成脉冲函数,delta和npts可调
SAC> beginframe                               #设置绘图框架
SAC> xvport 0.1 0.9; yvport 0.7 0.9           #设置绘图位置
SAC> title 'Time Domain Response'             #设置标题
SAC> p                                        #绘制曲线
SAC> bp c 0.2 5 n 2 p 1
SAC> xvport 0.1 0.9; yvport 0.4 0.6
SAC> title 'bp c 0.2 5 n 2 p 1'
SAC> p
SAC> fg impulse delta 0.01 npts 1000
SAC> bp c 0.2 5 n 4 p 1
SAC> xvport 0.1 0.9; yvport 0.1 0.3
```

```
SAC> p
SAC> endframe
```

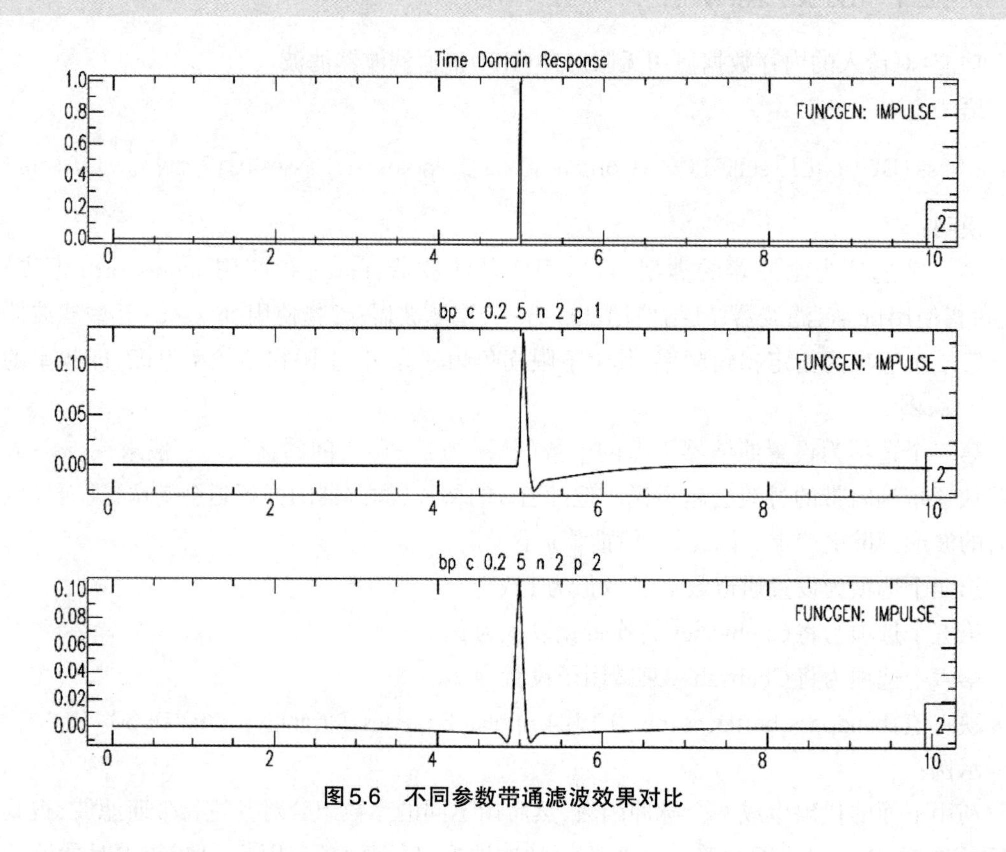

图5.6　不同参数带通滤波效果对比

5.4.2.2　BandRej 命令

功能：对读入的内存的数据使用无限脉冲(IIR)带阻滤波器滤波。

语法如下：

```
BandRej [BUtter|BEssel|C1|C2] [Corners v1 v2] [Npoles n] [Passes n] [Tranbw v] [Atten v]
```

说明：参见bandpass命令说明。需要注意的是，第二个选项中是阻带的下限截止频率和上限截止频率。

缺省值：bandrej butter corner 0.1 0.4 npoles 2 passes 1 tranbw 0.3 atten 30

示例：使用一个四极点的带阻Butterworth滤波器，其截止频率为2 Hz和5 Hz。

```
SAC> br c 2 5 n 4
```

5.4.2.3　BeginDevices 命令

功能：启动SAC图像设备。

语法：BeginDevices Sgf|X windows

说明：SAC有两种图像设备，一种是sgf，是SAC专用的图像文件设备；另一种是X

windows,是X window窗口显示系统。X windows是SAC中最常用的绘图设备,SAC启动时默认启动的是X windows设备,震相拾取等交互式操作都必须借助X windows才能完成。

SAC的图像要保存,如果使用X windows设备,图像只能使用截屏或其他工具保存,很不方便,图像质量也不可控。如果使用sgf图像设备,首先需要用开启sgf图像设备,然后绘图,这时图像会写入到当前目录下一个名为“f+三位数字.sgf”的文件中,关闭sgf设备,退出SAC。利用SAC提供的sgftops或sgftoeps命令将sgf文件转换为其他格式。

示例:

```
SAC> fg seis
SAC> bd sgf          #启动sgf设备,不可省略
SAC> p               #绘图
SAC> ed sgf          #关闭sgf设备,可省略
SAC> q
$ ls
f001.sgf             #生成sgf文件
```

5.4.2.4　ChnHdr 命令

功能:修改指定头段变量的值。

语法:ChnHdr [FILE n1 n2 ...] field v [field v ...] [ALLT v]

说明:第一个选项是指定要修改的内存中含有的文件的头段变量,其中n1、n2等为内存文件的序号。如果未指定,则同时修改内存中所有文件的头段变量。修改完后,要使用write或writehdr命令才能把新赋值写入到文件中。

第二个选项是头段变量名field和对应的值v。在修改头段变量值时,需要注意以下几点:

① 头段变量的类型和值的类型必须匹配;

② 如果字符串内部有空格则要用单引号将字符串括起来;

③ 逻辑型头段变量的值为TRUE或FALSE,YES或NO;

④ 对于任意类型的头段变量,均可以将其设为undef,使头段变量回到未定义状态。

第三个选项是将所有已定义的时间相关的头段变量的值加vs,同时将参考时刻减去vs。

示例:

修改内存中所有文件的事件经纬度和事件名

```
SAC> r cdv.?
SAC> ch evla 37.52 evlo -121.68                  #修改事件经纬度
SAC> ch kevnm 'LA goes'                          #修改事件名
SAC> wh                                          #将修改后的头段写入文件
```

修改一个SAC文件的发震时刻,假设发震时刻为1987—06—2211:10:10.363

```
SAC> r ./cdv.z
SAC> ch o gmt 1987 173 11 10 10 363          #06-22是第173 d
SAC> lh kzdate kztime o
kzdate = JUN 22 (173), 1987
kztime = 11:09:56.363
o = 1.400000e+01                              #发震时刻相对于参考时刻的时间为14 s
SAC> ch allt -14 iztype IO                    #参考时间加14 s,其他时间减14 s
SAC> lh kzdate kztime o
kzdate = JUN 22 (173), 1987
kztime = 11:10:10.363
o = 0.000000e+00
SAC> wh                                       #写入文件
```

5.4.2.5 CUT 命令

功能:定义要读入数据的时间窗。

语法:CUT {ON|OFF|pdw|SIGNAL}

说明:

① Cut命令只是设置要读取的数据的时间窗,并不会对内存中的数据进行截断,只会在使用read命令新读取数据时才会起作用。Cut命令必须输入以下四种选项之一:

② ON为打开截窗选项,但不修改部分时间窗(partial data window,pdw);

③ OFF为关闭截窗选项;

④ pdw为打开截窗选项并改变pdw。pdw是数据窗口的一部分,通常包括自变量——一般为事件的起始值和终止值,从而指定希望读入的部分数据。这个pdw的格式为

```
ref offset ref offset
```

其中,*ref*表示一个参考值,可以是下面的任何一个:*B*—磁盘文件开始值;*E*—磁盘文件结束值;*Z*—零;*N*—以数据点数,而不是自变量的值来给定相对位置,仅用于终止值;*O*—发震时刻;*A*—初至,头段变量*A*;*F*—信号结束时间;*Tn* —用户定义并读取的时间,*n*=0,1,2,…,9;SIGNAL—等价于设定pdw为“A -1 F -1”。

需要注意的是,cut命令不支持不等间隔文件或谱文件的截断,而且对ASCII格式的文件无效。

缺省值:cut off

如果忽略自变量相对的开始值或终止值,则这个值取为0。如果起始参考值省略,则这个值取为*Z*。如果终止参考值省略,则这个值与起始参考值相同。

示例:

下面将用几个例子来演示cut命令的用法,注意查看相应头段变量的变化(发生变化的头段变量值均已加粗显示)。首先,利用fg命令生成测试数据:

```
SAC> fg seis
SAC> lh b e a kztime npts                        #查看时间相关头段变量值
 FILE: SEISMOGR - 1
 ------------
        b = 9.459999e+00
        e = 1.945000e+01
        a = 1.046400e+01
        kztime = 10:38:14.000
        npts = 1000
SAC> w seis.sac                                  #将SAC数据写入磁盘
```

截取文件前3 s的波形：

```
SAC> cut b 0 3
SAC> r ./seis.sac
SAC> lh b e a kztime npts
 FILE: ./seis.sac - 1
 ----------
        b = 9.459999e+00
        e = 1.246000e+01
        a = 1.046400e+01
        kztime = 10:38:14.000
        npts = 301
```

截取从文件开始以后100个数据点：

```
SAC> cut b n 100
SAC> r ./seis.sac
SAC> lh b e a kztime npts
 FILE: ./seis.sac - 1
 ----------
        b = 9.459999e+00
        e = 1.045000e+01
        a = 1.046400e+01
        kztime = 10:38:14.000
        npts = 100
```

截取初至A前0.5 s，后3 s的记录：

```
SAC> cut a -0.5 3
SAC> r ./seis.sac
```

```
SAC> lh b e a kztime npts
 FILE: ./seis.sac - 1
 ----------

        b = 9.959999e+00
        e = 1.346000e+01
        a = 1.046400e+01
        kztime = 10:38:14.000
        npts = 351
```

5.4.2.6 DataGen 命令

功能:产生SAC内置的样本波形数据并存储到内存中。

语法:DataGen [MORE] [SUB Local|Regional|Teleseis] [filelist]

说明:第一个选项是将新生成的样本数据添加到内存中的旧文件之后。若省略,则新数据将覆盖内存中的旧数据。

第二个选项是指定要生成的数据集,SAC提供了三种样本地震数据集以供用户学习使用。这三样本分别为local、regional和teleseis,分别对应近震、区域地震和远震。每个样本中的数据均放置在$SACAUX/datagen下的相应目录中。

第三个选项是指定样本数据文件列表。可以的数据文件可以通过查看$SACAUX/datagen下相应目录中的内容获知。

示例:

生成一些近震的波形数据,并保存到磁盘中:

```
SAC> dg sub local cdv.n cdv.e cdv.z          #生成三个SAC数据
SAC> w cdv.n cdv.e cdv.z                     #将SAC数据写入磁盘
```

5.4.2.7 DECimate 命令

功能:对内存中的数据做降采样。

语法:DECimate [n] [Filter ON|OFF]

说明:第一个选项为指定降采样因子n,即每隔n个点取一个点,取值范围为[2,7]。为了得到更大的降采样因子,可以多次执行该命令。

第二个选项为打开/关闭抗混叠FIR滤波器。

缺省值:DECimate 2 filter on

示例(将数据降采样10倍):

```
SAC> r file1                                 #读入SAC数据
SAC> decimate 2                              #降采样2倍
SAC> decimate 5                              #降采样5倍
```

5.4.2.8　FuncGen 命令

功能:生成一个函数并将其保存到内存中。

语法:FuncGen [type] [Delta v] [Npts n] [BEgin v]

说明:第一个选项为指定函数的类型及设置相关参数。

SAC提供以下函数类型:

表5.4　sac自带的函数类型及参数说明

函数名及参数	说　　明
IMPulse	位于时间序列中点的脉冲函数
IMPSTRIN n1 n2 … nN	在第n1到nN个数据点处产生脉冲函数
Step	阶跃函数,数据的前半段为0,后半段为1
Triangle	三角函数,数据的第一个四分之一值为0,第二个四分之一值从0线性增加到1,第三个四分之一值从1线性减小到0,最后四分之一值为0
SINE [v_1 v_2]	正弦函数,$F=1.0\sin\left(2\pi\left(v_1t+v_2\right)\right)$,其中,$v_1$为频率(Hz);$v_2$为相位角(°)。[$v_1$ v_2]的默认值为[0.05 0]
Line v_1 v_2	线性函数,$F=v_1t+v_2$,其中,v_1为斜率,v_2为截距。[v_1 v_2]的默认值为[1 1]
Quadratic [v_1 v_2 v_3]	二次函数,$F=v_1t^2+v_2t+v_3$。[v_1 v_2 v_3]的默认值为[1 1 1]
CUBIC [v_1 v_2 v_3 v_4]	三次函数,$F=v_1t^3+v_2t^2+v_3t+v_4$。[v_1 v_2 v_3 v_4]的默认值为[1 1 1 1]
SEISmogram	地震样本数据。此样本数据有1000个数据点。DELTA、NPTS和BEGIN选项对该样本数据无效
Random [v_1 v_2]	生成高斯白噪声随机序列。v_1为要生成的随机序列文件的数目,v_2位用于生成第一个随机数的"种子",该种子值保存在user0中。因此可以用其生成完全相同的随机序列。[v_1 v_2]的默认值为[1 12357]

第二个选项设定函数的采样时间。

第三个选项设定函数的采样点数。

第四个选项设定函数的起始时刻。

缺省值:funcgen impulse npts 100 delta 1.0 begin 0.

示例:生成一个随机白噪声

```
SAC> fg random 1 1 npts 10000 delta 0.01
```

5.4.2.9　HighPass 命令

功能:对读入的内存数据使用无限脉冲(IIR)高通滤波器滤波。

语法如下:

```
HighPass [BUtter|BEssel|C1|C2] [Corners v1 v2] [Npoles n] [Passes n] [Tranbw v] [Atten v]
```

说明:参见bandpass命令说明。需要注意的是,第二个选项中只需要设置一个下限截止频率v。

缺省值:highpass butter corner 0.2 npoles 2 passes 1 tranbw 0.3 atten 30

示例:使用一个四极点的高通Butterworth滤波器,其截止频率为2 Hz,代码如下:

```
SAC> hp c 2 n 4
```

5.4.2.10 INTERPolate 命令

功能:对等间隔或不等间隔的数据进行插值以得到新的采样率。

语法如下:

```
INTERPolate [delta v|npts v] [Begin v]
```

说明:第一个选项设置新的采样率为v,数据的时间跨度($E-B$)不变,*npts*变化。但由于E和B的间距应为*delta*的整数倍,E值可能会有微调。

第二个选项强制设定插值文件的数据点数为n。时间宽度不变,但*delta*变化。第一和第二个选项如果同时使用,则只有第二个选项起作用。

第三个选项用于设定插值的起始点,也可以通过cut命令设置B和E,然后再进行插值。

示例:

假定file1是等间隔数据,采样间隔为0.2 s,为了将其转换到采样间隔为0.02 s,可以使用以下操作:

```
SAC> r file1                                  #读入SAC数据
SAC> interp delta 0.02
```

由于新delta小于原数据delta,可能会出现混叠现象,因此会有警告信息。

5.4.2.11 ListHdr 命令

功能:列出指定文件的指定头段变量值。

语法如下:

```
ListHdr [default|picks|special] [FILES ALL|NONE|list] [COLUMNS 1|2]
        [INCL-USIVE ON|OFF] [hdrlist]
```

说明:第一个选项为要列出的头段变量列表。有三种列表:default为默认的头段变量列表,即列出所有已定义的头段变量;picks头段列表,即列出与到时拾取相关的头段变量(包括:B、E、O、A、Tn、KZTIME、KZDATE);special为用户自定义的特殊头段变量列表。

第二个选项指定要列出头段变量的文件。All为列出内存中所有文件的头段;none不列出头段,为后续命令设置默认值;list列出不同文件的头段,list是要列出的文件序号。

第三个选项指定输出是每行显示一列或两列。

第四个选项表示是否列出未定义的头段变量值,on为列出,off为不列出。

第五个选项是指定头段变量列表

缺省值:listhdr default files all columns 1 inclusive off

示例:列出文件开始和结束时间:

```
SAC> lh b e
```

分两列输出所有已定义的头段变量值：

```
SAC> lh columns 2
```

5.4.2.12　LowPass 命令

功能：对读入的内存数据使用无限脉冲(IIR)低通滤波器滤波。

语法如下：

```
LowPass [BUtter|BEssel|C1|C2] [Corners v1 v2] [Npoles n] [Passes n] [Tranbw v] [Atten v]
```

说明：参见bandpass命令说明。需要注意的是，第二个选项中只需要设置一个上限截止频率v。

缺省值：lowpass butter corner 0.2 npoles 2 passes 1 tranbw 0.3 atten 30

示例(使用一个四极点的低通Butterworth滤波器，其截止频率为2 Hz)：

```
SAC> lp c 2 n 4
```

5.4.2.13　MAP 命令

功能：利用SAC内存中所有数据文件生成一个包含有台站/事件符号、地形以及台站名的GMT地图，也可以在命令行上指定一个事件文件。每个地震事件符号可以根据震级等确定其大小。这个命令会在当前目录生成一个"gmt.ps"文件，并将该文件在屏幕上显示。同时会生成一个绘制图形的GMT命令C Shell脚本("gmt.csh")。

语法如下：

```
MAP [MERcator|EQuidistant|AZimuthal_equidistant|ROBinson] [WEST minlon] [EAST
    maxlon] [NORTH maxlat] [SOUTH minlat] [MAGnitude|REsidual|RMean_re-
    sidual] [EVevntfile filename] [TOPOgraphy] [STANames] [MAPSCALE on|off]
    [PLOTST-ATIONS on|off] [PLOTEVENTS on|off] [PLOTLEGEND on|off]
    [LEGENDXY x y] [FILE output-file]
```

说明：第一个选项表示SAC可以使用的投影方式(表5.5)，该投影方式在后续GMT学习中会详细讲解。

表5.5　map命令可选的投影方式说明

投影方式	说　明
MERCATOR	投影方式为Mercator投影(默认投影方式)
EQUIDISTANT	投影方式为等间距圆柱形投影，经纬度为线性
ROBINSON	投影方式为Robinson投影，适用于世界地图
LAMBERT	适用于东西范围较大的区域
UTM	统一横向Mercator(还未实现)

第二到第五个选项设定要绘制的地图区域，默认值会使用事件和台站经纬度的最大值和最小值。

第六个选项设定地震事件的符号，默认的所有地震事件的符号相同。地震事件的符号有三种设定方式，如表5.6所示。

表5.6 map命令绘制地震事件时，地震事件的符号设定方式

符号设定方式	说　　明
MAGnitude	根据user0定义地震震级，user0越大，则事件符号越大
REsidual	根据user0的绝对值定义事件符号的大小，正值为+，负值为−
RMean_residual	和residual类似，仅移除了平均值的影响

第七个选项指定一个文本格式的文件用于设置事件，其中包含额外的事件数据，每个包含一个地震事件，每行的头两列必须为事件的纬度和经度(单位为°)，第三列可以包含符号大小的信息。

第八个选项设置是否在地图中添加地形和海洋深度。该命令会读取GMT中grdraster.info的第一个地形文件。

第九个选项设置是否在地图上标注台站名，默认值为off。

第十个选项设置是否在地图上绘制比例尺，默认值为off。

第十一个选项设置是否在地图上绘制所有的台站，默认值为on。

第十二个选项设置是否在地图上绘制所有的事件，默认值为on。

第十三个选项设置是否绘制地震震级及残差的图例，默认值为on。

第十四个选项设置图例绘制的绝对位置，默认值为[1 1]。其位置是相对于页面左下角，其单位为inch。

第十五个选项设置输出文件名，默认输出文件名为gmt.ps。

需要注意的是，要使用map命令必须保证内存中每个数据文件至少有stla和stlo两个头段变量有赋值。另外，可以使用SAC中的title命令设置地图标题。

缺省值：map mercator topo off stan off file gmt.ps plotstations on plotevents on

示例：以利用SAC提供的数据为例，首先用dg命令获取SAC自带地震数据中的区域地震的z分量波形记录，然后使用title命令设定图的名字，最后用map命令绘制震源台站分布图：

```
SAC> dg sub regional *.z
SAC> title "Station Location Map"
SAC> map stan on
Using Default Postscript Viewer
    gs -sDEVICE=x11 -q -dNOPROMPT -dTTYPAUSE
    Set an alternative through the SACPSVIEWER environment variable
    Press any key to continue
```

map命令正常运行的话，退出SAC，会在当前目录下发现gmt.csh和gmt.ps。但由于map命令是基于GMT4的语法进行脚本生成和图形的绘制，这就意味着必须安装GMT4才能正常绘图。目前，GMT已经进化到6.4版本了，期待在新版本的SAC里对map命令进行相应的修改。

5.4.2.14　MERGE命令

功能:将读入内存的一组文件或文件列表中的文件合并为一个数据。

语法如下:

```
MERGE [Verbose] [Gap Zero|Interp] [Overlap Compare|Average] [filelist]
```

说明:第一个选项指在合并数据时在终端显示合并的细节。

第二个选项设置对数据间断的处理。这里有两种处理方式,zero表示直接将间断处补零;interp表示对数据进行线性插值以获得间断处的数据。

第三个选项设置对数据混叠的处理。Compare表示对重叠时间段的数据进行比较,如果不匹配则退出;average表示对重叠时间段的数据进行平均处理。

第四个选项指定要合并的SAC文件列表。

示例:将当前目录下的file1、file2、file3和file4四个数据文件合并

```
SAC> read file1 file2
SAC> merge file3 file4
```

或者

```
SAC> read file*
SAC> merge
```

5.4.2.15　Plot命令

功能:生成一个绘制单道记录的图形。

语法:Plot

说明:每个数据文件单独在窗口进行绘制,每个图形的Y轴范围由数据的极值决定,也可以用ylim手动限制Y轴范围。X轴的范围可用xlim命令控制。如果内存中有多个数据文件,绘制完一个数据后,SAC会在终端输出"Waiting"并等待,输入回车可以查看下一张图。

1. Plot1命令

功能:将内存中的所有数据以多波形多窗口的形式绘制。

语法如下:

```
Plot1 [Absolute|Relative] [Perplot ON|OFF|n]
```

说明:第一个选项指定绘制多波形时,所有波形的对齐方式。Absolute模式下,所有波形将按照其绝对时刻对齐。Relative模式下,所有波形将按照文件开始时间对齐,X轴的范围为0到最大时间差(所有数据中最大的e−b),每个波形从X轴的零点开始绘制,该零点所对应的真实时刻,会在图中以"OFFSET:xxx"的形式给出。

第二个选项指定每个X window上绘制的文件数。n表示绘制n个数据文件;on表示开启每个X window绘制n个数据文件的设置,这时n继承以前的值;off表示将所有数据文件

绘制在一个X window上。

Plot1可以一次性绘制多个波形，所有波形共用同一个X轴，但各自用于单独的Y轴。每个子图的大小由X window的大小和要绘制的波形数目决定。和plot命令相同，X轴和Y轴的范围也可以分别由xlim和ylim命令设定。

缺省值：plot1 absolute perplot off

示例：读取SAC提供的区域地震数据，并将其绘制到一个Xwindow中，如图5.7所示。

```
SAC> dg sub regional *.z
SAC> fileid location ul type list kstcmp                #标记台站和分量
SAC> title 'regional earthquake: &1,kztime &1,kzdate'   #以事件时间为标题
SAC> p1
```

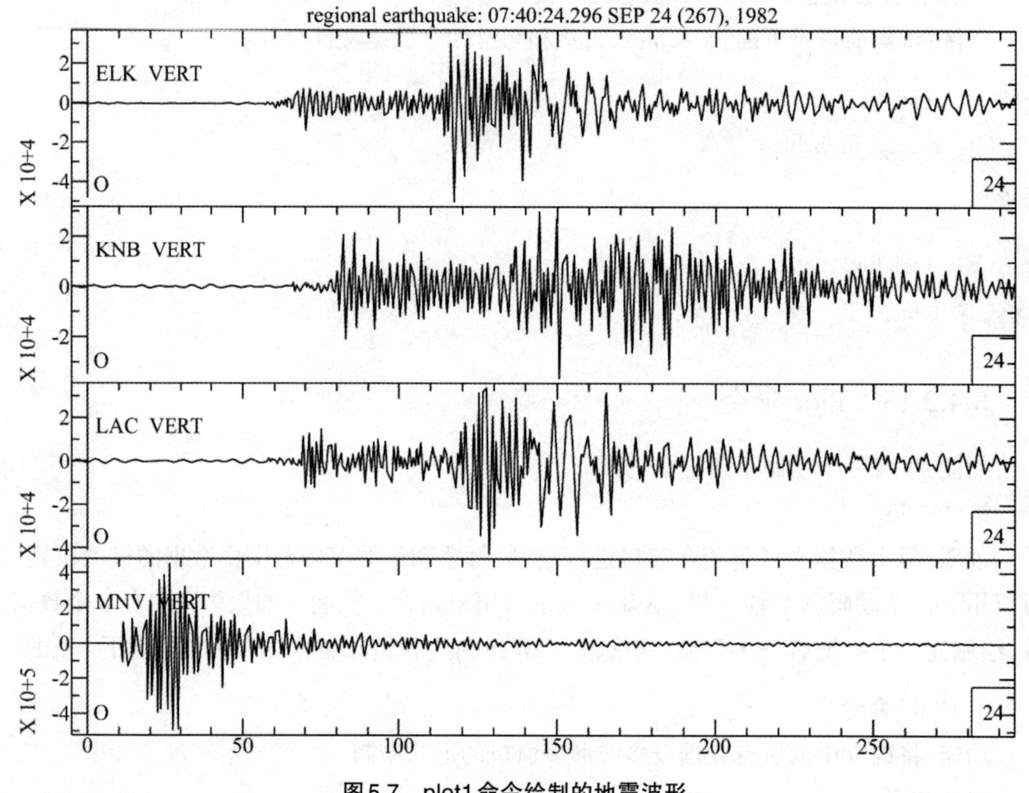

图5.7　plot1命令绘制的地震波形

2. Plot2命令

功能：将内存中的所有数据以多波形单窗口的形式绘制。

语法如下：

```
Plot2 [Absolute|Relative]
```

说明：Plot2和Plot1命令类似，差别仅在于多个数据均会绘制在同一个图形窗口中。

缺省值：Plot2 absolute

示例：读取SAC提供的区域地震数据，并将其绘制到一个图形窗口中，同时用不同颜色

表示不同的数据文件,结果如图5.8所示(彩图见书后插页)。

```
SAC> dg sub regional *.z
SAC> fileid location ul type list kstcmp
SAC> title 'regional earthquake: &1,kztime &1,kzdate'
SAC> color on inc                              #使用不同的颜色表示不同数据
SAC> p2
```

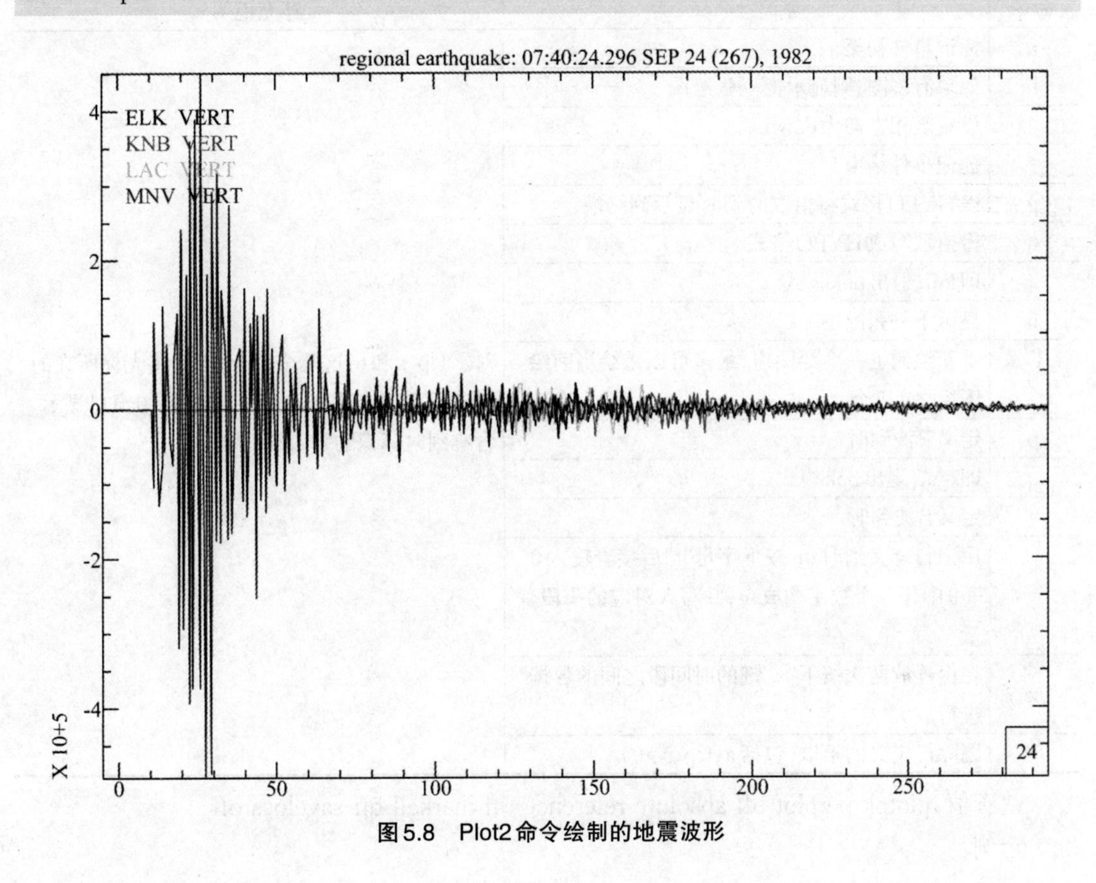

图5.8 Plot2命令绘制的地震波形

5.4.2.16 PlotPK 命令

功能:绘制内存中的数据并可以进行震相拾取。

语法如下:

```
PlotPK [Perplot ON|OFF|n] [Bell ON|OFF] [Absolute|Relative] [REFerence ON|OFF|v]
       [Markall ON|OFF] [Saveloc ON|OFF]
```

说明:第一个选项的含义和Plot1命令中的相同。

第二个选项设置在绘图区内击键时是否响铃,on为是,off为否。

第三个选项的含义和Plot1命令中的相同。

第四个选项设置是否显示参考线或参考线的值。on为显示,off为不显示,v表示显示参考线时的参考值。

第五个选项设置是一次标记一个Xwindow上所有文件的到时(on),还是只标记光标位置所对应的到时(off)。

第六个选项设置是否将L命令拾取的位置保存到黑板变量中。

在SAC中输入ppk回车即进入ppk模式,这时需要使用特定的命令结合光标的移动来进行操作。其中有以下常用的命令如表5.6所示。

表5.6　ppk模式常用的特殊命令

命令	含　　义	补充说明
a	标记事件初至a	
b	如果有多图,则显示上一张绘图	
d	设置震相方向为down	
f	标记事件结束f	
g	以HYPO格式将拾取的到时显示到终端	
h	将拾取写成HYPO格式	
k	即kill,退出ppk模式	
n	显示下一张绘图	
o	重新绘制上一个绘图窗,最多可以重绘当前绘图窗之前5个	对a、f、p、s和tn这几个命令,均会将光标所在的时刻写入相应的头段变量,并在绘图窗口显示含有到时标识的垂直线
p	定义P波到时	
q	即quit,退出ppk模式	
s	定义S波到时	
t	用户自定义到时tn,按下字母“t”后接着输入0—9中任一个数字构成tn,并写入对应的头段变量	
x	将由连续两次按下“x”键的时间段之间的数据进行放大	
@	删除已定义的拾取(包括a、f、p、s、t0)	

缺省值:plotpk perplot off absolute reference off markall off savelocs off

示例:

```
SAC> fg seis
SAC> ppk                                    #进入ppk模式
SAC> lh t0
#移动光标到震相到时位置,键入"t" 和"0" 标记到时,然后按"q" 退出 ppk 模式
t0 = 1.255385e+01
SAC> wh                                     #保存头段
```

5.4.2.17　Quit 命令

功能:退出SAC。

语法:Quit

说明:该命令用于正常退出SAC。

5.4.2.18　Read 命令

功能:从磁盘读取SAC文件到内存

语法如下:

```
Read [MORE] [DIR CURRENT|name] [XDR|ALPHA|SEGY] [SCALE ON|OFF] [filelist]
```

说明:第一个选项指定新读入的数据的处理方式,使用该选项则新读入的数据会添加到内存中的老数据之后;如果不使用该选项,则读入的新数据会替代内存中的老数据。

第二个选项指定要读入的SAC文件所在的路径,DIR CURRENT为当前目录,DIR name为从目录name中读取,可以是相对路径也可以是绝对路径。

第三个选项指定要读入的SAC文件的格式。XDR用于读取XDR格式的文件,此格式用于不同构架的二进制数据转换。ALPHA用于读取文本格式的SAC文件。SEGY用于读取IRIS/PASSCAL定义的SEGY格式文件,该格式可以在一个文件内包含多个波形。

第四个选项只能和SEGY选项配合使用,该选项默认是关闭的。

第五个选项指定文件列表,可以是文件名,也可以包含相对或绝对路径。前四个选项必须置于该选项前。

缺省值:read dir current

示例:如果要对滤波前后的记录进行对比:

```
SAC> r ./seis.sac
SAC> rtr;rmean;taper                    #滤波前对波形进行去趋势、去均值和两端尖灭
处理
SAC> bp n 3 co 0.2 5
SAC> r more seis.sac
SAC> p1
```

5.4.2.19　RMEAN 命令

功能:去除均值。

语法:RMEAN

5.4.2.20　ROTate 命令

功能:将成对的正交数据分量旋转一个角度。

语法如下:

```
ROTate [TO Gcp|TO v|THrough v] [Normal|Reversed]
```

说明:第一个选项指定要旋转的角度。该选项有三个参数:to gcp指将分量旋转到大圆弧路径(gread circle path),此时两个分量都必须为水平分量且台站和事件经纬度的头段变量必须定义。如果读入的是n分量和e分量,旋转到gcp后的两个分量分别为径向r分量和

切向t分量。To v是通过旋转使第一个分量的方位角变为v度,此时两个分量必须为水平分量。Through v是将分量顺时针旋转v度,其中一个分量可以为垂直分量。

第二个选项指定输入分量的极性,normal为正,reversed为负。就一对水平分量而言,如果第二个分量比第一个分量超前90°则为正极性;如果第二个分量比第一个分量落后90°则为负极性。在读入文件列表中,无论n分量在前还是e分量在前,rotate命令都会自动判断输入分量是正极性还是负极性,然后进行调整。normal和reversed仅用于控制输出分量的极性。

缺省值:rotate to gcp normal

示例:

读入ntkl台站的n和e分量的记录,并将其旋转到r和t分量,即大圆弧路径,最后保存:

```
SAC> r ntkl.n ntkl.e
SAC> lh columns 2 cmpinc cmpaz
 FILE: ntkl.n - 1
 ---------
  cmpinc = 9.000000e+01          cmpaz = 0.000000e+00
 FILE: ntkl.e - 2
 ---------
  cmpinc = 9.000000e+01          cmpaz = 9.000000e+01
SAC> rot to gcp
SAC> lh
 FILE: ntkl.n - 1
 ---------
  cmpinc = 9.000000e+01          cmpaz = 2.440466e+01
 FILE: ntkl.e - 2
 ---------
  cmpinc = 9.000000e+01          cmpaz = 1.144047e+02
SAC> w ntkl.r ntkl.t
```

在本例子中,头段变量baz为204°,则径向分量指向为24°,切向分量为114°。如果设置为反极性,切向分量的指向为294°。

5.4.2.21 RTRend 命令

功能:去除线性趋势。

语法如下:

```
RTRend [Quiet|Verbose]
```

说明:

Rtrend命令只有一个选项,其中quiet为不显示线性拟合信息,verbose为在终端显示线性拟合信息。

该命令使用最小二乘法对数据进行拟合,并得到一条直线,然后从数据中减去该直线所表示的线性趋势。数据可以是不等间隔的。如果有n个数据(x_i,y_i),则拟合得到的直线方程如下:

$$y=ax+b \tag{5.8}$$

其中:斜率为$a=\dfrac{n\sum x_i y_i-\sum x_i\sum y_i}{n\sum {x_i}^2-\left(\sum x_i\right)^2}$;与$Y$轴截距为$b=\dfrac{\sum {x_i}^2\sum y_i-\sum x_i\sum x_i y_i}{n\sum {x_i}^2-\left(\sum x_i\right)^2}$。

缺省值:rtrend quiet

示例:

读入用fg生成的地震数据seis.sac,对比去趋势和去均值后的波形,如图5.9所示。

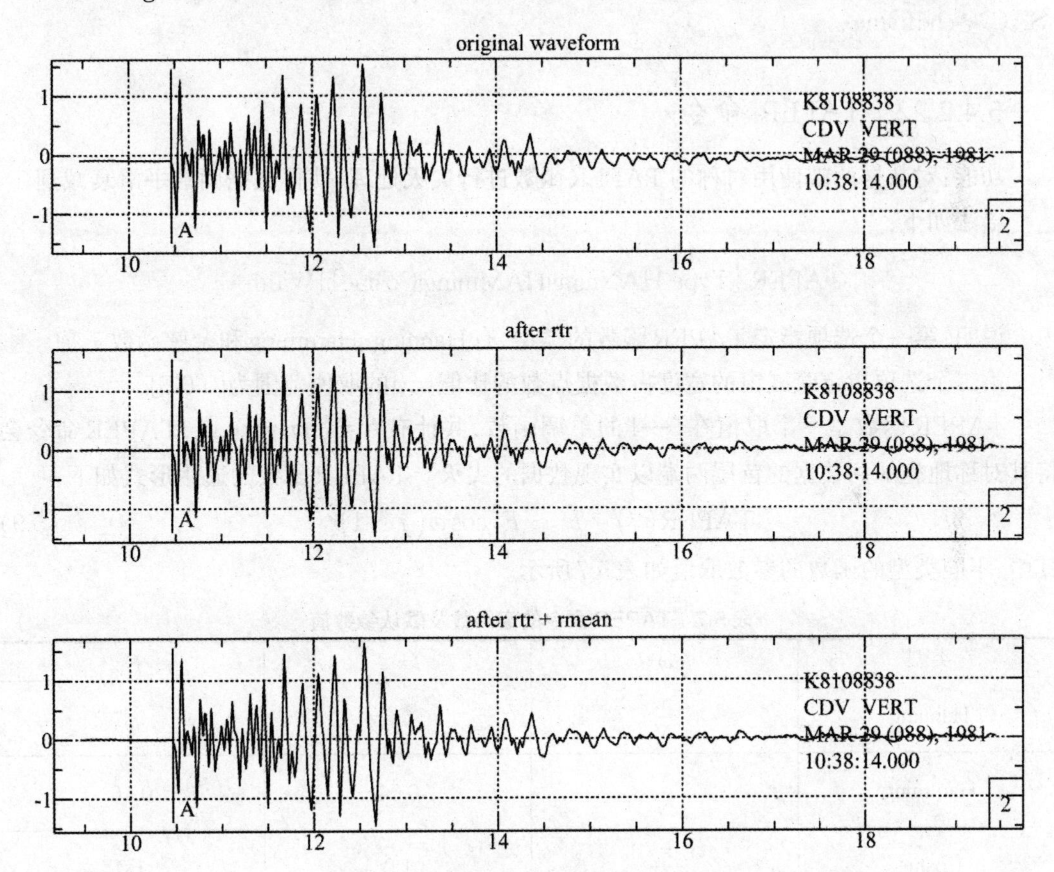

图5.9　去趋势和去均值前后波形对比

```
SAC> r seis.sac
SAC> beginframe
SAC> xvport 0.1 0.9; yvport 0.7 0.9
SAC> title 'original waveform'
SAC> grid on
SAC> p
```

```
SAC> rtr
SAC> xvport 0.1 0.9; yvport 0.4 0.6
SAC> title 'after rtr'
SAC> grid on
SAC> p
SAC> rmean
SAC> xvport 0.1 0.9; yvport 0.1 0.3
SAC> title 'after rtr + rmean'
SAC> grid on
SAC> p
SAC> endframe
```

5.4.2.22 TAPER 命令

功能:对数据两端使用对称的TAPER函数进行尖灭处理,使得数据两端平滑衰减到0。语法如下:

```
TAPER [Type HANning|HAMming|Cosine] [Width v]
```

说明:第一个选项指定TAPER函数的类型,有Hanning、Hamming和余弦函数三种。第二个选项指定衰减窗的宽度占数据点数的比值v,v的取值范围为[0 0.5]。

TAPER函数是一个取值在0—1的单调函数,共计有$N = npts*v$个点,TAPER命令会将其对称地施加到数据的首尾两端以实现数据的尖灭。TAPER函数的通用形式如下:

$$\mathrm{TAPER}(j) = F_0 - F_1 \cos\omega(j-1) \tag{5.9}$$

其中,不同类型的函数的参数取值如表5.7所示。

表5.7 TAPER命令的窗函数及默认参数值

类型	ω	F_0	F_1
Hanning	$\frac{\pi}{N}$	0.5	0.5
Hamming	$\frac{\pi}{N}$	0.54	0.46
Cosine	$\frac{\pi}{2N}$	1.0	1.0

图5.10给出了不同TAPER函数的曲线,可以看到Hamming函数并不能完全实现尖灭(彩图见书后插页)。

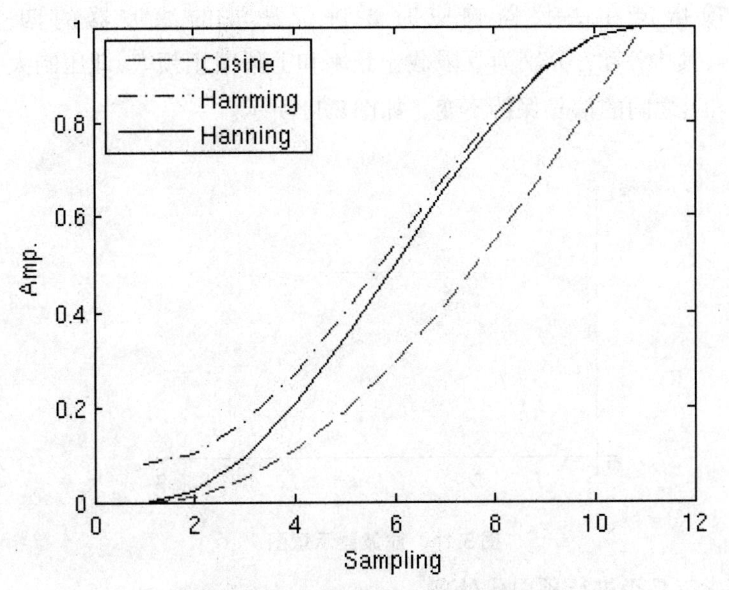

图5.10　不同TAPER函数类型对比

其中黑线为Hanning函数,蓝点划线为Hamming函数,红虚线为余弦函数

缺省值:taper type hanning width 0.05

5.4.2.23　TRANSfer 命令

功能:去除仪器响应,如有需要,还可以卷积其他仪器响应。

语法如下:

```
TRANSfer [FROM type [options]] [TO type [options]] [FREQlimits f1 f2 f3 f4]
        [PREWHitening ON|OFF|n]
```

说明:第一个选项指定要移除的仪器响应类型,即反卷积仪器响应。Type为仪器类型,可以是SAC预定义的标准仪器类型,也可以是以下几种特殊的仪器类型,如表5.8所示。

表5.8　仪器类型

类　型	说　明
None	位移
Vel	速度
Acc	加速度
Evalresp	Resp格式的仪器响应文件
Polezero	Sac pz格式的仪器响应文件
Fap	Fap格式仪器响应文件

如果不指定该选项,则假定原始波形数据是位移,且不会去仪器响应;通常用于给理论地震图添加仪器响应。

第二个选项指定要新加入的仪器相应类型,即卷积上新的仪器响应。仪器响应类型和第一个选项相同。默认是去除仪器响应并输出位移数据。此时SAC会将头段变量IDEP设置为IDISP,单位为nm,若输出类型为vel或acc,则同理。

第三个选项指定在去仪器响应时要进行滤波的滤波器的四个控制参数($f_1 < f_2 < f_3 < f_4$),其中f_1和f_4分别为下限截止频率和上限截止频率,即压制大于f_4小于f_1频段的信号。在f_2和f_3之间的信号保持不变。如图5.11所示。

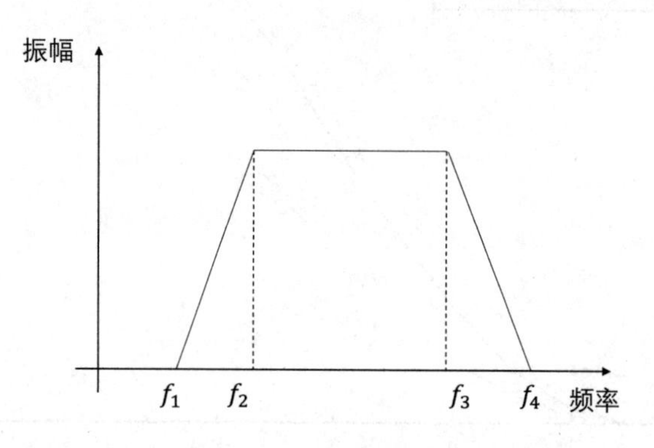

图5.11 滤波器示意图

第四个选项指定是否进行预白化处理。

缺省值:trans from none to none

示例:使用polezero响应文件,手动移除数据仪器响应,有两种方式:一是读入每个台站的数据,然后使用相应的polezero文件移除,例如:

```
SAC> r OR075_LHZ.SAC
SAC> rtr; rmean; taper
SAC> trans from polezero subtype SAC_PZs_XC_OR075_LHZ to none freq 0.008 0.016
0.2 0.4
#用PZ文件transfer to none得到的位移数据的单位为m
SAC> mul 1.0e9
#而SAC默认的单位为nm,因而必须乘以1.0e9
SAC> w OR075.z
#此时位移数据的单位为nm
```

另一种方式是将所有要去仪器响应的台站的polezero文件合并到同一个文件中(cat SAC_PZs_* >> SAC.PZs),并指定该总PZ文件为仪器响应文件,此时命令会从总PZ文件中自动寻找匹配的仪器响应。

```
SAC> r *.SAC
SAC> trans from pol s SAC.PZs to none freq 0.008 0.016 0.2 0.4
SAC> mul 1.0e9
SAC> w over
```

5.4.2.24 TRAVELTIME 命令

功能:根据预设速度模型计算震相的理论到时。

语 法：TRAVELTIME [Model model] [PICKS n] [PHASE phaselist] [VERBOSE|QUIET] [M|KM]

说明：第一个选项为指定速度模型，SAC预设有iasp91和ak135两种速度模型。

第二个选项为指定要将第一个震相的到时存储到头段变量Tn中，后续的震相依次存入Tn的后续变量中。因此n的取值为[0,9]。如未指定该选项，则只计算到时，但不写入头段。

第三个选项为指定要计算到时的震相名列表。

第四个选项为指定命令输出显示方式。使用verbose会在终端输出震相到时及相对于文件参考时刻的秒数；使用quiet则不会在屏幕上显示震相到时信息。

第五个选项为指定事件深度（evdp）的单位为m或km。

缺省值：traveltime MODEL iasp91 KM PHASE P S Pn Pg Sn Sg

示 例：计算 fg 生成的地震记录中 Pn、Pg、Sn 和 Sg 四个震相的到时，并分别写入T0MARKER～T3MARKER四个头段变量中：

```
SAC> fg seismo
SAC> traveltime picks 0 phase Pn Pg Sn Sg
traveltime: depth: 15.000000
SAC> lh T0MARKER T1MARKER T2MARKER T3MARKER
T0MARKER = 10.464 (Pn)
T1MARKER = 22.905 (Pg)
T2MARKER = 50.048 (Sn)
T3MARKER = 66.414 (Sg)
```

5.4.2.25　Write 命令

功能：将内存中的数据写入磁盘。

语法如下：

```
Write [SAC|ALPHA|XDR]  [DIR  OFF|CURRENT|name]  [KSTCMP]  [OVER|
      APPEND text|PREPEND text|DELETE text|CHANGE text1 text2] filelist
```

说明：第一个选项为指定要保存的文件格式。详见read命令。

第二个选项为指定写入文件的目录。相比read命令多了一个off参数，该参数为关闭目录选项，即只能写入当前目录。

第三个选项将使用kstnm和kcmpnm头段变量为内存中每个数据文件定义一个文件名。生成的文件名将检查其唯一性，如果不唯一，则在文件名后加上序号以作区别。

第四个选项生成写入文件列表的方式。Write命令提供四种写入模式：over为覆盖模式，即使用当前读文件列表作为写入列表，并将内存中的数据覆盖相应的磁盘文件；append text为追加模式，即在当前读文件列表中的文件名后附件字符串“text”以生成写文件列表然后将数据写入；prepend为前加模式，即在当前读文件列表中的文件名前附件字符串“text”以生成写文件列表然后将数据写入；delete text模式中，会删除当前读文件列表中的文件名中第一次出现的“text”以创建写文件列表；change text1 text2模式中，会使用“text2”替换当前读文件列表中的文件名中第一次出现的“text1”以创建写文件列表。

第五个选项中，用户可以自定义写文件列表，这个列表可包含绝对和相对路径，但不能使用通配符。

缺省值：write sac

示例：将seis.sac由二进制格式转换成文本格式：

```
SAC> r ./seis.sac
SAC> w alpha seisa.sac
```

对一组数据进行滤波，然后将结果存入新的数据文件：

```
SAC> r d1 d2 d3
SAC> lp n 4
SAC> w f1 f2 f3
```

5.4.3 SAC 命令调用

SAC命令行操作只能进行少量数据的处理，但在日常研究工作中经常会遇到要处理大量数据的情况。因此尽可能实现数据处理流程自动化以加快数据处理速度从而减少人力支出。此时可以通过需要在其他程序中调用SAC命令来实现数据的批量处理。

5.4.3.1 bash 中调用 SAC

在Bash脚本中直接调用SAC，可以很好的利用Bash脚本的特性。下面的例子展示了如何在Bash脚本中调用SAC：

```
#!/bin/bash
export SAC_DISPLAY_COPYRIGHT=0
sac << EOF
fg seis
lh evla evlo
q                                        #必须！
EOF
```

由于SAC启动时默认会显示版本信息，当用脚本多次调用SAC时，版本信息会重复显示。为了避免这种情况，可以通过设置“export SAC_DISPLAY_COPYRIGHT=0”来隐藏版本信息。

如果要在Bash脚本中引用头段变量的值，有两种方式，分别是“&fname, header&”和“&fno, header&”。Fname和fno都唯一地指向内存中的某个波形数据。其中，fname表示文件名，而fno表示文件号（即内存中第几个文件，索引值从1开始），header则表示头段变量名。

另外可以在Bash脚本中使用awk、sed等工具设定或修改变量的值。而Bash运行时会先做变量替换,然后再将替换后的命令传递给SAC。例如:

```
#!/bin/bash
export SAC_DISPLAY_COPYRIGHT=0
tmp=ABC
sac << EOF
fg seis
ch kuser0 &1,kevnm&
ch kuser1 &seis,kevnm&
ch kuser2 $tmp
lh kuser0 kuser1 kuser2                    #可以发现第一和第二条命令效果相同
q
EOF
```

在这个例子里,变量"$tmp"会首先被SAC解释为"ABC",因而SAC实际接收到的命令是"ch kuser2 ABC"。

此外,还可以利用Bash中的循环控制和条件判断功能,但这些特性只能在SAC外部使用。因此相当于多次调用SAC,所以在某些情况下效率很低。下例展示了如何使用Bash的循环控制来实现对当前目录中所有SAC文件进行批量处理的功能。

```
#!/bin/sh
export SAC_DISPLAY_COPYRIGHT=0
for file in *.SAC; do
sac <<EOF
r $file                  #每次读入一个SAC文件并开启SAC进行处理
rmean;rtr
lp co 1.0 p 2 n 4
w ${file}.filtered       #处理完成后保存到"原文件名+.filtered"的文件中
quit
EOF
done
```

5.4.3.2　在C或Fortran中调用SAC

SAC提供了两个函数库:libsacio.a和libsac.a,因此可以在C或Fortran程序中直接使用函数库中的子函数,这些库文件位于${SACHOME}/lib中。

Libsacio库主要包含用于读写SAC数据文件、SAC头段变量、黑板变量的函数,表5.9列出了可用的子函数。

表5.9 SAC提供的C或Fortran的用于读写文件和处理变量的子函数

子函数	说　　明
rsac1	读取等间隔文件
rsac2	读取不等间隔文件和谱文件
wsac1	写入等间隔文件
wsac2	写入不等间隔文件
wsac0	可以写等间隔文件或不等间隔文件
getfhv	获取浮点型头段变量值
setfhv	设置浮点型头段变量值
getihv	获取枚举型头段变量值
setihv	设置枚举型头段变量值
getkhv	获取字符串头段变量值
setkhv	设置字符串头段变量值
getlhv	获取逻辑型头段变量值
setlhv	设置逻辑型头段变量值
getnhv	获取整型头段变量值
setnhv	设置整型头段变量值
readbbf	读取一个黑板变量文件
writebbf	写一个黑板变量文件
getbbv	获取一个黑板变量的值
setbbv	给一个黑板变量赋值
distaz	计算地球上任意两点间的震中距、方位角和反方位角

使用该库时,程序编译要使用相应的编译选项。对于C语言,可用以下命令编译:

```
$ gcc -c source.c -I/usr/local/sac/include
$ gcc -o prog source.o -lm -L/usr/local/sac/lib -lsacio
```

对于Fortran语言,则可用以下命令编译:

```
$ gfortran -c source.f
$ gfortran -o prog source.o -L/usr/local/sac/lib/ -lsacio
```

而libsac库主要包含几个数据处理常用的子函数,表5.10列出了这些子函数。

表5.10 SAC提供的C或Fortran的数据处理的子函数

子函数	说　　明
xapiir	无限脉冲响应滤波器
frtrn	有限脉冲滤波器, Hilbert 变换
crscor	互相关
next2	返回比输入值大的最小 2 的幂次
envelope	计算包络函数
rms	计算数据的均方根

和libsacio库类似,对于C语言,可用以下命令编译:

```
$ gcc −c source.c −I/usr/local/sac/include
$ gcc −o prog source.o −lm −L/usr/local/sac/lib -lsac −lsacio
```

对于Fortran语言,则可用以下命令编译:

```
$ gfortran −c source.f
$ gfortran −o prog source.o −L/usr/local/sac/lib/ −lsac −lsacio
```

需要注意的是,在使用libsac库时,一般也要用到libsacio库,因此选型应为−lsac -lsacio,且二者顺序不可变。

下例显示了如何在Fortran中读入SAC数据。

```
      program readsac
      implicit none
      include "sacf.h"
!     Define the Maximum size of the data Array
      integer MAX
      parameter (MAX=1000)
!     Define the Data Array of size MAX
      real yarray, xarray, yenv
      dimension yarray(MAX), yenv(MAX)
!     Declare Variables used in the rsac1() subroutine
      real beg, delta
      integer nlen
      character*20 KNAME
      integer nerr
      kname = 'envelopef_in.sac'
      call rsac1(kname, yarray, nlen, beg, delta, MAX, nerr)
      if(nerr .NE. 0) then
          write(*,*)'Error reading in file: ',kname
          call exit(−1)
      endif
      print *,delta, kname
      end program readsac
```

下例显示如何用Fortran生成一个新的SAC文件。

```
      subroutine write2sac(fname,dt,nt,yarray,tp,ts)
      implicit none
      include "sacf.h"
      integer :: SACMAX
```

```
parameter (SACMAX=10000)
character*20 fname
integer :: nt
real*8 :: dt, yarray(nt)
real*8 :: tp, ts
real :: delta, tmp(nt), t(nt)
integer :: nerr
real :: beg
integer :: i
beg = 0.0
delta = sngl(dt)
tmp = sngl(yarray)
do i=1, nt
        t=(i-1)*delta
end do
call newhdr()
call setnhv('npts', nt, nerr)
call setfhv('b', beg, nerr)
call setfhv('e', t(nt), nerr)
call setfhv('delta', delta, nerr)
call setfhv('T0', sngl(tp), nerr)
call setfhv('T1', sngl(ts), nerr)
call wsac0(fname, t, tmp, nerr)
if (nerr.ne.0) then
        write(*,*)'Error writing SAC File:', fname
        call exit(-1)
end if

return
end subroutine write2sac
```

练　　习

(1) 对上一章下载的地震波形数据进行处理，分别为去除均值、零漂、及仪器响应；

(2) 对记录进行滤波和重采样；

(3) 将ENU分量的记录转换为RTZ分量的记录，并分别获取P波和S波初值；

(4) 画出下载数据的震源-台站分布图。

第6章 层状介质中理论地震图计算

6.1 基本原理

6.1.1 理论地震图计算方法

理论地震图计算是地震学的重要研究内容之一。通过正演模拟可以获得不同震源特征,不同台站分布以及不同速度模型产生的理论记录。对理论地震图进行分析,有助于加深对地震的孕育、发展和停止机制的认识,此外还可以对地震产生的破坏进行评估,有利于抗震设防。

地球的速度模型是一个复杂的三维模型,地震波在地球中的传播是一个极其复杂的过程。至今,已发展了一系列的数值计算方法,例如,有限差分法、有限元法、谱元法等,用于三维地球介质中地震波传播的模拟。但这些数值方法计算量大、耗时久,大多数情况下都须在大型服务器上才能运行。当然,在满足一定条件的情况下,地球的速度模型可以近似为一个一维球层状模型或水平层状模型。球层状模型一般用来模拟大震中距的地震波传播;而水平层状模型一般用来计算小区域(小于1000 km)的地震波传播。地震学中比较常用的PREM和IASPI91模型都是一维球层状模型。对于一维层状模型,从20世纪60年代开始就发展了一系列解析或半解析的算法。像fk程序所使用的算法就是频率-波数算法,它是一种解析算法。下面将对频率-波数算法进行简单介绍。

6.1.2 频率-波数算法

假设速度模型为一水平层状模型(图6.1),震源位于第s层,台站任意位置($\boldsymbol{x}$)。$z^{(i)}$为每一层顶界面的深度,$i=0,1,2\cdots$,而$\lambda^{(j)}$, $\mu^{(j)}$, $\rho^{(j)}$ 分别为第j层的拉美常数和密度,$j=1,2\cdots$。那么,在第j层中位移由以下弹性动力学方程控制:

$$\rho^{(j)}\frac{\partial^2 \boldsymbol{u}^{(j)}(\boldsymbol{x},t)}{\partial t^2}=(\lambda^{(j)}+2\mu^{(j)})\nabla\nabla\cdot\boldsymbol{u}^{(j)}(\boldsymbol{x},t)-\mu^{(j)}\nabla\times\nabla\times\boldsymbol{u}^{(j)}(\boldsymbol{x},t)+\boldsymbol{f}(\boldsymbol{x},t)\delta_{j,s} \quad (6.1)$$

其中,$\boldsymbol{f}(\boldsymbol{x},t)$为体力分布。利用傅里叶变换,将公式(6.1)变换到频率域得到,下式:

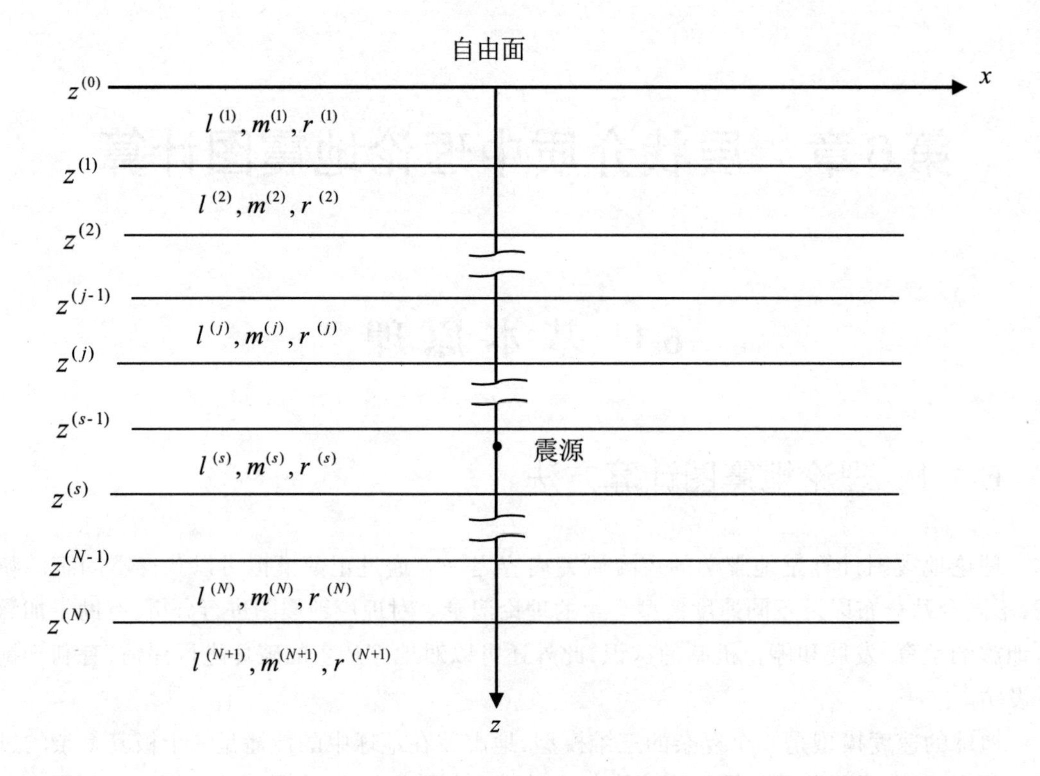

图6.1　水平层状半空间模型

$$-\omega^2\rho^{(j)}\boldsymbol{U}^{(j)}(\boldsymbol{x},\omega)=(\lambda^{(j)}+2\mu^{(j)})\nabla\nabla\cdot\boldsymbol{U}^{(j)}(\boldsymbol{x},\omega)-\mu^{(j)}\nabla\times\nabla\times\boldsymbol{U}^{(j)}(\boldsymbol{x},\omega)+\boldsymbol{F}(\boldsymbol{x},\omega)\delta_{j,s} \tag{6.2}$$

对于水平层状半空间模型，应力和位移应满足以下边界条件：

(1) 当地表牵引力为零，即$z=z^{(0)}$时

$$\boldsymbol{T}^{(1)}(\boldsymbol{x},\omega)=0 \tag{6.2a}$$

(2) 当相邻两层的位移和牵引力在分界面处连续，即$z=z^{(j)}$时

$$\left.\begin{pmatrix}\boldsymbol{U}^{(j)}(\boldsymbol{x},\omega)\\ \boldsymbol{T}^{(j)}(\boldsymbol{x},\omega)\end{pmatrix}\right|_{z=z^{(j)}}=\left.\begin{pmatrix}\boldsymbol{U}^{(j+1)}(\boldsymbol{x},\omega)\\ \boldsymbol{T}^{(j+1)}(\boldsymbol{x},\omega)\end{pmatrix}\right|_{z=z^{(j)}} \tag{6.2b}$$

(3) 当地下无穷远处牵引力应力和位移趋于零，即$z\to+\infty$时

$$\begin{pmatrix}\boldsymbol{U}^{(N+1)}(\boldsymbol{x},\omega)\\ \boldsymbol{T}^{(N+1)}(\boldsymbol{x},\omega)\end{pmatrix}\to 0 \tag{6.2c}$$

对于三维问题，如果采用柱坐标系，位移和力函数可以使用一组完备正交的基矢函数展开，可用的基矢函数如下：

$$\begin{cases}\boldsymbol{T}_k^m(r,\theta)=\dfrac{1}{k}\nabla\times\left[\boldsymbol{e}_z Y_k^m(r,\theta)\right]\\ \boldsymbol{S}_k^m(r,\theta)=\dfrac{1}{k}\nabla Y_k^m(r,\theta)\\ \boldsymbol{R}_k^m(r,\theta)=-\boldsymbol{e}_z Y_k^m(r,\theta)\end{cases} \tag{6.3}$$

其中，$Y_k^m(r,\theta)=J_m(kr)\mathrm{e}^{\mathrm{i}m\theta}(m=0,\pm1,\pm2,\cdots;k\in(0,+\infty))$是柱坐标球谐函数。因此频

率域的位移函数$U^{(j)}(x,\omega)$、牵引力函数$T^{(j)}(x,\omega)$和体力函数$F(x,\omega)$均可展开成以下形式：

$$\boldsymbol{U}^{(j)}(r,\theta,z)=\frac{1}{2\pi}\sum_{m=-\infty}^{+\infty}\int_0^{+\infty}\left\{u_{T,m}^{(j)}(z,k)\boldsymbol{T}_k^m(r,\theta)+u_{S,m}^{(j)}(z,k)\boldsymbol{S}_k^m(r,\theta)+u_{R,m}^{(j)}(z,k)\boldsymbol{R}_k^m(r,\theta)\right\}k\mathrm{d}k \tag{6.4a}$$

$$\boldsymbol{T}^{(j)}(r,\theta,z)=\frac{1}{2\pi}\sum_{m=-\infty}^{+\infty}\int_0^{+\infty}\left\{\tau_{T,m}^{(j)}(z,k)\boldsymbol{T}_k^m(r,\theta)+\tau_{S,m}^{(j)}(z,k)\boldsymbol{S}_k^m(r,\theta)+\tau_{R,m}^{(j)}(z,k)\boldsymbol{R}_k^m(r,\theta)\right\}k\mathrm{d}k \tag{6.4b}$$

$$\boldsymbol{F}(r,\theta,z)=\frac{1}{2\pi}\sum_{m=-\infty}^{+\infty}\int_0^{+\infty}\left\{f_{T,m}(z,k)\boldsymbol{T}_k^m(r,\theta)+f_{S,m}(z,k)\boldsymbol{S}_k^m(r,\theta)+f_{R,m}(z,k)\boldsymbol{R}_k^m(r,\theta)\right\}k\mathrm{d}k \tag{6.4c}$$

将公式(6.4)代入公式(6.2)可以将SH波和P-SV波的方程分离，形成以下两个一阶偏微分方程：

$$\frac{\mathrm{d}}{\mathrm{d}z}\boldsymbol{b}_{\mathrm{SH}}^{(j)}(z)=\boldsymbol{A}_{\mathrm{SH}}^{(j)}\boldsymbol{b}_{\mathrm{SH}}^{(j)}(z)+\delta_{j,s}\boldsymbol{F}_{\mathrm{SH}}(z)\quad(\text{当为SH波时}) \tag{6.5a}$$

$$\frac{\mathrm{d}}{\mathrm{d}z}\boldsymbol{b}_{\mathrm{PSV}}^{(j)}(z)=\boldsymbol{A}_{\mathrm{PSV}}^{(j)}\boldsymbol{b}_{\mathrm{PSV}}^{(j)}(z)+\delta_{j,s}\boldsymbol{F}_{\mathrm{PSV}}(z)\quad(\text{当为P-SV波时}) \tag{6.5b}$$

其中

$$\boldsymbol{A}_{\mathrm{SH}}^{(j)}=\begin{bmatrix}0 & \dfrac{1}{\mu^{(j)}}\\ \mu^{(j)}k^2-\rho^{(j)}\omega^2 & 0\end{bmatrix} \tag{6.5c}$$

$$\boldsymbol{A}_{\mathrm{PSV}}^{(j)}=\begin{bmatrix}0 & k & \dfrac{1}{\mu^{(j)}} & 0\\ \dfrac{-\lambda^{(j)}k}{\lambda^{(j)}+2\mu^{(j)}} & 0 & 0 & \dfrac{1}{\lambda^{(j)}+2\mu^{(j)}}\\ \dfrac{4\mu^{(j)}(\lambda^{(j)}+\mu^{(j)})k^2}{\lambda^{(j)}+2\mu^{(j)}}-\rho^{(j)}\omega^2 & 0 & 0 & \dfrac{\lambda^{(j)}k}{\lambda^{(j)}+2\mu^{(j)}}\\ 0 & -\omega^2\rho^{(j)} & -k & 0\end{bmatrix} \tag{6.5d}$$

$$\boldsymbol{b}_{\mathrm{SH}}^{(j)}(z)=[u_{T,m}^{(j)}(z,k),\tau_{T,m}^{(j)}(z,k)]^{\mathrm{T}} \tag{6.5e}$$

$$\boldsymbol{b}_{\mathrm{PSV}}^{(j)}(z)=[u_{S,m}^{(j)}(z,k),u_{R,m}^{(j)}(z,k),\tau_{S,m}^{(j)}(z,k),\tau_{R,m}^{(j)}(z,k)]^{\mathrm{T}} \tag{6.5f}$$

$$\boldsymbol{F}_{\mathrm{SH}}(z,k)=[0,\ -f_{T,m}(k,z)]^{\mathrm{T}} \tag{6.5g}$$

$$\boldsymbol{F}_{\mathrm{PSV}}(z,k)=[0,0,-f_{s,m}(k,z),-f_{R,m}(k,z)]^{\mathrm{T}} \tag{6.5h}$$

公式(6.5)的求解比较复杂。由于本书的主要目的为介绍软件使用，因此有兴趣的同学可以进一步阅读Chen(1999)或Zhu和Rivera(2002)的文章来了解fk算法的详细推导过程。

6.2 fk 程序使用

fk程序是基于由Lupei Zhu教授发展的一套用于计算层状介质中理论格林函数及合成地震图的正演程序。该程序在地震学界被广泛应用。目前该程序的源代码已经公开。

6.2.1 fk 程序获取

fk程序安装包可以在Lupei Zhu教授的个人主页上进行下载(http://www.eas.slu.edu/People/LZhu/downloads/fk3.2.tar)。

6.2.2 fk 程序安装

现有的fk软件包中的Makefile有一些问题,无法用其直接进行编译。因此在安装的过程中需要对Makefile里面的一些代码进行修改。fk程序的安装步骤如下:

(1) 解压

```
$ tar -xvf fk3.2.tar
```

(2) 修改Makefile文件

现有的fk版本对gfortran支持较好,使用intel fortran可能无法正常编译。此外,由于fk软件包中的Fortran程序大部分按照Fortran 77的语法编写,在Fortran 77里,规定每行超过第72列的字符会被忽略,而部分源程序中有的行字符列超过了72列。尽管有的版本的gfortran对Fortran 77的语法也能正常编译,但保险起见,可以在Makefile文件第一行加入以下语句:

```
FC=gfortran -ffixed-line-length-none
```

其中,选项"-ffixed-line-length-none"表示不限制每行的长度。

由于部分代码中有调用SAC的子程序,如果已安装SAC,则可以将Makefile文件中关于CFLAGS和SACLIB的两行程序前的注释删掉(即删除"#"),然后根据已安装的SAC路径进行相应修改。

此外,原Makefile文件中,对sachd进行编译时未添加链接数学库的选项"-lm",需要将原代码

```
sachd: sachd.o sacio.o
	${LINK.c} -o $@ $^
```

改为

```
sachd: sachd.o sacio.o
    ${LINK.c} -o $@ $^ -lm
```

另外，在网上有博主SeisMan修改好的Makefile文件可供使用(https://blog.seisman.info/downloads/Makefile.fk.3.2)，只需以下载的文件内容覆盖fk软件包中的Makefile文件的内容即可。

(3) 运行make命令进行编译

```
$ make
```

编译完成后会在fk软件包中生成五个可执行文件，其中，fk负责计算格林函数；st_fk负责计算静态位移；trav负责计算震相到时；syn将利用fk计算出的格林函数合成理论地震图；sachd用于修改SAC文件的头段信息。

(4) 修改环境变量

为了能够在终端任何目录运行fk，需要将fk的四个可执行文件(fk、sachd、st_fk、syn和trav)以及一个脚本文件(fk.pl)的路径添加到系统环境变量PATH中，以便系统能够正确找到这些文件的路径。具体操作如下：

```
export PATH=〈fk的绝对路径〉:${PATH}
```

需要注意，这里要提供fk软件目录的路径，最好是绝对路径。如果fk的安装目录为“/home/student/fk”，那么这里要使用的路径就是“/home/student/fk”。修改完成后利用以下命令使得路径设置生效：

```
$ source ~/.bashrc
```

6.2.2　fk命令详解

尽管编译完成fk软件包中会有五个可执行文件，但要计算格林函数和理论地震图只需要分别使用fk.pl(fk的Perl 封装，其调用了fk、trav和sachd)和syn两条命令。下面将对这两条命令进行详细说明。

6.2.2.1　fk.pl命令

fk.pl命令的语法如下：

```
fk.pl -Mmodel/depth[/f_or_k] [-D] [-Hf1/f2] [-Nnt/dt/smth/dk/taper] [-Ppmin/
    pmax[/kmax]][-Rrdep][-SsrcType][-Uupdn][-Xcmd]distances
```

详细见表6.1。

表6.1 fk.pl命令各个选项和参数说明

选项	说明
−M	设置速度模型名、震源深度和模型类型。fk的输入速度模型为一维水平分层模型，其格式有两种： 1. 该层厚度(km) S波波速(km/s) P/S波速比 [密度 S波 Q值 P波 Q值] 2. 该层厚度(km) S波波速(km/s) P波波速 [密度 S波 Q值 P波 Q值] 其中前三列是必需的，如果未指定密度，则按P波波速和密度的经验公式计算($\rho=0.77+0.32*v_P$)；如果未指定Q_S，则取$Q_S=500$；如果未指定Q_P，则取$Q_P=2*Q_S$。此外，在模型文件中不能有空行，速度模型每一层对应一行。 在fk中，震源深度depth的单位为km，在对深度设置时，需尽可能不要把震源设置到速度分界面上，而要设置于速度层内部。 fk程序具体使用哪种速度模型，由该选项的第三个参数决定。如果不指定该参数，即"−Mmodel/depth"，则表示输入模型为第二种格式；如果指定该参数为k，即"−Mmodel/depth/k"，则表示输入模型为第一种格式；如果指定该参数为f，即"−Mmodel/depth/f"，则表示需要考虑地球曲率的影响(当震中距较大时需考虑)，因此要对速度模型进行展平变换
−D	震中距单位是否使用°来替换km，默认值为off
−H	使用高通滤波器对格林函数进行滤波，滤波器由f1和f2两个参数控制，f1前为0，然后由f1开始以cos函数逐渐过渡到f2后变为1
−N	设置记录的采样点数nt，采样时间dt(默认值1 s)，采样平滑参数smth(默认值1)，无量纲的水平波数的积分间隔dk(默认值0,3)和频率尖灭参数taper(默认值0.3)。其中，nt必须为2^n，n为整数，其默认值为256。需要注意的是，如果nt=1程序将利用st_fk程序计算静态位移；nt=2将使用动力学解计算静态位移
−P	根据震源处的$1/v_S$设定最大慢度(pmax)和最小慢度(pmin)，二者的默认值分别为1和0。另外可以根据$1/h_S$设定零频时的×××(kmax)值，默认值为15。对该选项而言，pmin和pmax两个参数是必须的，参数kmax可选
−R	台站的深度，默认所有台站均位于地表，故深度为0
−S	设定要计算的震源类型：0为爆炸源；1为单力点源；2为双力偶源
−U	设定是计算上行波(updn=1)、下行波(updn=−1)还是完整波场(updn=0)，默认值为updn=0
−X	该选项仅用于调试fk程序，用以检查要传递的输入参数是否准确
distances	台站震中距列表，必有参数

fk.pl命令会将生成的格林函数以SAC格式写到一个目录中，目录名为"模型文件名_震源深度"。不同的震源格林函数文件命名方式和单位有差异，下面将分别介绍：

1. 爆炸源

生成三个分量，命名方式为"震中距.grn.[a−c]"，分别对应Z、R、T分量的格林函数。其单位为cm/(dyne cm)。

2. 单力源

生成六个分量，命名方式为"震中距.grn.[0−5]"，其中[0−2]为一组ZRT分量的格林函数，等效于垂直向上的单力产生的位移分量；[3−5]为一组ZRT分量的格林函数，等效于水平单力产生的位移分量。格林函数的单位为cm/dyne。

3. 双力偶源

生成九个分量，命名方式为“震中距.grn.[0－8]”，其中[0－2]为一组ZRT分量的格林函数，等效于45°倾滑双力偶源产生的位移；[3－5]为一组ZRT分量的格林函数，等效于垂直倾滑双力偶源产生的位移；[6－8]为一组ZRT分量的格林函数，等效于垂直走滑双力偶源产生的位移。格林函数的单位为cm/(dyne-cm)。

6.2.2.2　syn 命令

syn命令的语法如下：

```
syn －Mmag([[/Strike/Dip]/Rake]|/Mxx/Mxy/Mxz/Myy/Myz/Mzz) －Aazimuth ([－SsrcFunctionName | －Ddura[/rise]] [－Ff1/f2[/n]] [－I | －J] －OoutName.z
        －GFirstCompOfGreen | －P)
```

详细见表6.2。

表6.2　syn命令各个选项和参数说明

选项	说　　明
－M	指定震源参数，该选项有四种用法： (1) 对于爆炸源，该选项为“－Mmag”，其中mag的单位为dyne-cm； (2) 对于单力源，该选项为“－Mmag/strike/dip”，其中mag的单位为dyne，dip为力的方向相对于水平方向的夹角，dip＝0为水平单力；dip＝90为垂直向下单力；dip＝－90为垂直向上单力； (3) 对于双力偶源，该选项为“－Mmag/strike/dip/rake”，其中mag为矩震级Mw，strike/dip/rake的定义见第4章图； (4) 对于地震矩源，该选项为“－Mmag/Mxx/Mxy/Mxz/Myy/Myz/Mzz”，其中mag的单位是dyne-cm。需要注意的是，这里x＝North，y＝East，z＝Down，即坐标系为NED坐标系。但在GCMT网站上的地震矩张量使用的RTP坐标系，且六个分量的顺序为Mrr Mtt Mpp Mrt Mrp Mtp。RTP和NED的地震矩张量的转换公式见Aki & Richards(1980)P117 Box4.4。因此如使用GCMT网站的震源机制，需要将6个分量转换成syn命令需要的格式
－A	设置台站方位角
－D	假定震源时间函数为一个梯形，该梯形的形状由两个参数控制，其中，dura为梯形的持续时间；*rise*为梯形上升区所占梯形持续时间的比例，取值范围为[0, 0.5]，默认值为0.5，即震源时间函数为一个等边三角形
－F	使用n阶Butterworth带通滤器进行滤波，该选项需要SAC函数库支持。默认不使用该选项。n的值必须小于10，如果使用该选项则n的默认值为4
－G	指定要组合的第一个格林函数的文件名
－I	对合成记录做积分后输出
－J	对合成记录做差分后输出
－O	指定输出SAC文件前缀名outName，需要注意的是，该选项参数中的“.z”必须保留
－P	计算静态位移，这里需要在终端中以表格的形式输入格林函数，表格的形式为“distance Z45 R45 T45 ZDD RDD TDD ZSS RSS TSS [distance ZEX REX TEX]”。计算得到的静态位移将会以表格形式输出到终端，表格形式为“distance azimuth z r t”

续表

选项	说　　明
−Q	是否卷积运算tstar的Futterman Q算子，默认为否
−S	使用任意震源时间函数，保存在SAC文件中，文件名由参数srcFunctionName指定，且该震源时间函数的积分值应为1

6.2.3　实际演练

要使用fk计算理论地震图需要三步：

(1) 获取速度模型，并设定震源、台站信息。对于震源，用户需提供震源的深度、震源机制、以及震源时间函数的信息。对于台站，用户需提供台站的台站名、震中距和方位角。

(2) 计算格林函数。

(3) 计算各个台站的地震记录。

这里，首先以软件包中提供了一个hk速度模型为例创建速度模型文件。hk文件的内容就是一个水平层状模型。其内容如下：

```
$ cat hk
5.5     3.18    1.730   600
10.5    3.64    1.731   600
16.0    3.87    1.731   600
90.0    4.50    1.733   900
```

其中，第一列是每一层的厚度，第二列是每层的S波速度，第三列是P/S波速比，第四列是S波Q值。可以使用以下代码绘制出这个速度模型(图6.2)。

```
#!/bin/bash
gmt begin vel png,pdf
cat hk | awk 'BEGIN{a=0}{print $2, a; a=a+ $1; print $2, a}' | gmt plot -JX2i/-2i
    -R2/8/0/100  -Bxa1+l"Vel.  (km/s)"  -Bya20+l"Depth  (km)"  -BWSen
    -W1p,black -l"Vs"
cat hk | awk 'BEGIN{a=0}{print $2*$3, a;a=a+ $1;print $2*$3, a}' | gmt plot -W1p,
black,-- -l"Vp"
gmt legend -DjBL
gmt end
```

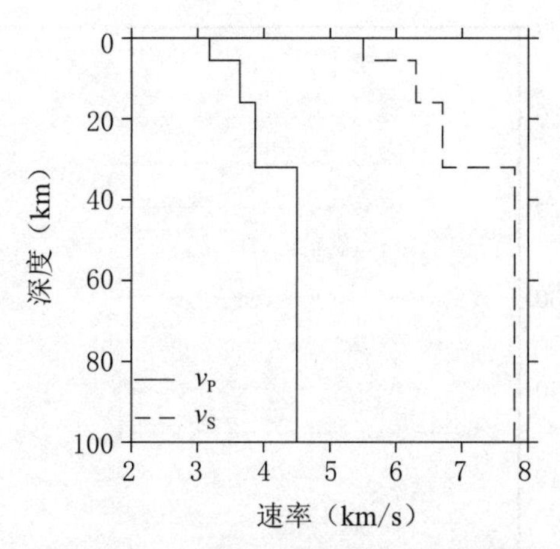

图6.2　fk程序包中提供的hk速度模型

实线为S波速度，虚线为P波速度

然后，假设震源深度为10.4 km。震源的走向、倾角和滑动角分别为355°、80°、−70°。地震震级为4.5。震源时间函数是一个持续时间为1 s的等腰三角函数。从震中距5 km开始每隔5 km连续布设16个台站。最后计算出这些台站的理论地震图。示例代码如下：

```
#!/bin/bash
# 计算各个台站的格林函数。
fk.pl -Mhk/15/k -N512/0.1 5 10 15 20 25 30 35 40 45 50 55 60 65 70 75 80
# 循环合成每个台站的地震记录。注意：在调用格林函数时，格林函数文件的前缀和计算格林函数时设置的震中距必须一致。例如，如果设的震中距为"05"，那么在-G选项后必须调用"05.grn.0"。否则无法计算相应震中距的地震记录。
for((i=5;i<=80;i=i+5))
do
   echo $i
   syn -M4.5/355/80/-70 -D1 -A33.5 -Oout_$i.z -Ghk_15/$i.grn.0
done
# 绘制z分量地震记录剖面。注意：在使用通配符绘图时，一定确保通配符表示的内容和该目录下文件名一致。否则会将绘制出不需要的文件的数据。
gmt begin vmcomp png
   gmt pssac out_*.z -JX10c/15c -R/-5/70/0/90 -BWSen -Bxa10+l"T(s)"
         -Bya10+l"Dist." -Ek -T+t-3 -M1 -W0.2p,black
gmt end
```

最终的效果如图6.3所示。

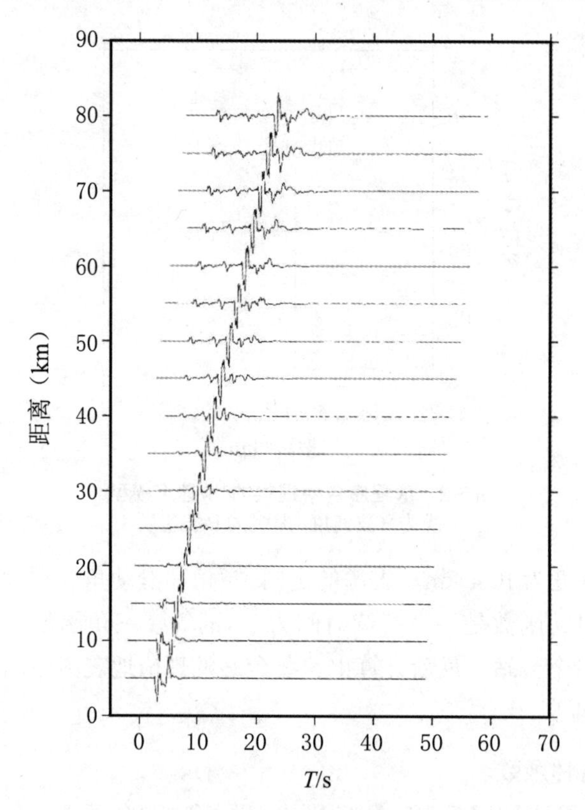

图6.3　台站理论地震图

练　习

（1）运行示例中的命令，计算当速度模型为hk，震源深度为15 km，在地表从5—80 km每5 km一个台站的测线记录到的格林函数，最后计算震中距为50 km，方位角为33.5°的台站的合成记录。

```
> fk.pl -Mhk/15/k -N512/0.1 05 10 15 20 25 30 35 40 45 50 55 60 65 70 75 80
> syn -M4.5/355/80/-70 -D1 -A33.5 -OPAS.z -Ghk_15/50.grn.0
```

（2）将所得出的格林函数用syn命令计算当震源参数分别采用0/90/0、0/90/90和0/45/90时，（1）中测线的台站的合成记录。

（3）以hk模型为基础，通过分别减少和增加第二层的速度来建立hk_slow和hk_fast两个模型，然后计算该模型下如（1）中测线的台站的合成记录。用不同颜色画出三种模型的波形剖面，进行比较。

（4）利用hk模型分别计算当震源深度为10 km、20 km、30 km时，（1）中测线的台站的合成记录，画出其z分量进行比较。

（5）以hk_15目录下50.grn.*为基础，画出在不同震源机制下，方位角从0到360的波形变化。

参考文献

[1] CHEN X F. A systematic and efficient method of computing normal modes for multilayered half-space [J]. Geophysical Journal International, 1993, 115(2), 391-409.

[2] CHEN X. F. Seismograms synthesis in multi-layered half-space Part I. Theoretical formulation. Earthquake Research in China[J]. 1999, 13(2): 149-174

[3] HASKELL N A. Radiation pattern of surface waves from point sources in a multi-layered medium [J]. Bulletin of the Seismological Society of America, 1964, 54(1): 377-393.

[4] WANG C Y, HERRMANN R B. A numerical study of P-, SV-, and SH-wave generation in a plane layered medium[J]. Bulletin of the Seismological Society of America, 1980, 70(4): 1015-1036.

[5] ZHU L, RIVERA L A. A note on the dynamic and static displacements from a point source in multilayered media[J]. Geophysical Journal International, 2002, 148(3): 619-627.

第7章　震源机制反演

7.1　震源机制反演基本原理

震源机制反演是地震学的重要研究内容之一。震源机制反演就是在满足远场近似的前提下,假设地震震源为一个点源,然后利用观测到的地震波形数据反演地震的震源机制。对于双力偶源,可以用简单位错模型来表示。因此,震源机制只需用断层走向ϕ、倾角δ、滑动角λ(图7.1,彩图见书后插页)和标量地震矩M_0四个震源参数来表示。对于更复杂的震源(包含非双力偶成分的源),数学上一般用一个对称2阶张量表示震源机制,这个张量和断层走向、倾角、滑动角和M_0有关。为更直观地显示震源机制,经常会用“沙滩球”(beach ball)来表示震源机制。所谓“沙滩球”,可由以下两部分构成:断层面(图7.2(a)中的实线)和其辅助面(与断层面垂直的面,图7.2(a)中的虚线)与下半球交线在地面下方的投影,该投影为两条弧线;断层面和其辅助面将空间分为四个象限如图7.2所示,其中,位于断层滑动方向前方的为T象限,一般以非白色填充,后方的为P象限,一般以白色填充。由两条投影线和P、T象限不同颜色的填充构成的球和沙滩球很相似(图7.2(a)),因此描述震源机制的符号被称为沙滩球。图7.2(b-d)中列出了常见的几种断层:纯走滑层(Strike slip)、正断层(Normal)、逆断层(Reverse)对应的沙滩球。而逆冲倾滑(Oblique)断层是走滑层和逆断层的组合。从图7.2中可以看出,同一个沙滩球会对应两种断层面解,即断层面和其辅助面可以互换。

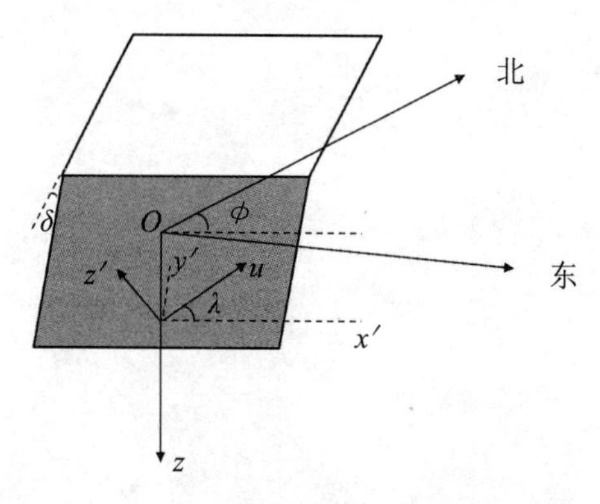

图7.1　表示双力偶模式的简单位错模型

蓝色区域为断层面

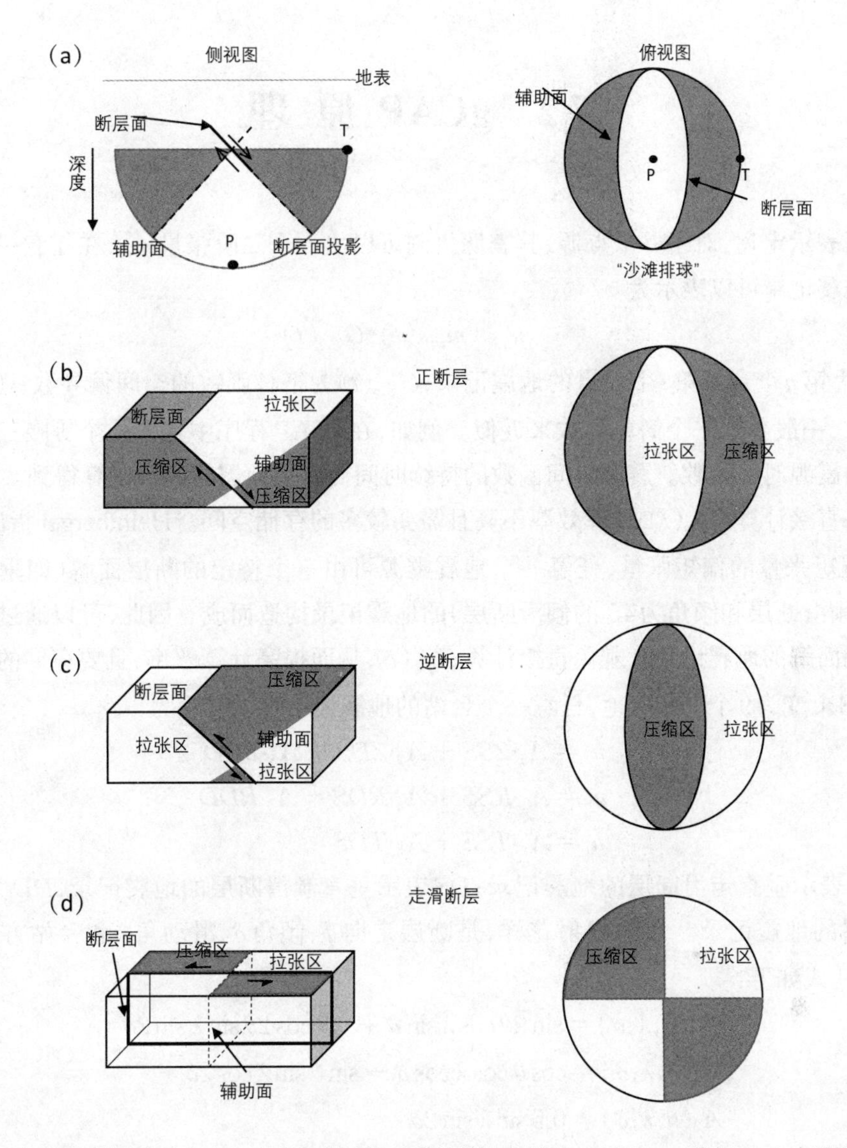

图7.2　"沙滩球"的定义(a)和三种典型断层对应的"沙滩球"(b. 正断层;c. 逆断层;d. 走滑断层)

震源机制反演算法按使用的反演方法可分为非线性反演方法和线性反演方法。非线性方法中比较典型的是直接以震相初动为数据的初动解方法(例如:余春泉等,2009等)和使用地震波形数据和震相初动为观测数据进行反演的混合数据方法(例如:Zhao & Helmberger, 1994; Li & Zhang,2011等)。非线性反演方法一般是直接反演四个震源参数。线性方法主要是利用波形数据进行反演,例如:Song & Toksoz(2011)的算法就是利用全波形数据进行反演,Nolen-Hoeksema & Ruff(2001)的算法就仅用了震相的振幅值大小进行反演。线性方法一般都是直接反演地震矩张量,然后利用地震张量和震源参数的关系来进一步确定四个震源参数。对于相同的台站而言,断层面和其辅助面激发的地震波相同,二者等效,因此,不管哪种震源机制反演算法都可以反演出两组断层面解,一个对应真实断层面,一个对应辅助面。

7.2 gCAP 原 理

根据表示定理,对于一个点源,其震源机制可以由一个二阶张量m_{pq},在任意一个台站记录到的地震记录可以表示为

$$u_i^n = m_{pq} s(t) * G_{ip,q}(t) \tag{7.1}$$

其中,u_i^n为第n个台站第i个分量的地震记录;$G_{ip,q}(t)$为格林函数的空间偏导数;$s(t)$为震源时间函数,一般会用一个简单函数来近似。例如,在gCAP程序中是用一个等腰三角形来近似真实的震源时间函数。震源时间函数的持续时间可以由地震的震级估算得到。

如果直接计算$G_{ip,q}(t)$,计算效率不高且需要较多的存储空间。Helmberger指出,如果仅考虑地震矩张量的偏矩张量,任意一个地震震源可由三个特定的断层面解(即垂直走滑断层、垂直倾滑断层和倾角为45°的倾滑断层)的地震记录构造而成。因此,可以通过计算三个特定断层面解的地震记录来避免直接计算$G_{ip,q}(t)$,从而提高计算效率,且要存储的格林函数元素由18个变为9个。相应地,任意一个台站的地震记录可以改写为

$$u_z = A_1 \cdot ZSS + A_2 \cdot ZDS + A_3 \cdot ZDD \tag{7.2a}$$

$$u_r = A_1 \cdot RSS + A_2 \cdot RDS + A_3 \cdot RDD \tag{7.2b}$$

$$u_t = A_4 \cdot TSS + A_5 \cdot TDS \tag{7.2c}$$

其中,SS表示垂直走滑断层的地震记录;DS表示垂直倾滑断层的地震记录;DD为倾角45°倾滑断层的地震记录。A_i为辐射花样,是断层走向ϕ、倾角δ、滑动角λ和台站方位角的函数,其表达式如下:

$$A_1(\theta,\lambda,\delta) = \sin 2\theta \cos\lambda \sin\delta + 0.5\cos 2\theta \sin\lambda \sin 2\delta \tag{7.3a}$$

$$A_2(\theta,\lambda,\delta) = \cos\theta \cos\lambda \cos\delta - \sin\theta \sin\lambda \cos 2\delta \tag{7.3b}$$

$$A_3(\theta,\lambda,\delta) = 0.5\sin\lambda \sin 2\delta \tag{7.3c}$$

$$A_4(\theta,\lambda,\delta) = \cos 2\theta \cos\lambda \sin\delta - 0.5\sin 2\theta \sin\lambda \sin 2\delta \tag{7.3d}$$

$$A_5(\theta,\lambda,\delta) = -\sin\theta \cos\lambda \cos\delta - \cos\theta \sin\lambda \cos 2\delta \tag{7.3e}$$

其中,θ为台站方位角减去断层走向。

如果是线性方法,会用线性方程组求解算法求解公式(7.1),从而得到地震矩张量,进而求解断层面解和标量地震矩。如果是非线性方法,则是将公式(7.3)代入公式(7.2),此时观测位移变为震源参数和断层走向ϕ、倾角δ、滑动角λ和标量地震矩的函数,可以直接使用非线性方法搜索反演断层面解和标量地震矩。例如,在gCAP程序中,使用的就是非线性方法。该程序将不同震相的地震波形截取出来,然后拼接成新的时间序列$f(t)$作为反演的观测数据。反演时,通过搜索震源参数的允许值(一般ϕ的范围为[0°, 360°],δ的范围为(0°, 90°),λ的范围为(−180°, 180°))来拟合以下目标函数:

$$e_1 = \left(e_{L1} + e_{L2} + \left(2e_{L1}^2 + 2e_{L2}^2\right)^{1/2}\right) \Big/ 4 \tag{7.4}$$

其中

$$e = \| f - M_0 g \| \big/ \left(\| f \| * \| M_0 g \| \right)^2 \tag{7.4a}$$

$$M_0 = \max\left(|f|\right) \big/ \max\left(|g|\right) \tag{7.4b}$$

L_1表示取该函数的1范数,L_2表示取该函数的2范数。

7.3 gCAP程序使用

gCAP程序是由Lupei Zhu教授开发的一套震源机制反演程序。目前该程序的源代码已经公开。

7.3.1 gCAP 程序获取

gCAP程序安装包可以在Lupei Zhu教授的个人主页上下载,网页地址为http://www.eas.slu.edu/People/LZhu/downloads/gcap1.0.tar。

7.3.2 gCAP 程序安装

由于现有的软件包存在一些问题,在安装的过程中需要对里面的一些代码进行修改。gCAP程序的安装步骤如下:

(1) 解压

```
$ tar -xvf gcap1.0.tar
```

(2) 下载辅助代码

gCAP调用了Numerical Recipes中一些函数,包括matrix、free_matrix、free_convert_matrix、jacobi、eigsrt。但Numerical Recipes中的代码并非免费开源,因此需要用户自己获取这几个源代码(eigsrt.c、jacobi.c、nr.h、nrutil.c、nrutil.h),并将这几个源代码放到gCAP目录中。

(3) 修改Makefile

软件包自带的Makefile由于make编写规则的改变已经无法使用,seisman提供了一个重新编写的Makefile版本(https://blog.seisman.info/downloads/Makefile.gCAP)。用下载的Makefile.gCAP覆盖原软件包中的Makefile文件,然后根据系统情况修改Makefile中的变量SACHOME(SAC安装目录)、FC(Fortran编译器)和CC(C编译器)。

(4) 运行make命令进行编译

```
$ make
```

(5) 修改环境变量

为了能够在终端任何目录下运行gCAP,需要将gCAP的四个可执行文件(cap、cap_dir、mtdcmp和radpttn)以及两个脚本文件(cap.pl和depth.pl)的路径添加到系统环境变量PATH中,以便系统能够正确找到这些文件的路径。具体操作如下:在例如~/.bashrc中加入以下语句:

```
export PATH=〈gcap的绝对路径〉:${PATH}
```

需要注意的是,这里要提供gCAP软件目录的路径,最好是绝对路径。如果gCAP的安装目录为"/home/student/gcap",那么这里要使用的路径就是"/home/student/gcap"。修改完成后利用以下命令使得路径设置生效:

```
$ source ~/.bashrc
```

(6) 修改cap.pl脚本

在cap.pl脚本中,第15行和第19行包含两个绝对路径,这两个路径需要根据实际情况进行修改。其中,第15行原始代码为"require "$home/Src/cap/cap_plt.pl";",假设gCAP的安装目录为"/home/student/gcap",那么这行代码要改为"require "/home/student/gcap/cap_plt.pl";"。而第19行是设置正演计算的格林函数库的位置。格林函数库一般放在gCAP的安装目录中的"data/models/Glib"目录中,如果gCAP安装目录中没有这个目录,可以用"mkdir -p data/models/Glib"命令创建。最后将第19行中的路径修改为"/home/student/gcap/data/models/Glib"。

(7) 修改绘图脚本cap_plt.pl和depth.pl

在原始脚本中,Lupei Zhu使用的GMT默认使用US单位制,所以脚本中所有未显示指定单位的值的单位均为inch,而通常使用的都是SI单位制,因此使用默认绘图脚本绘图时图形显示会有问题。要将未显示指定单位的值的默认单位设为cm,需要在cap_plt.pl的第6行之后和在depth.pl的第8行之后加上以下语句:

```
system "gmtset MEASURE_UNIT inch";
system "gmtset PAGE_ORIENTATION portrait";
```

(8) 安装检测

在终端执行以下命令,如果出现软件使用说明,则表示安装成功;如果未出现,请检测上述安装步骤是否正确。

```
$ cap.pl
```

7.3.3 gCAP命令详解

由于进行震源机制反演时,有众多参数需要设置,因此gCAP命令有很多选项。gCAP命令的语法如下:

```
cap.pl －Mmodel_depth/mag [－B] [－C ⟨f1_pnl/f2_pnl/f1_sw/f2_sw⟩] [－D ⟨w1/p1/p2⟩]
       [－F ⟨thr⟩] [－Ggreen] [－Hdt] [－Idd[/dm]] [－J[iso[/diso[/clvd[/dclvd]]]]]
       [－Kvpvs[/mu]] [－L ⟨tau⟩] [－N ⟨n⟩] [－O] [－P[⟨Yscale[/Xscale[/k]]⟩] [－Qnof]
       [－R ⟨strike1/strike2/dip1/dip2/rake1/rake2⟩] [－S ⟨s1/s2[/tie]⟩] [－T ⟨m1/m2⟩]
       [－V⟨vp/vl/vr⟩][－Udirct][－Wi][－Xn][－Zstring]event_dirs
```

表7.1中对每个选项都进行了详细说明。其中“－M”和“event_dirs”是执行gCAP命令必须的选项和参数。

表7.1　cap.pl命令各个选项和参数说明

选　项	说　　明
－B	输出所有反演结果的拟合误差
－C	指定对Pnl和面波的数据进行带通滤波的滤波器频段，由四个数值组成，其中前两个为Pnl的滤波器的下限和上限截止频率，后两个是面波的。该选项的默认值为“0.02/0.2/0.02/0.1”
－D	设定Pnl数据的权重系数(w1)，Pnl数据和面波数据的集合扩散因子p1和p2。如果p1和p2为负值，则所有的记录都会被归一化处理。该选项的默认值为“2/1/0.5”
－F	在反演时，引入初动数据进行初动和波形联合反演。参数thr为初动的阈值，默认值为0.01。初动数据需在“weight.dat”文件中设定。在各个台站名后设定不同震相的初动，其中±1为P波初动标识，±2为SV波初动标识，±3为SH波初动标识。例如，“LSHA/＋1”表示P波初动为上。另外，如果要用初动数据进行反演，则震源到每个台站的离源角应保存在每个格林函数的SAC文件的头段变量中
－G	指定格林函数保存位置(Green function)，默认值为“/home/student/gcap/data/models/Glib”
－H	采样间隔dt，默认值为0.1。需要注意的是，数据和格林函数的采样间隔必须相同，且为dt
－I	设定对震级(mag)、走向(strike)、倾角(dip)和滑动角(rake)四个参数进行搜索时的步长。参数dd为三个角度的步长，默认值为10；dm为震级的步长，默认值为0.1。如果dm小于0，则每个台站的增益有反演结果决定
－J	如果要反演震源机制的各项同性成分(iso)和CLVD成分，该选项设定对iso成分搜索时的起始参数为iso(默认值为0)和步长diso(默认值为0)；对clvd成分搜索时的起始参数为clvd(默认值为0)和步长dclvd(默认值为0)
－K	使用P波和S波速度比(vpvs)和剪切模量(mu)来计算效力张量中的ISO和P0参数，默认值为0(即不使用)
－L	震源持续时间，tau为数值(可以根据矩张量的大小进行估计)或文件名(指定一个含有震源时间函数的sac文件)
－M	指定模型文件名(model)、震源深度(depth)和初始震级(mag)
－N	剔除坏道并重复反演n次，n的默认值为0
－O	反演时是否显示gCAP程序的输入，不加该选项为不显示
－P	设置绘制观测和拟合数据对比图时的比例。Yscale设置每inch对应的振幅值，默认为0.5；Xscale设置每inch对应的秒数，默认为40。如果要保持波形不变，则需在Xscale和Yscale两个参数后附加字符“k”

续表

选 项	说 明
－Q	每个采样的自由度，默认为0.01
－R	指定走向、倾角和滑动角的搜索范围。三个角度的默认范围分别为[0 360]、[0 90]和[－90 90]
－S	设定Pnl和面波数据允许的最大时窗平移值分别为s1和s2(默认值均为1)以及控制SV和SH是否均使用相同的平移值的开关*tie*。如果*tie*=0，则SV和SH平移值独立；如果*tie*=0.5，则强制保持SV和SH的平移值相同
－T	设定Pnl和面波的最大允许平移值，默认值分别为35 和70
－U	指定断层面上的破裂方向性，默认状态为关
－V	指定Pnl、Love和Rayleigh波的视速度，默认状态为关
－W	指定用于反演的记录类型，1为速度，2为位移
－X	输出反演过程中搜索到的其他局部极小值，这些极小值需满足：misfit－min＜n*sigma
－Z	指定权重文件名(string)，默认为“weight.dat”。该文件需放置在事件数据目录中
event_dirs	该参数指定要反演的地震事件的数据保存的目录。其中的地震记录需转换成RTZ分量，并以“r、t、z”为后缀

7.3.4 实际演练

在使用gCAP命令进行震源机制反演之前，需要进行以下前期准备工作：

(1) 获取实际数据并进行处理，最后将RTZ分量的数据保存到事件目录中。例如，gCAP程序包中提供的事件“20080418093700”。

(2) 利用fk程序计算格林函数并保存到相应目录，该目录应和上一小节中修改的cap.pl中的目录相同。因此，根据前面的设置，格林函数的存放目录应为“/home/student/gcap/data/models/Glib”。需要注意的是，在计算格林函数时，采样时间应和观测数据的采样时间相同。可以在事件目录中使用saclst命令查看采样时间和每个台站的震中距用以设定fk命令的参数。在终端执行以下命令即可生成格林函数：

```
$ cd /20080418093700
$ saclst delta dist T1 T2 f *.z                #查看观测数据的采样时间、震中距和Pnl和面波的到时，用于fk参数设置和下一步的权重系数文件设置
$ cd /home/student/gcap/data/models/Glib       #切换到格林函数库目录
$ mkdir cus                                    #创建专门用于存放cus模型算出的格林函数的目录
$ cp /home/student/fk/cus ./cus                #将fk目录中用于计算格林函数cus模型文件拷贝到cus目录中
$ cd /home/student/fk                          #切换到fk目录计算格林函数
$ ./fk.pl -Mcus/15/k -N512/0.2 -S2 140 145 205 230 260 275 295 410      #双力偶源格林函数
```

```
$ ./fk.pl -Mcus/15/k -N512/0.2 -S0 140 145 205 230 260 275 295 410        #爆炸源格林函数
$ cp -r cus_15 /home/student/gcap/data/models/Glib/cus
```

(3) 生成一个权重系数文件weight.dat并保存到事件目录中。权重系数文件包含以下信息,如表7.2所示。

表7.2　权重系数文件说明

字段号	内　　容
1	如果只用波形数据反演则为台站名,如果要使用初动数据则为"台站名+初动标识"(参见选项"-F"说明)
2	震中距
3	PnlZ分量的权重系数。如为0,则表示该记录不参与反演。后续4个权重系数类似
4	PnlR分量的权重系数,如果该项权重系数为-1,表示观测数据为远震记录,则只使用Pnl震相的Z和T分量进行反演
5	面波Z分量的权重系数
6	面波R分量的权重系数
7	面波T分量的权重系数
8	P波到时,如有准确到时则提供,如无则赋值为0
9	S波到时,如有准确到时则提供,如无则赋值为0

在事件"20080418093700"目录中的权重系数文件如下:

```
IU_WCI    140  1  1  1  1  1  21.0  0
NM_SIUC   140  1  1  1  1  1  21.3  0
NM_BLO    145  1  1  1  1  1  22.0  0
NM_SLM    205  1  1  1  1  1  30.8  0
NM_FVM    230  1  1  1  1  1  33.8  0
IU_WVT    260  1  1  1  1  1  36.8  0
NM_PVMO   275  1  1  1  1  1  40.6  0
IU_CCM    295  1  1  1  1  1  42.9  0
NM_MPH    410  0  0  0  0  0  57.9  0
```

最后回到gCAP目录,在终端运行以下命令。根据gCAP软件包中提供的事件数据,数据的采样时间为0.2 s;Pnl和面波震相到时最大时移分别为2 s和5 s;截取的Pnl和面波的时间窗分别为35 s和70 s;Pnl震相的权重为1,Pnl和面波的几何扩散因子分别为1和0.5;针对Pnl和面波的带通滤波器的参数分别为[0.05 0.3]和[0.02 0.1];使用的观测记录为位移记录;格林函数保存在cus_15中,即使用的速度模型文件名为cus,震源深度为15 km。

```
$ cap.pl -H0.2 -P0.3 -S2/5/0 -T35/70 -F -D2/1/0.5 -C0.05/0.3/0.02/0.1
        -W1 -X10 -Mcus_15/5.0 20080418093700
```

如果命令执行成功,则会在事件目录中生成以格林函数保存目录名开头的两个文件,例如,在该命令中格林函数保存目录为cus_15,则会生成"cus_15.ps"和"cus_15.out",分别用于保存观测和合成记录对比图(图7.3,彩图见书后插页)和反演结果(图7.4)。

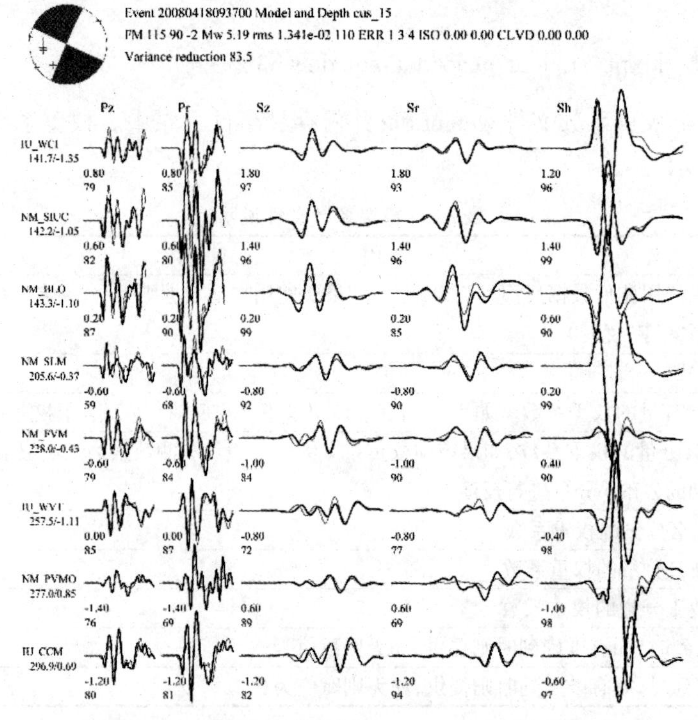

图7.3　gCAP命令输出的cus_15.ps文件内容

其中,沙滩球为反演得到的震源机制,黑线为观测记录,红线为用反演得到的震源机制合成的地震记录。

```
Event 20080418093700 Model cus_15 FM 115 90  -2 Mw 5.19 rms 1.341e-02   110 ERR   1   3   4 ISO 0.00 0.00 CLVD 0.00 0.00
# Variance reduction 83.5
# tensor = 7.556e+23  0.757 -0.653 -0.024 -0.757 -0.011  0.000
# 290 90    0 5.19 1.505e-02 0.0
IU_WCI    141.7/-1.35 1 9.08e-05 79  0.80 1 2.42e-04 85  0.80 1 1.36e-04 97  1.80 1 5.05e-05 93  1.80 1 6.45e-04 96  1.20
NM_SIUC   142.2/-1.05 1 4.81e-04 82  0.60 1 1.48e-03 80  0.60 1 4.58e-05 96  1.40 1 5.95e-05 96  1.40 1 7.20e-04 99  1.40
NM_BLO    143.3/-1.10 1 3.66e-04 87  0.20 1 7.20e-04 90  0.20 1 1.55e-04 99  0.20 1 6.39e-04 85  0.20 1 1.29e-03 90  0.60
NM_SLM    205.6/-0.37 1 2.62e-04 59 -0.60 1 4.51e-04 68 -0.60 1 7.31e-05 92 -0.80 1 1.10e-04 90 -0.80 1 1.20e-04 99  0.20
NM_FVM    228.0/-0.43 1 2.55e-04 79 -0.60 1 4.83e-04 84 -0.60 1 1.17e-04 84 -1.00 1 7.19e-05 90 -1.00 1 5.76e-04 90  0.40
IU_WVT    257.5/-1.11 1 1.38e-04 85  0.00 1 3.14e-04 87  0.00 1 1.35e-04 72 -0.80 1 6.08e-05 77 -0.80 1 1.52e-04 98 -0.40
NM_PVMO   277.0/0.85  1 7.76e-05 76 -1.40 1 5.16e-04 69 -1.40 1 3.15e-05 89  0.60 1 3.23e-04 69  0.60 1 2.25e-03 98 -1.00
IU_CCM    296.9/0.69  1 2.72e-04 80 -1.20 1 7.05e-04 81 -1.20 1 1.79e-04 82 -1.20 1 3.22e-05 94 -1.20 1 2.28e-04 97 -0.60
```

图7.4　gCAP命令输出的cus_15.out文件内容

注:其中一行为反演得到的震源机制信息,“FM”后面三个参数分别为走向、倾角和滑动角,“Mw”后为地震级。

此外,利用震源机制反演能进一步提升震源深度的可靠性,即计算不同深度的格林函数,然后进行震源机制反演,选取波形拟合最好的震源机制和震源深度作为地震事件的最佳震源机制和震源深度。以示例事件“20080418093700”为例,需要在终端下执行以下命令:

```
$ cd /home/student/fk
$ for h in 05 10 15 20 25 30; do ./fk.pl -Mcus/$h/k -N512/0.2 -S0 140 145 205 230
      260 275 295 410; cp -r cus_$h /home/student/gcap/data/models/Glib/cus; done
#计算不同震源深度的格林函数,并拷贝到格林函数库中
```

```
$ cd /home/student/gcap
$ for h in 05 10 15 20 25 30; do ./cap.pl -H0.2 -P0.3 -S2/5/0 -T35/70 -F -D2/
        1/0.5 -C0.05/0.3/0.02/0.1 -W1 -X10 -Mcus_$h/5.0 20080418093700; done
#利用不同震源深度的格林函数反演震源机制
$ grep -h Event 20080418093700/cus_*.out > junk.out
#提取不同深度的震源机制反演结果到junk.out文件
$./depth.pl junk.out 20080418093700 > junk.ps
#绘制拟合误差、沙滩球随深度变化曲线,已确定最佳震源深度和震源机制。
```

最终可以得到如图7.5所示的结果,从而得到示例事件的最佳震源深度为14.8 km和最佳震源机制。

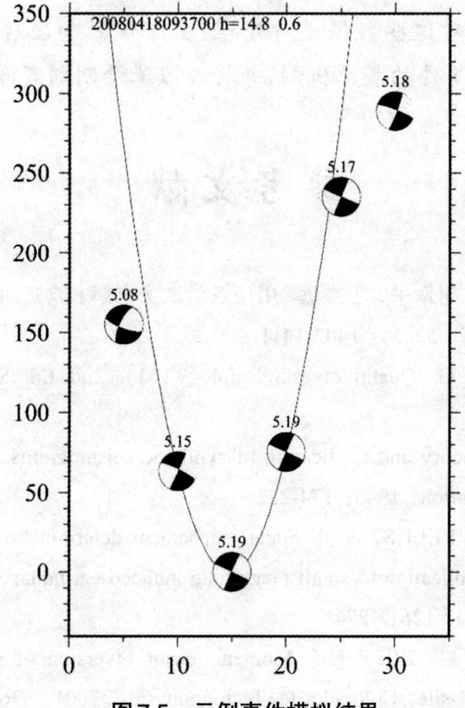

图7.5　示例事件模拟结果

depth.pl命令输出的junk.ps文件内容,显示了拟合误差和震源机制随深度的变化。

鉴于gcap原始的绘图脚本是基于GMT4,当需要对绘图参数进行修改时,必须查看depth.pl中对应的内容,很不方便。然而,基于GMT6,用户可以很容易复现上图。示例代码如下:

```
#!/bin/bash
ddir=$1                    # 地震事件数据目录
# 从数据目录中的输出文件中提取不同深度反演得到的震源机制,然后绘制震源机制随
深度变化的图
awk '{if(FNR==1){split($4,a,"_");str=$6;dip=$7;rake=$8;mw=$10;err=$12;
```

```
print a[2],err,0,str,dip,rake,mw,mw;}}' $ddir/hk_*.out | gmt meca -R0/35/1e-2/
        4.5e-2 -JX6c/8c -Sa0.5c -Bxa5+l"Depth (km)" -Bya0.5e-2+l"Err. "
        -BWSen -png $ddir/depth
```

练　习

(1) 使用gCAP目录中提供的示例地震“20080418093700”,反演其震源机制,并和提供的示例结果对比,同时分析产生差异的可能原因。

(2) 从glocalcmt网站查找一个四级左右的地震事件,然后从iris上下载该地震震中距在500 km以内的台站数据。对这些数据进行处理,去除仪器响应后将ENU分量数据转换成RTZ分量,最后反演该地震事件的震源机制,并将沙滩球绘制到震源台站分布图中。

参考文献

[1] 俞春泉, 陶开, 崔效锋, 胡幸平, 宁杰远. 用格点尝试法求解P波初动震源机制解及解的质量评价[J]. 地球物理学报, 2009, 52(5): 1402-1411.

[2] AKI K, RICHARDS P G. Quantitative Seismology[M]. 2nd Ed. Sausalito: University Science Books, Sausalito, 2002.

[3] HELMBERGER D V. Theory and application of synthetic seismograms, in Earthquakes: Observation[J]. Theory and Interpretation, 1983: 174-222.

[4] LI J H, ZHANG H, KVLELI S, et al. Focal mechanism determination using high-frequency waveform matching and its application to small magnitude induced earthquakes[J]. Geophysical Journal International, 2011, 184(3): 1261-1274.

[5] NOLEN-HOEKSEMA R C, RUFF L J. Moment tensor inversion of microseisms from the B-sand propped hydrofracture, M-site, Colorado[J]. Tectonophysics, 2001, 336(1-4): 163-181.

[6] SONG F, TOKSOZ M N. Full-waveform based complete moment tensor inversion and source parameter estimation from downhole microseismic data for hydrofracture monitoring[J]. Geophysics, 2011, 184(3): 1261-1274.

[7] PRESS W H, TEUKOLSKY S A, FLANNERY B P, et al. Numerical recipes in C[M]. Oxford: Cambridge University Press, 1992.

[8] ZHAO L S, HELMBERGER D V. Source estimation from broadband regional seismograms[J]. Bulletin of the Seismological Society of America, 1994, 84(1): 91-104.

[9] ZHU L, HELMBERGER D V. Advancement in source estimation techniques using broadband regional seismograms[J]. Bulletin of the Seismological Society of America, 1996, 86(5): 1634-1641.

[10] ZHU L, BEN-ZION Y. Parametrization of general seismic potency and moment tensors for source inversion of seismic waveform data[J]. Geophysical Journal International, 2013, 194(2): 839-843.

彩　　图

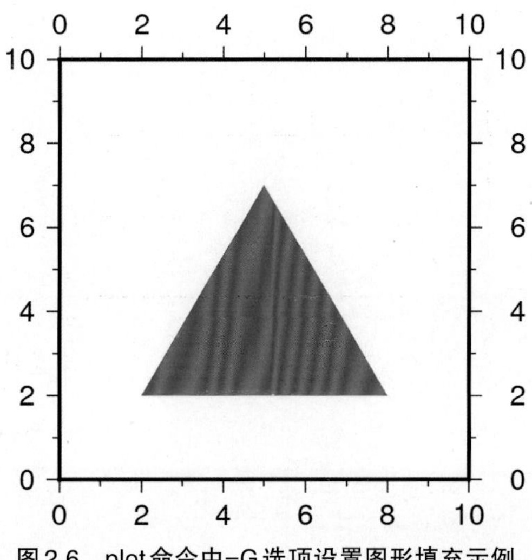

图2.6　plot命令中-G选项设置图形填充示例

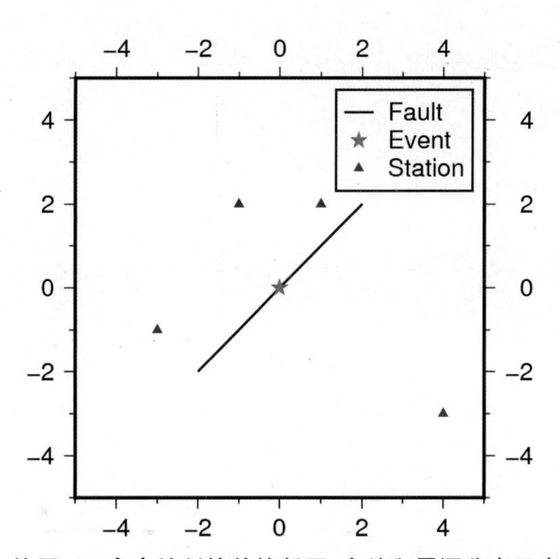

图2.8　使用plot命令绘制简单的断层、台站和震源分布示意图示例

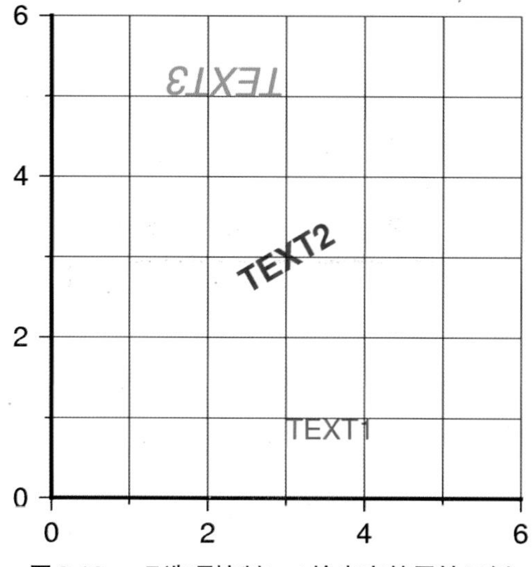

图2.10 -F选项控制text输出字符属性示例

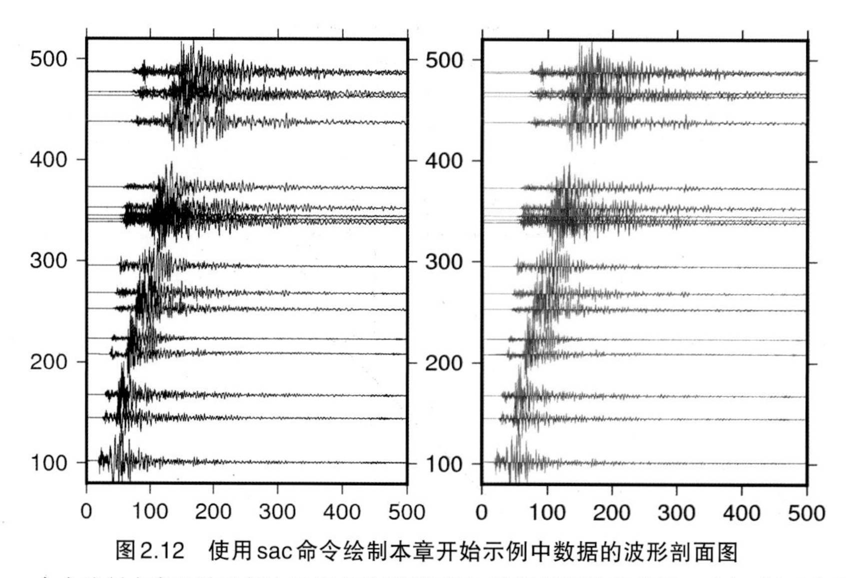

图2.12 使用sac命令绘制本章开始示例中数据的波形剖面图

使用sac命令绘制本章开始示例中数据的波形剖面图,波形根据头段变量o对齐,剖面为震中距剖面。左图是未进行填充的结果,右图是对正值部分和负值部分分别填充红色和蓝色的结果。

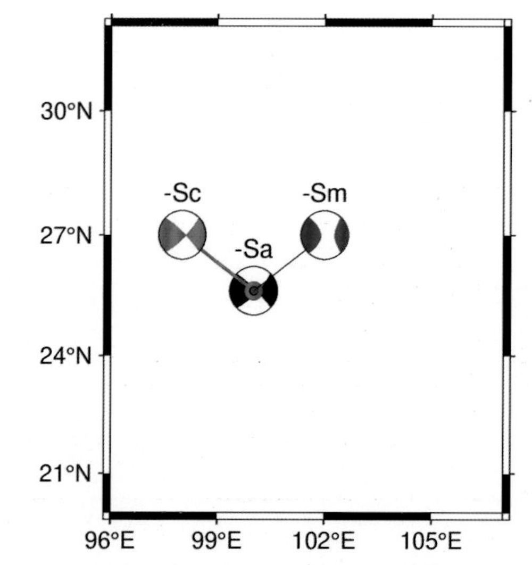

图2.13　使用meca命令绘制绘制漾濞地震的震源机制

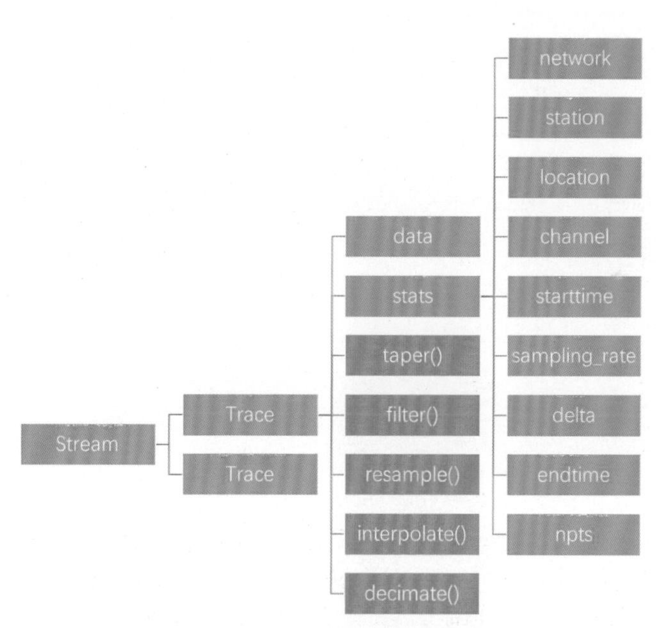

图3.8　Stream类的数据结构示意图
橘色表示数据处理方法。

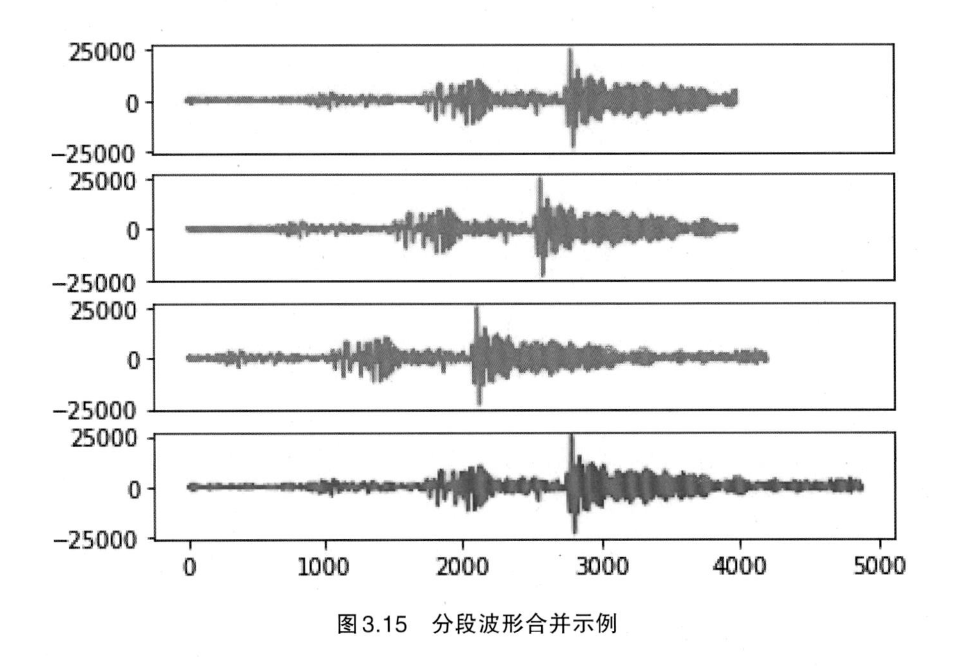

图3.15　分段波形合并示例

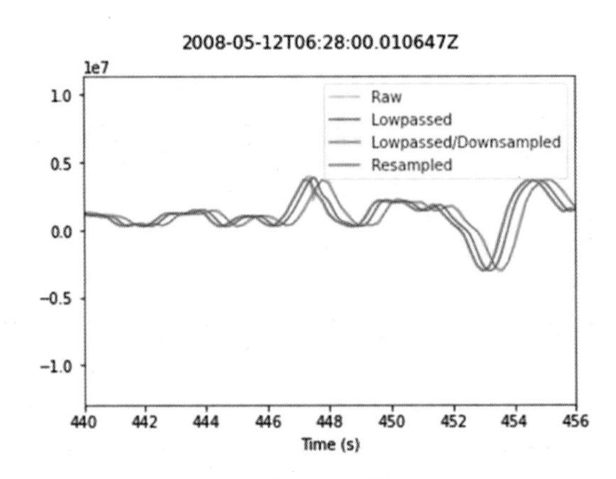

(a) 降采样的结果

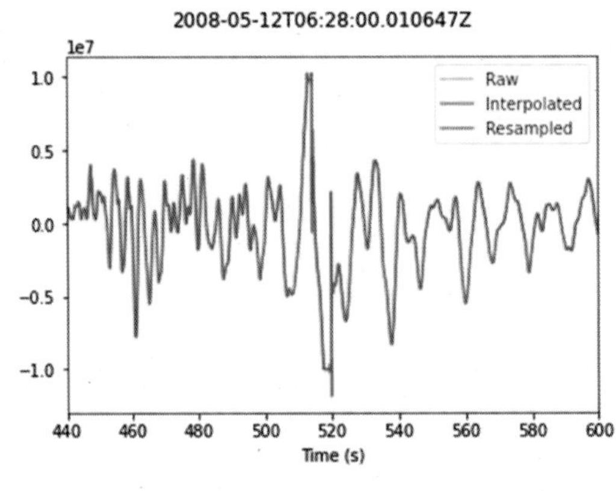

(b) 升采样的结果

图3.17　BJT台BHZ分量数据使用不同方法重采样后波形对比

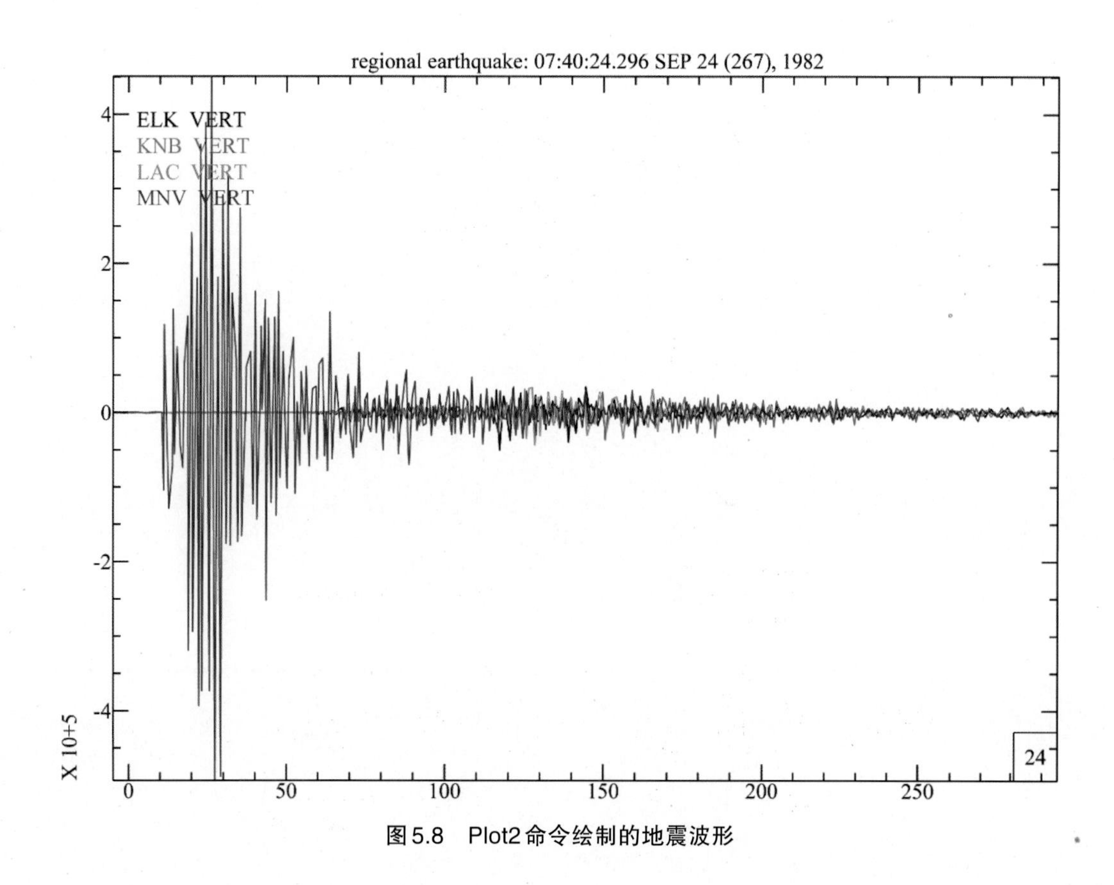

图5.8　Plot2命令绘制的地震波形

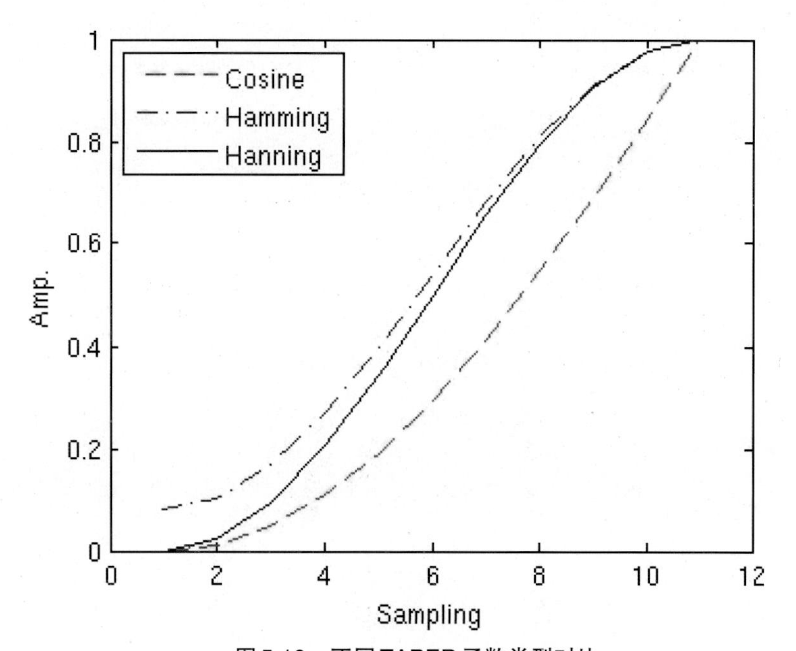

图5.10　不同TAPER函数类型对比

其中黑线为Hanning函数,蓝点划线为Hamming函数,红虚线为余弦函数。

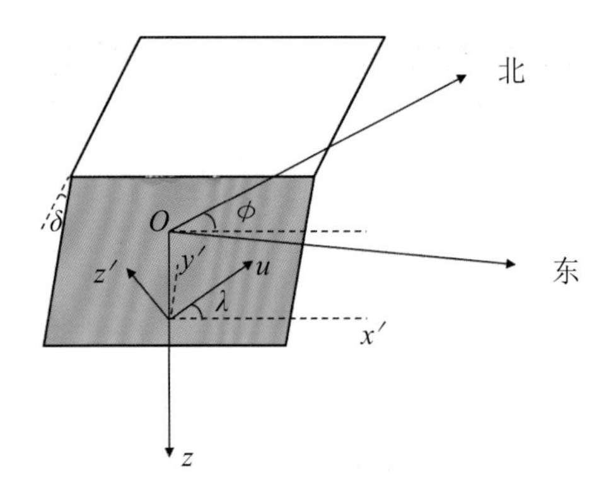

图7.1　表示双力偶模式的简单位错模型

蓝色区域为断层面。

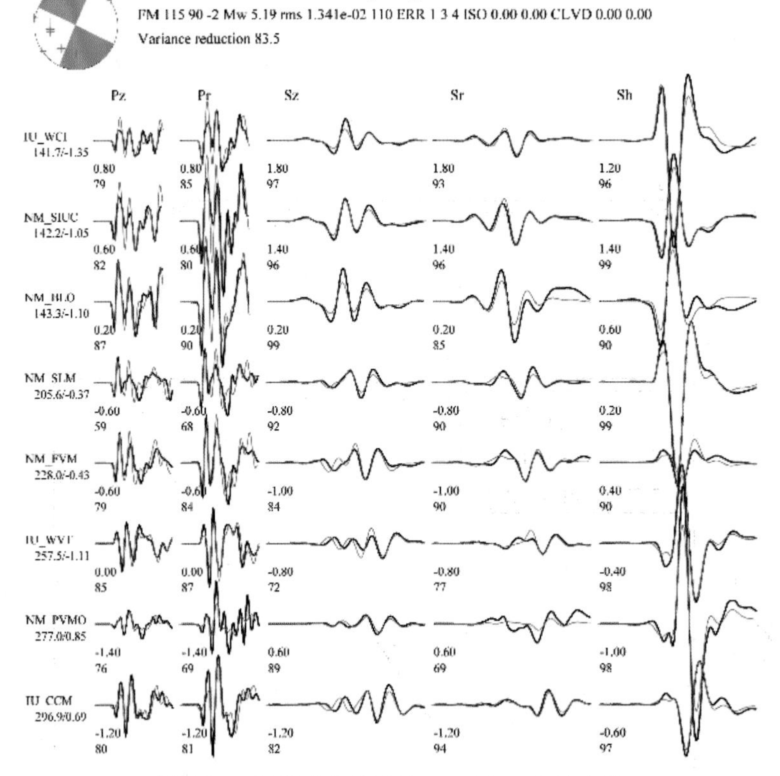

图7.3　gCAP命令输出的cus_15.ps文件内容

其中,沙滩球为反演得到的震源机制,黑线为观测记录,红线为用反演得到的震源机制合成的地震记录。